제3판

# 응용 통계학 입문

– R을 활용한 자료 분석 –

제3판

# 응용 통계학 입문

## - R을 활용한 자료 분석 -

이외숙 · 임용빈 · 신동완 · 소병수 · 오만숙 지음



KM 경문사

# 머리말

오늘날 통계학은 거의 모든 분야에서 활발히 응용되고 있다. 특히 고속컴퓨터의 출현으로 과거에는 쉽게 다루지 못했던 다량의 자료들도 이제는 무리없이 처리가 가능하다. 이렇게 응용의 폭이 점점 더 확대되는 통계학의 기본 원리와 개념을 지금까지 통계학을 접해보지 못한 학부 학생들에게 전달하려는 의도에서 《응용 통계학 입문》을 기획하게 되었다.

이 책에서는 이론적 증명이나 수리적 전개를 지양하는 대신, 통계 기법의 활용을 중점적으로 다루고 있다. 그리고, 각 주제마다 대표적인 통계 기법과 활용 예제를 제시하였고 이를 통하여 통계학의 기본 개념을 쉽게 이해할 수 있게 하였다. 특히, 생물학, 의·약학 계통의 통계 적용 사례를 다수 삽입하였다.

또한 누구나 무료로 사용할 수 있는 통계분석용 도구인 R의 활용법을 첨가하여 기본적인 프로그램 작성과 결과의 해석을 통해 통계 자료 분석방법을 익히도록 하였다(실습에 활용할 데이터는 경문사 웹하드*에서 내려받을 수 있다).

이 책은 통계학 비전공자들의 한 학기 교재용으로 만들었다. 따라서 각 장마다 평균 2주 정도의 시간을 할애하여 공부하면 충분할 것이다.

이 책에서 설명하는 내용들을 차근차근 공부하면 통계학의 기본 개념을 파악하고 활용할 수 있게 될 것이다.

2019년

저자 일동

---

* http://kms.webhard.co.kr에서 로그인(아이디: guest, 비밀번호: 3004) 한 후에, [내리기전용] 폴더의 [응용 통계학 입문] 폴더(비밀번호: 9791160731620)에서 내려받으면 된다.

# 차례

## 제 1 장 기술통계

## 제 5 장 회귀와 상관

## 제 7 장 범주형 자료분석



## 부 록 A



## 부 록 B

# CHAPTER 01 기술통계

현대 통계학의 방법론은 기술통계(descriptive statistics)와 통계 추론(statistical inference) 두 가지 분야로 크게 나누어진다.

기술통계에서는 다양한 형태의 통계 자료를 그래프나 표 형태로 요약 및 정리하거나 도수, 평균, 중앙값, 백분위수, 범위 등의 다양한 통계량으로 전체 자료의 특성을 간략히 요약하는 기법을 다룬다. 반면에, 통계추론에서는 관심 모집단에서 얻어진 표본자료를 토대로 전체 모집단의 특성을 효율적으로 추정하는 방법론을 체계적으로 연구한다.

통계조사의 대상이 되는 집단 전체를 모집단(population)이라 한다. 대개의 경우, 전체 집단을 다 조사하기는 어렵거나 불가능하므로 모집단에서 일부를 추출하여 관심 있는 속성을 조사하는데, 이때 조사대상이 되는 모집단의 일부를 표본(sample)이라 한다. 관심 있는 속성은 대상마다 다른 값을 가지므로 통계에서는 이 속성을 변수(variable)라 부른다. 예를 들면 어느 병원에서 치료받고 있는 모든 당뇨병 환자 중에서 임의로 선택된 일부 환자들의 혈당을 측정한다고 하면 이 병원에서 치료받고 있는 모든 당뇨병 환자가 모집단이고 선택된 일부 환자들이 표본이며 관심 변수는 혈당이다.

기술통계에서는 표나 그래프 등을 이용하여 시각적으로 자료의 특성을 한눈에 볼 수 있도록 자료를 요약·정리하는 시각적 방법과 표본 자료로부터 평균, 분산 등의 수치적 통계량들을 계산하여 자료의 특성을 파악하는 정량적 방법이 있다.

제1장에서는 기술통계에 사용되는 통계 용어와 방법을 소개하고, 제2장과 제3장에서는 확률의 개념과 이를 이용한 통계추론 기법을 다룰 것이다. 나머지 장에서는 여러 응용분야에서 사용되는 대표적 통계분석 방법들을 차례로 소개한다.

## SECTION 1.1 측정 척도

모든 자료는 측정에 사용되는 척도(measurement scale) 및 수준(level)에 따라 네 가지 유형으로 분류할 수 있다. 자료가 어떤 척도를 사용하여 측정되었느냐에 따라 적절한 통계분석 방법이 달라질 수 있으므로 자료의 유형을 파악하는 것이 중요하다. 먼저 가능한 자료의 유형에 대하여 차례대로 살펴보기로 하자.

가장 간단한 측정 척도는 관심 있는 변수의 수준에 따라 관찰 대상자(subject)들을 이름, 숫자, 기호 등을 사용하여 분류하는 경우이다. 예를 들어 혈액형의 측정 문제에서 모든 사람을 A, B, O, AB형으로 분류한다든지, 정신건강의학과를 방문한 환자들을 증상에 따라 다음 네 가지 부류로 분류하는 경우이다.

1. 편집증
2. 분열증
3. 우울증
4. 신경쇠약

이와 같이 각각의 개체를 해당 그룹에 분류하기 위하여 이름, 숫자, 기호를 사용하는 측정 척도를 **명목척도**(nominal scale) 또는 **분류척도**라 부른다. 이에 대한 다른 예로서는 성별, 종족, 결혼 유무 등을 들 수 있다. 이 경우에는 반드시 각 개체가 하나의 그룹에 속해야 한다. 명목 수준의 중요한 특징은 변수의 수준들 사이에 특별한 대소 관계가 없고 따라서 각 수준을 표시하는 기호와 숫자를 임의로 바꾸어도 정보의 손실이 없다는 점이다.

두 번째 측정 척도는 **순서척도**(ordinal scale)인데 명목척도와 유사하나 유일한 차이점은 각각의 수준들 사이에 순서를 명확히 정할 수 있다는 점이다. 예를 들어 병원 서비스에 대한 환자의 만족도를 조사할 때 만족도를 매우 만족, 만족, 불만족, 매우 불만족의 네 가지 수준으로 측정하는 경우라든가 수술 후 환자의 회복 상태를 조사할 때

1. 악화
2. 보통
3. 호전

등의 세 가지 수준으로 나타내는 경우이다. 이 경우 대소 관계를 유지하는 범위 내에서 다른 숫자를 사용해도 무관하다. 즉, 환자의 상태를 나타낼 때 −1=악화, 0=보통, +1=호전으로 표시해도 무방하다. 환자 상태가 '악화'인 경우가 '보통'인 경우보다 분명히 나쁜 상태이지만 어느 정도 나쁜지에 대해서는 아무런 정보가 없고, 같은 이유로 '호전'인 경우와 '보통'인 경우의 건강상태 차이가 '보통'과 '악화' 상태 사이의 차이와 계량적으로 동일함을 의미하지 않는다. 즉 순서척도에서는 자료를 계량화하여 표시할 수 있으나 의미 있는 것은 순서(order)일 뿐 그 크기(size)가 아니다.

세 번째로, 측정 자료의 대소뿐만 아니라 두 숫자의 차이를 비교 측정할 수 있는 경우를 **구간척도**(interval scale)를 이용한 측정법이라 부른다. 구간척도의 대표적 예로서는 화씨(℉)나 섭씨(℃)를 이용한 온도의 측정을 들 수 있다. 0℃와 5℃의 온도 차이는 30℃와 35℃의 온도 차이와 정확히 일치한다. 구간척도의 문제점은 측정 상 영점의 임의성이다. 즉 단순히 측정값이 영이라 해서 측정량 자체가 없다고 말할 수 없다는 것이다. 예를 들어 0℃는 편의상 물이 어는 온도를 택한 것이지 온도 자체가 없다는 것을 의미하지는 않는다.

측정의 네 번째 종류는 이론적으로 명확히 정의된 영점에서 출발하여 등간격으로 측정을 할 경우이며, 이때의 측정척도를 **비척도**(ratio scale)라 한다. 비척도의 예로서는 길이, 시간, 질량, 부피, 절대온도(°K) 등을 들 수 있다. 구간척도로 측정된 자료는 보통의 산술 연산은 가능하지만 두 측정값의 비(ratio)에 의미 부여를 하지 못한다. 예를 들어 4℃가 1℃에 비해 네 배의 온도를 가진다고 말할 수 없다. 반면에 비척도를 사용한 온도 측정방법인 절대온도를 사용할 경우 50°K는 25°K에 비해 정확히 두 배의 온도를 표시한다.

이상의 네 가지 측정척도에서 명목척도, 순서척도, 구간척도, 비척도 순서대로 측정 정밀도가 향상되었다고 볼 수 있다.

앞서 언급한 바와 같이 주어진 자료의 분석 방법은 자료의 측정 척도에 따라 달라질 수밖에 없는데, 일반적으로 자료가 명목척도나 순서척도로 주어진 경우의 분석 방법은 제7장에서 다루게 되는 범주형 자료분석(categorical data analysis) 기법을 적용한다. 한편 구간척도나 비척도를 이용한 측정자료는 주로 제4장과 제5장에서 다루는 모수적(parametric) 통계분석 기법을 활용한다.

## SECTION 1.2 도수분포표와 히스토그램

### 1.2.1 도수분포표

표본 자료를 분석하는 첫 단계는 표본 자료의 중요한 특징을 잘 나타내는 다양한 기술통계 기법을 활용하여 전체 자료를 알기 쉽게 요약·정리하는 작업이다.

표본 자료를 요약·정리하는 수단으로 그래프나 도표 등 그림을 이용한 시각적 방법과 요약 통계량을 사용하는 정량적 방법이 있다. 이들 중 가장 간단하고도 유용한 방법은 표본자료의 도수분포표를 작성하는 것이다.

표 1.1은 12명의 정신과 환자의 심리 상태를 5점 척도로 측정한 것이다. 환자를 각각의 점수에 따라 분류하여 각 점수별로 도수(frequency)를 계산해 보면 표본 자료의 특징을 명확히 파악할 수 있다.

표 1.1 12명 환자의 심리상태 점수(5점 척도)

| 환자 | 1 | 2 | 3 | 4 | 5 | 6 | 7 | 8 | 9 | 10 | 11 | 12 |
|---|---|---|---|---|---|---|---|---|---|---|---|---|
| 점수 | 4 | 3 | 5 | 1 | 4 | 4 | 4 | 2 | 5 | 3 | 4 | 5 |

표 1.2 심리상태 자료에 대한 도수분포표

| 점수 | 도수 |
|---|---|
| 1 | 1 |
| 2 | 1 |
| 3 | 2 |
| 4 | 5 |
| 5 | 3 |
| 계 | 12 |

표 1.2에 주어진 도수분포표를 보면 점수의 최빈값은 4이고 전반적으로 점수가 위쪽으로 치우쳐 있음을 알 수 있다. 도수분포표와 동일한 정보를 나타내는 다른 방법으로 그림 1.1과 같이 도수의 막대그림을 그려볼 수 있다. 도수 막대그림의 장점은 도수분포의 전체적 모양을 쉽게 파악할 수 있다는 점이다. 예를 들어 분포의 대칭성

(symmetry)을 들 수 있는데 대칭 분포란 중심점을 기준으로 좌우 양측의 도수가 거의 일치하는 분포를 말한다. 만약 도수 분포가 대칭이 아니면 기울어진(skewed) 분포라 한다. 도수 분포표와 막대그림을 그리는 R 코드는 다음과 같다.

```
score<-c(4,3,5,1,4,4,4,2,5,3,4,5)    # 자료입력
score_table<-table(score)   # 도수분포표 만들기
barplot(score_table)     # bar graph
```

그림 1.1 심리상태 자료에 대한 도수그래프

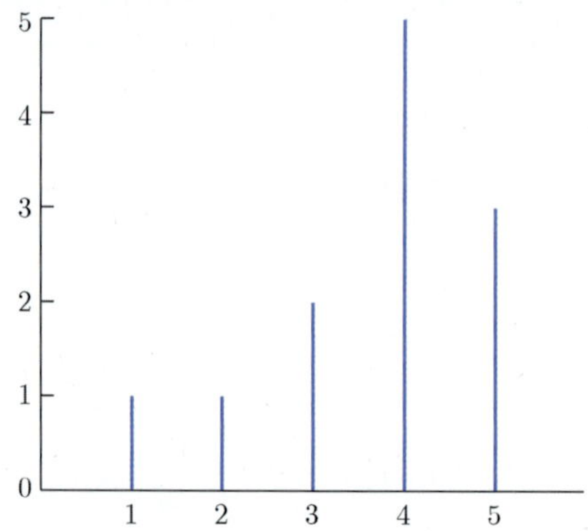


그림 1.2는 대칭 분포와 기울어진 분포의 예를 보여준다.

그림 1.2 대칭 및 기울어진 분포의 도수그래프

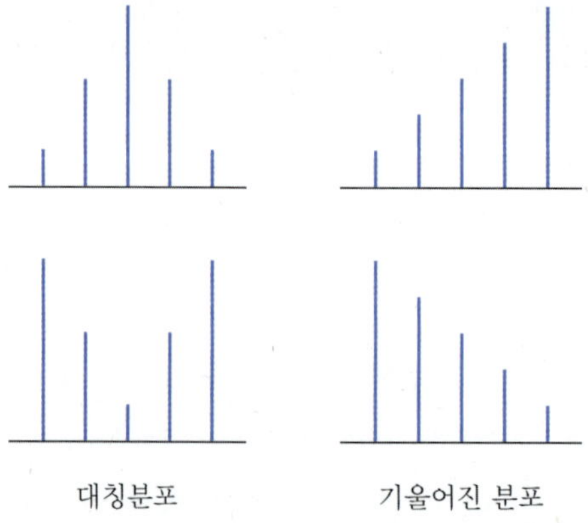

## 1.2.2 그룹화된 자료의 도수분포표 및 도수그래프

표 1.1과 같이 표본 자료가 취할 수 있는 점수의 수가 작은 경우에는 도수분포표의 작성이 용이하지만 가능한 점수의 수가 큰 경우에는 우선 전체 자료를 비슷한 점수를 갖는 자료끼리 함께 묶어서 몇 개의 그룹으로 묶은 다음 그룹화된 자료를 이용하여 도수분포표를 작성하는 것이 편리하다.

예를 들어 표 1.3의 당뇨병 환자 36명의 혈당 농도 측정값(mg/ml) 자료를 보자. 6부터 19까지의 측정값을 구간의 길이가 2이며 구간의 왼쪽값은 포함하지 않고 오른쪽값은 포함되도록 6개의 구간으로 그룹화한 도수분포표를 표 1.4에 표시하였다. 전체 자료가 (10,12] 구간을 중심으로 대략적으로 대칭이며 (10, 12] 구간이 빈도수가 가장 많은 최빈 구간임을 알 수 있다. 따라서 평균값과 중앙값도 (10, 12] 구간에 있음을 알 수 있다.

**표 1.3** 당뇨병 환자 36명의 혈당 농도 측정값(mg/ml)

| | | | | |
|---|---|---|---|---|
| 10.6 | 12.5 | 11.0 | 9.2 | 11.6 |
| 9.9 | 11.8 | 11.6 | 15.3 | 12.6 |
| 12.6 | 12.4 | 12.2 | 10.9 | 16.7 |
| 15.2 | 10.2 | 13.4 | 9.0 | 7.7 |
| 12.3 | 11.3 | 9.9 | 11.0 | 10.9 |
| 11.7 | 9.4 | 9.8 | 8.6 | 10.1 |
| 12.3 | 11.4 | 10.2 | 12.5 | 8.7 |

**표 1.4** 그룹화된 자료의 도수 분포

| 혈당 농도 | 도수 |
|---|---|
| 6~8 | 1 |
| 8~10 | 8 |
| 10~12 | 14 |
| 12~14 | 9 |
| 14~16 | 2 |
| 16~19 | 1 |
| 계 | 35 |

다음과 같은 R 코드를 이용하여 표 1.4와 같은 그룹별 도수를 구해보자. 그룹의 경

계점을 정하여 breaks 변수에 저장하고 cut 명령을 사용하여 그룹화한 후 table 명령을 사용하여 그룹별 도수를 구한다. 참고로 cut 명령에서 right=FALSE 옵션은 구간의 오른쪽을 닫고 왼쪽은 연다는 의미이다. 즉, 첫째 구간은 (6,8]로 이는 6보다 크고 8보다 작거나 같은 값이 이 구간에 속한다.

```
#Table 1.4
sugar<-c(10.6,12.5,11.0,9.2,11.6,9.9,11.8,11.6,15.3,12.6,12.6,12.4,12.2,
10.9,16.7,15.2,10.2,13.4,9.0,7.7,12.3,11.3,9.9,11.0,10.9,11.7,9.4,9.8,8.6,
10.1,12.3,11.4,10.2,12.5,8.7)
breaks<-c(6,8,10,12,14,16,18)      # 그룹 경계점  지정
sugar_cut<-cut(sugar,breaks,right=T)     # 자료 그룹화
sugar_freq<-table(sugar_cut)    # 그룹별 도수 분포
sugar_freq
  sugar_cut
     (6,8]  (8,10]   (10,12]   (12,14]  (14,16]  (16,18]
       1       8        14         9        2        1
```

그룹화된 자료의 도수그래프를 **히스토그램**(histogram)이라 부른다. 표 1.3의 혈당 자료에 대한 히스토그램인 그림 1.3은 자료 분포의 특징을 잘 나타내주고 있다.

```
hist(sugar,breaks, col="gray",main="")
```

그림 1.3 혈당 자료의 히스토그램

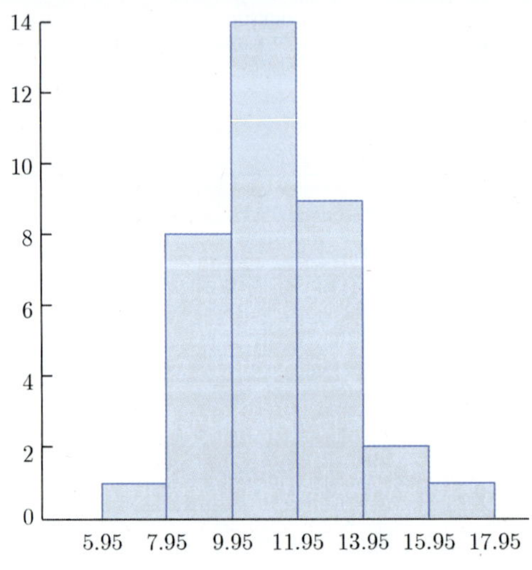

## SECTION 1.3 표본 자료의 정량적 요약

표본 자료의 정량적 기술에는 보통 자료의 중심(위치)과 퍼짐성(변동)을 나타내는 통계량을 주로 사용한다. 위치를 나타내는 통계량으로 가장 많이 사용되는 것이 평균, 중앙값, 최빈값 등이다. 한편 자료의 퍼짐성을 나타내는 통계량으로는 자료의 범위와 표준편차를 들 수 있다.

### 1.3.1 위치(location)

**평균**(mean)은 표본자료의 산술 평균을 의미한다. 이는 전체 자료의 대표값으로서 흔히 자료의 무게중심 또는 기대값으로 해석되기도 한다.

**중앙값**(median)은 전체 자료를 양분하는 점으로 전체 자료의 절반은 그 이하이고 나머지 절반은 그 이상이 되는 관측값을 말한다. 따라서 중앙값은 순서대로 정렬했을 때 중간값이 된다.

**최빈값**(mode)은 도수분포에서 정상점(peak)의 위치를 말하는데 분포가 오직 하나의

그림 1.4 단봉 및 다봉 분포의 도수그래프

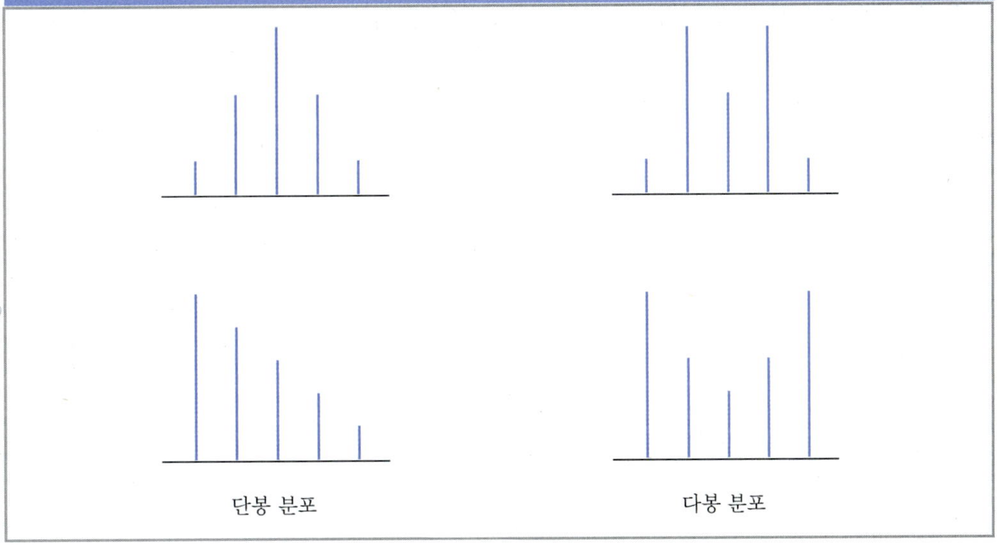

정상점을 가지는 경우를 단봉(unimodal) 분포라 하고 이때 정상점에 해당하는 자료값을 최빈값이라 한다. 예를 들어 그림 1.1에서 점수 4는 표 1.1 자료의 최빈값이 된다. 경우에 따라서는 도수분포표가 두 개 이상의 정상점을 가질 수 있는데 이러한 분포를 다봉(mukhnodal) 분포라 한다. 그림 1.4는 단봉분포와 다봉분포의 예를 보여준다.

### 1.3.2 변동(variation)

표본 자료의 중요한 특징 중 하나는 관측 자료의 변동 또는 퍼짐성(dispersion)의 정도이다. 관측값 변동의 원인은 다양한데, 측정 대상이 되는 개체들 사이의 생물학적 변동에 기인한 차이로 말미암을 수도 있고, 같은 측정 대상을 반복 측정하는 경우에 측정오차에 의해 발생할 수도 있다.

가장 많이 사용되는 변동의 측도로는 표본의 범위(range)와 표준편차(standard deviation)를 들 수 있다. 이에 대한 자세한 논의는 1.5절을 참조하기 바란다.

## SECTION 1.4 방법론

### 1.4.1 그룹화된 자료의 도수분포표 작성법

자료의 그룹화와 그룹화된 자료의 도수분포표를 작성하는 방법을 자세히 살펴보자. 첫 번째 단계는 전체 자료를 크기순으로 나열하는 것이다. 표 1.5는 표 1.3에 주어진 혈당 자료를 크기순으로 나열한 것이다.

두 번째 단계는 사용할 구간의 개수와 위치를 정하는 것이다. 보통 6~10개의 구간을 많이 사용한다. 구간의 개수를 너무 작게 하면 전체의 윤곽이 흐려지고 반면 구간의 개수가 너무 많으면 그룹화하는 본래 의도가 약해진다. 표 1.5에 주어진 자료의 범위는 16.7-7.7=9가 되어 구간의 길이가 1이면 9개, 구간의 길이가 2이면 5~6개의 구간을 사용하면 된다. 구간의 위치 설정은 다소 임의적인데, 예를 들어 표 1.5 자료의 첫 구간으로 6~8 또는 7~9가 적당하다. 일반적으로 몇 가지를 시도해 본 후 적절한 것을 선택하면 된다.

마지막 단계로 구간의 폭과 위치가 선택되면 구간의 경계점을 명시하고 이를 기반으로 그룹화한 뒤 그룹별 도수를 계산하여 도수분포표를 작성하면 된다. 이 작업을 수행하는 R코드는 1.2.2절을 참고하라.

참고로, R의 sort 명령문은 자료를 오름차순으로 정렬하여 준다.

```
sort(sugar)
 [1]  7.7  8.6  8.7  9.0  9.2  9.4  9.8  9.9  9.9 10.1 10.2 10.2 10.6 10.9
[15] 10.9 11.0 11.0 11.3 11.4 11.6 11.6 11.7 11.8 12.2 12.3 12.3 12.4 12.5
[29] 12.5 12.6 12.6 13.4 15.2 15.3 16.7
```

**표 1.5** 혈당 자료를 순서화한 값

| | | | | |
|---|---|---|---|---|
| 7.7 | 9.9 | 10.9 | 11.7 | 12.5 |
| 8.6 | 9.9 | 11.0 | 11.8 | 12.6 |
| 8.7 | 10.1 | 11.0 | 12.2 | 12.6 |
| 9.0 | 10.2 | 11.3 | 12.3 | 13.4 |
| 9.2 | 10.2 | 11.4 | 12.3 | 15.2 |
| 9.4 | 10.6 | 11.6 | 12.4 | 15.3 |
| 9.8 | 10.9 | 11.6 | 12.5 | 16.7 |

## 1.4.2 상대도수와 누적도수

도수분포표를 만들 때 종종 각 구간에 대한 도수의 전체 도수대비 상대도수를 백분율로 표시하는 것이 자료의 비교와 해석에 용이한 경우가 많다. 상대도수(relative frequency)는 절대도수를 전체 자료의 개수로 나누어 준 것을 말한다. 백분율로 표시한 상대도수는 상대도수를 100으로 곱해 주면 얻어진다.

누적상대도수(cumulative relative frequency)는 각 구간의 상한값 이하 모든 관측값들의 백분율을 의미한다. 표 1.6은 표 1.4 자료에 대한 상대 및 누적상대도수분포를 나타낸다. 표 1.6에서 10.0 이상 12.0 이하의 자료가 전체의 40%이고, 14.0 이하의 자료가 전체의 91.5%임을 알 수 있다.

일반적으로 모든 통계적 절차에는 정보의 손실이 수반된다. 예를 들어 자료를 그룹화하면 개개 자료의 값이 각 구간의 대표값으로 대치되어 정보의 손실이 발생한다.

**표 1.6** 혈당 자료에 대한 상대도수와 누적상대도수 분포표

| 혈당 자료 | 도수 | 상대도수 | 상대도수(%) | 누적상대도수(%) |
|---|---|---|---|---|
| 5.95~ 7.95 | 1 | .029 | 2.9 | 2.9 |
| 7.95~ 9.95 | 8 | .229 | 22.9 | 25.8 |
| 9.95~11.95 | 14 | .400 | 40.0 | 65.8 |
| 11.95~13.95 | 9 | .257 | 25.7 | 91.5 |
| 13.95~15.95 | 2 | .057 | 5.7 | 97.2 |
| 15.95~17.95 | 1 | .029 | 2.9 | 100.0 |
| 합계 | 35 | 1.000 | 100.0 | |

반면에 전체 자료의 특성을 보다 쉽게 파악할 수 있다는 장점이 있다.

### 1.4.3 상대도수를 이용한 히스토그램

도수분포표에서 모든 구간의 길이가 일정한 경우에는 히스토그램의 높이로 상대도수를 사용하면 관측값의 개수가 서로 다른 히스토그램을 상호 비교하는 데 매우 용이하다. 그룹화된 혈당 자료에 대하여 상대도수와 누적상대도수를 계산하는 R 코드는 다음과 같다. 참고로 round(relfreq,3) 명령은 relfreq 값을 소수점 3자리까지 결과가 나오도록 반올림하는 것이다.

```
relfreq<-sugar_freq/length(sugar)    # 빈도비율로 전환
rel_freq=round(relfreq,3)          # 소숫점 3째 자리까지만
relfreq_per<-round(relfreq*100,1)    # (소숫점 1자리)백분율 전환
cumrelfreq_per<-round(cumsum(relfreq*100),1)    # (소숫점 1자리)누적백분율로 전환

rel_freq
   sugar_cut
   (6,8]  (8,10]   (10,12]   (12,14]  (14,16]  (16,18]
   0.029   0.229    0.400     0.257    0.057    0.029

cumrelfreq_per
   (6,8]  (8,10]  (10,12]   (12,14]  (14,16]  (16,18]
     2.9    25.7     65.7      91.4     97.1    100.0
```

## SECTION 1.5 기술통계량

### 1.5.1 위치 통계량

**평균** : 평균은 다음과 같이 정의한다.

$$\overline{Y} = \frac{1}{n}\sum_{i=1}^{n} Y_i$$

여기서 $n$은 자료의 개수, $Y_i$는 $i$번째 관측값을 나타낸다. 예를 들어, 수집된 데이터가 1, 3, 2, 4, 5라면 이들의 평균은 다음과 같이 계산한다.

$$\begin{aligned}\overline{Y} &= \frac{1}{5}\sum_{i=1}^{5} Y_i \\ &= \frac{1}{5}(1+3+2+4+5) \\ &= 3\end{aligned}$$

평균의 중요한 성질은 모든 관측값에서 평균을 뺀 후 합을 취하면 항상 0이 된다는 점이다. 관측값과 평균값의 차이를 **편차**(deviation)라 부르는데, $i$번째 자료 $Y_i$의 편차는 $(Y_i - \overline{Y})$이다. 이때 다음 관계가 항상 성립한다.

$$\sum_{i=1}^{n}(Y_i - \overline{Y}) = 0$$

평균의 또 다른 중요한 성질은 표본의 크기 $n$이 작을 경우에 평균은 아주 작거나 아주 큰 값인 극값(extreme value)에 매우 민감하다는 점이다. 만약 표본 1, 3, 2, 4, 5에서 5를 50으로 바꾸면 평균값은 3에서 12가 되고, 또 만약 5가 500으로 바뀌면 평균값은 102로 바뀐다. 이는 평균이 관측값의 크기에 민감하기 때문이다.

**중앙값** : 다음과 같이 $n = 9$개의 관측값이 주어진 경우

15, 1, 3, 4, 1, 12, 8, 13, 9

중앙값을 찾으려면 먼저 자료를 다음과 같이 크기순으로 나열하여야 한다.

$$1,\ 1,\ 3,\ 4,\ \boxed{8},\ 9,\ 12,\ 13,\ 15$$

$n$이 홀수인 경우에 중앙값은 전체 자료의 중간값이므로 중앙값은 8이다. 이때 관측값 15가 150 또는 1500으로 바뀌어도 중앙값은 변하지 않는다. 중앙값은 평균과는 달리 극값에 전혀 영향을 받지 않음을 알 수 있다.

만약 $n$이 짝수인 경우에는 중앙값은 가운데 두 개 값의 평균으로 정의한다. 예를 들어 {10, 1, 7, 11, 15, 6}의 자료를 순서화하면 {1, 6, $\boxed{7,\ 10}$, 11, 15}가 되고 중앙값은 7과 10의 평균인 $(7+10)/2=8.5$이다.

중앙값은 전체 자료를 도수에 의해 양분하며 따라서 자료의 대략 50%는 중앙값 이하이고 나머지 50%는 중앙값 이상이다. 중앙값은 특히 한쪽으로 기울어진 비대칭 자료를 요약하는 데 유용한데 이는 중앙값이 극값에 크게 영향을 받지 않기 때문이다. 대칭분포의 경우에는 평균값과 중앙값은 동일하지만 비대칭 자료의 경우에 평균값은 매우 크거나 매우 작은값의 영향을 많이 받으므로 비대칭이 심한 자료는 평균보다는 중앙값이 대푯값으로 더 적절할 수 있다. 참고로, 평균값이나 중앙값이 반드시 관측값들 중 하나일 필요는 없다.

**최빈값** : 도수분포표에서 어느 한 값의 도수가 다른 모든 값들의 도수보다 클 경우에 그 값 또는 그룹을 분포의 최빈값이라 한다.

예를 들어 자료 {1, 4, 3, 1, 2, 5}의 최빈값은 1이고, 자료 {2, 4, 2, 3, 1, 5, 1}의 최빈값은 1과 2로 두 개가 되고 분포는 쌍봉(bimodal) 분포가 된다. 참고로 혈당의 그룹화된 자료인 표 1.6 자료에서 최빈구간은 10~12 구간이다.

### 1.5.2 변동 통계량

그림 1.5는 평균은 같으나 관측값들의 퍼진 정도가 다른 두 개의 히스토그램을 보여준다. 이처럼 중심은 같으나 변동성(퍼짐성)에 따라 분포가 달라지므로 변동성을 요약하는 것이 중요하다.

그림 1.5　평균은 같으나 분산이 다른 두 분포 : 오른쪽이 왼쪽보다 분산이 더 크다.

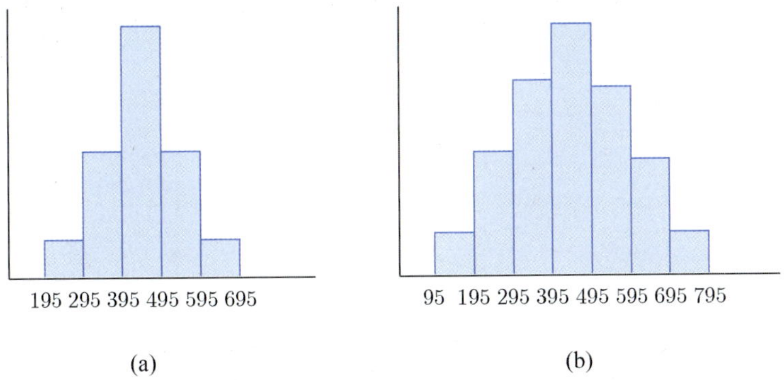


**범위**(range) : 범위는 자료의 최대값과 최소값의 차이를 말한다. 그림 1.5(a)에서 범위는 695-195 = 500이고, (b)에서는 795-95 = 700이다.

변동을 나타내는 통계량으로서 범위는 계산이 간편하다는 장점이 있지만 최소값과 최대값만 사용하기 때문에 전체 자료의 변동에 대한 그릇된 인상을 주기 쉽다. 특히 몇몇 극값을 제외한 대부분의 자료가 밀집된 경우 이 문제가 심각한데, 예를 들어 표 1.5에 주어진 $n = 35$개의 자료에서 자료 7.7을 2.7로 바꾸면 범위는 9에서 14로 바뀌나 전체 분포의 평균과 형태는 거의 변화하지 않는다. 이와 같은 범위의 약점을 보완한 보다 안정적인 변동통계량이 바로 표준편차이다.

**분산, 표준편차** : 각각의 관측값들의 편차 $(Y_i - \overline{Y})$는 자료의 퍼짐성을 나타내는 좋은 기준이 되는데, 예를 들어 편차들의 절대값이 클수록 관측값들이 평균에서 넓게 퍼져 있는 것이다. 그런데 편차들의 합은 항상 0이 되므로, 편차들의 평균값은 변동의 크기를 재는 통계량으로 적절하지 않다. 대신 먼저 편차들을 제곱하여 평균을 취한 후 제곱근을 취한 값을 사용하게 되는데 이 값을 표본의 표준편차라 한다. 표준편차의 계산 절차는 표 1.7을 참고하라.

표 1.7에서 식 $\Sigma(Y_i - \overline{Y})^2$은 제곱합(sum of squares)이라 부르며 편차제곱들의 평균값을 나타내는 분산(variance)은 $s^2$으로 표시한다. 분산은 다음과 같이 계산한다.

$$s^2 = \frac{\sum_{i=1}^{n}(Y_i - \overline{Y})^2}{(n-1)} = 16/5 = 3.2$$

**표 1.7** 다이어트 실험 중인 쥐들의 체중 증가량($n=6$)

| 쥐<br>$i$ | 체중 증가<br>$Y_i$ | 편차<br>$(Y_i-\overline{Y})$ | 편차제곱<br>$(Y_i-\overline{Y})^2$ |
|---|---|---|---|
| 1 | 6 | 3 | 9 |
| 2 | 2 | −1 | 1 |
| 3 | 4 | 1 | 1 |
| 4 | 1 | −2 | 4 |
| 5 | 3 | 0 | 0 |
| 6 | 2 | −1 | 1 |
| | $\Sigma Y_i=18$<br>$\overline{Y}=3.0$ | $\Sigma(Y_i-\overline{Y})=0$ | $\Sigma(Y_i-\overline{Y})^2=16$ |

여기서 수학적인 이유로 분산을 구할 때 분모에 $n$ 대신 $(n-1)$을 사용하는 점에 유의하자. 따라서 표준편차 $s$는

$$s=\sqrt{s^2}=\sqrt{3.2}=1.79$$

이다. 다음 관계식을 이용하면 표준편차 $s$를 보다 더 간편하게 계산할 수 있다.

$$\begin{aligned}\sum_{i=1}^{n}(Y_i-\overline{Y})^2&=\sum_{i=1}^{n}(Y_i^2-2\overline{Y}Y_i-\overline{Y}^2)\\&=\sum_{i=1}^{n}Y_i^2-2\overline{Y}\sum_{i=1}^{n}Y_i+\sum_{i=1}^{n}\overline{Y}^2\end{aligned}$$

$\overline{Y}=\Sigma Y_i/n$를 대입하면

$$\begin{aligned}\sum_{i=1}^{n}(Y_i-\overline{Y})^2&=\sum_{i=1}^{n}Y_i^2-2\sum_{i=1}^{n}\frac{Y_i}{n}\sum_{i=1}^{n}Y_i+n\left(\sum_{i=1}^{n}\frac{Y_i}{n}\right)^2\\&=\sum_{i=1}^{n}Y_i^2-2\left(\sum_{i=1}^{n}Y_i\right)^2/n+\left(\sum_{i=1}^{n}Y_i\right)^2/n\\&=\sum_{i=1}^{n}Y_i^2-\left(\sum_{i=1}^{n}Y_i\right)^2/n\end{aligned}$$

이다. 따라서 표준편차 $s$에 대한 간편 계산식은 다음과 같다.

$$s = \sqrt{\left[\sum_{i=1}^{n} Y_i^2 - \left(\sum_{i=1}^{n} Y_i\right)^2 / n\right] / (n-1)}$$

간편 계산식을 활용하기 위하여 표 1.7을 다시 쓰면 다음과 같고, 분산 $s^2$은 아래와 같이 계산할 수 있다.

| 쥐 $i$ | 체중 증가 $Y_i$ | $Y_i^2$ |
|---|---|---|
| 1 | 6 | 36 |
| 2 | 2 | 4 |
| 3 | 4 | 16 |
| 4 | 1 | 1 |
| 5 | 3 | 9 |
| 6 | 2 | 4 |
| | $\sum Y_i = 18$ | $\sum Y_i^2 = 70$ |

$$s^2 = \frac{\sum_{i=1}^{n} Y_i^2 - \left(\sum_{i=1}^{n} Y_i\right)/n}{n-1} = \frac{70-(18)^2/6}{5} = 16/5 = 3.2$$

## SECTION 1.6 적절한 기술통계량의 선택

기술통계량을 선택하는 데 중요한 기준으로 먼저 자료의 측정척도 유형을 들 수 있다.

먼저 명목자료의 경우는 사용할 수 있는 통계량이 그리 많지 않다. 비록 각각의 범주를 표시하는 데 숫자 코드를 사용한다 해도 명목척도 변수에 대해 수치연산을 하는 것은 적절하지 않으며, 따라서 대개 각각의 범주에 대한 도수를 구하거나 최빈값을 찾는 것에 한정한다. 예를 들어 표 1.8은 어느 정신건강의학과를 찾은 100명의 환자들의 진단결과를 나타내는 명목 자료인데, 우선 막대그래프를 이용하여 진단 결과별로 도수를 구해 볼 수 있다.

**표 1.8 100명의 환자들의 진단결과에 대한 도수분포**

| 진단 | 도수 | 상대도수(%) |
|---|---|---|
| 유기뇌증상 | 20 | 20 |
| 정신증 | 35 | 35 |
| 지적장애 | 20 | 20 |
| 성격이상 | 25 | 25 |
| 합계 | 100 | 100 |

막대그래프는 히스토그램과 유사하나 단지 수평축에 연속적인 수치구간 대신 서로 다른 범주를 나타내고 있는 점이 다르다. 그림 1.6은 표 1.8의 범주형 또는 명목자료에 대한 도수분포를 나타내는 막대그래프이다. 이 경우, 정신증이 최빈 진단임을 알 수 있다.

R코드를 이용하여 정신의학과 진단자료의 막대그래프를 그려보자.

```
barplot(c(20,35,20,25), names.arg=c("유기뇌증상", "정신증", "지적장애", "성격
이상"))
```

**그림 1.6 정신건강의학과의 진단결과에 대한 막대그래프**

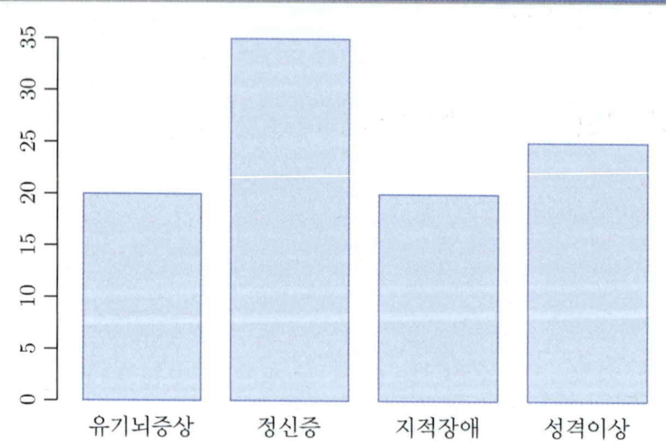


한편, 순서 자료를 기술하기에 가장 적절한 기술통계량은 도수분포, 중앙값, 최빈값이다. 예를 들어 종합병원의 20명의 환자를 대상으로 병원의 서비스 수준을 '1=매우 나쁨, 2=나쁨, 3=보통, 4=양호, 5=매우 양호'의 5등급으로 평가한다고 하자. 각 등

급별 도수분포가 표 1.9와 같이 주어져 있다. 이 경우도 앞서의 명목자료와 같이 각 등급별 도수분포를 막대그래프로 그려볼 수 있다.

또한 등급의 중앙값은 3과 4의 중간인 3.5가 되나 이와 같은 순서자료의 경우는 단순히 중앙값을 '보통'과 '양호' 사이라고 하는 편이 의미 있을 것이다. 최빈등급은 '4=양호'에 해당된다.

**표 1.9** 병원 서비스 자료의 도수분포

| 등급 | 도수 | 상대도수(%) |
|---|---|---|
| 1. 매우 나쁨 | 3 | 15 |
| 2. 나쁨 | 3 | 15 |
| 3. 보통 | 4 | 20 |
| 4. 양호 | 7 | 35 |
| 5. 매우 양호 | 3 | 15 |
| 합계 | 20 | 100 |

가끔 순서 척도로 측정된 자료에 대한 평균을 보고하는 경우가 있는데 원리상 각각의 수준 사이의 구간이 같은 크기를 갖지 않기 때문에 순서자료의 평균값을 사용하는 경우에는 각 구간 사이의 간격이 근사적으로 같다는 가정하에서 사용되어야 한다.

구간 및 비척도를 사용한 측정자료의 경우는 보통의 산술연산을 하는 것이 타당하여 이 장에서 소개된 모든 기술통계량들을 사용할 수 있다. 적절한 위치를 나타내는 통계량은 도수분포의 형태에 따라서 다를 수 있고 또 통계량의 사용 목적에 따라 다를 수 있다.

대칭분포의 경우, 평균과 중앙값은 동일하며 어느 것이나 거의 같은 값을 주지만 한쪽으로 기울어진 자료는 서로 다른 값을 얻게 되어 이 중 어느 것을 선택하느냐 하는 문제가 발생하는데 이에 대해서는 구체적인 예를 들어 설명하기로 하자.

예를 들어 병원의 시설을 책임지고 있는 병원 관리자는 새 입원 환자가 병원에 머무르는 기간에 대해 관심이 있을 것이고 각 환자의 평균 입원 기간이 중요한 관심 통계량이 될 것이다. 반면, 환자를 치료하는 의사의 입장에서는 어쩔 수 없는 장기 입원 환자를 제외한 나머지 대부분 입원환자들의 입원 기간에 관심이 있을 수 있는데, 이 경우는 평균 체류 기간보다는 중앙값에 더 관심이 있을 것이다. 이와 같이 측정값의 분포가 심하게 기울어져 있거나 표본의 크기가 작은 경우는 평균보다는 중앙값이 보다 의미 있는 중심 척도가 될 것이다.

특수치료를 받고 있는 암 환자들의 생존시간 연구에서 5명 환자들의 생존시간이 {3, 5, 4, 4, 29}달로 주어졌다고 하자. 이때 평균 생존기간($\overline{Y}=9$달)은 자료의 대표값으로서 치료의 효과에 대한 잘못된 인상을 줄 소지가 많음을 알 수 있다. 그 이유는 평균값은 이상점(outlier) 29달에 의해 지나치게 영향을 받기 때문이다. 반면, 중앙값(4달)은 전체 자료를 크기가 아닌 순서로 이등분한 것이므로 위치측도로서 보다 나은 대표성을 갖는다.

그러나 자료의 수가 증가함에 따라 몇몇 개의 극값이 위치측도에 미치는 영향은 점차 감소한다. 또한 대개의 경우에 하나의 통계량이 다른 통계량보다 명백히 좋지 않다면 도수분포표, 히스토그램, 평균, 중앙값, 최빈값, 범위, 표준편차 등 대표적 기술통계량을 모두 구해보는 것이 좋다.

## SECTION 1.7 탐색적 자료분석

다음에 소개하는 두 가지 기술통계 기법은 최근 많이 사용되는 탐색적 자료분석 기법의 대표적인 예로서 특히 두 개 이상의 자료를 상호 비교·분석할 때 유용하다.

### 1.7.1 줄기-잎 그림(stem-and-leaf diagram)

표 1.10은 통계학 과목을 수강한 학생들의 학점 자료이다.

**표 1.10** 학점 자료

| | | | | |
|---|---|---|---|---|
| 2.1 | 3.8 | 3.3 | 3.2 | 2.8 |
| 4.1 | 3.5 | 3.6 | 3.4 | 2.6 |
| 1.0 | 3.2 | 1.8 | 3.5 | 4.2 |
| 2.0 | 2.4 | 2.6 | 3.4 | 3.0 |

이들 자료에 대한 줄기-잎 그림을 그리기 위하여 각 관측치를 편의상 **점수**(score)라 부르기로 한다. 먼저 각 관측치를 두 부분으로 분할하여 처음 숫자를 **줄기**(stem), 나중

숫자를 잎(leaf)이라 부르자. 예를 들어 점수가 2.1이라면 줄기는 2, 잎은 1로 분할할 수 있다. 다음 자료의 줄기를 크기순으로 위에서 아래로 세로로 나열하고 각 줄기에 각각 관측치의 잎을 수평으로, 좌에서 우로, 크기순으로 나열한다. 예를 들어 표 1.10에 주어진 학점자료에 대하여 줄기-잎 그림을 그려보면 다음과 같은 결과를 얻는다.

```
grade<-c(2.1,3.8,3.3,3.2,2.8,4.1,3.5,3.6,3.4,2.6,1.0,3.2,1.8,3.5,4.2,2.0,
2.4,2.6,3.4,3.0)
stem(grade)

  The decimal point is at the |
```

그림 1.7 학점 자료의 줄기-잎 그림

```
1 | 0 8
2 | 0 1 4 6 6 8
3 | 0 2 2 3 4 4 5 5 6 8
4 | 1 2
```

그림 1.7의 줄기-잎 그림을 통해 학생들의 성적이 종 모양의 분포를 가짐을 알 수 있다. 이와 같은 줄기-잎 그림은 도수, 분포의 모양, 실제 점수값, 순위 등을 한눈에 파악할 수 있어서 히스토그램보다 정보손실이 적은 기법임을 알 수 있다. 경우에 따라서 줄기의 개수를 늘려서 그릴 수도 있다. 그림 1.7에서 잎의 값이 0, 1, 2, 3, 4일 경우와 5, 6, 7, 8, 9인 경우를 두 개의 줄기에 나누어 적으면 다음과 같이 줄기의 개수가 여섯 개인 좀더 자세한 줄기-잎 그림을 얻을 수 있다.

```
stem(grade,scale = 2)       # 세분화된 줄기-잎 그림 그리기

The decimal point is at the |
```

그림 1.8 학점 자료의 세분화된 줄기-잎 그림

| | |
|---|---|
| 1 | 0 |
| 1 | 8 |
| 2 | 0 1 4 |
| 2 | 6 6 8 |
| 3 | 0 2 2 3 4 4 |
| 3 | 5 5 6 8 |
| 4 | 1 2 |

줄기-잎을 결정하는 방법은 일률적으로 정할 수 없으나 가능한 한 전체의 특징을 잘 보여줄 수 있도록 몇 가지를 시도해 보는 것이 좋다.

## 1.7.2 상자그림(box plot)

줄기-잎 그림을 요약하여 전체 분포의 대칭성, 분포의 집중도, 범위 등을 한눈에 알 수 있도록 그린 그림이 바로 상자그림이다.

상자그림을 그리려면 우선 자료의 최소값, 최대값, 중앙값과 아울러 자료의 **아래, 위 사분위수**(lower, upper quartiles)를 알아야 한다. 아래 사분위수는 전체 자료를 크기순으로 나열했을 때 아래에서 $(n+1)/4$번째 점수를, 위 사분위수는 $3(n+1)/4$번째 점수를 말한다. 만일 사분위값의 위치가 정수가 아니면 인접한 두 점수값의 평균을 사용한다.

예를 들어 표 1.10의 학점 자료에서 아래 사분위수는 5 또는 6번째 점수인 2.6, 위 사분위수는 15번째와 16번째의 평균인 3.55이다. 두 개의 사분위수와 최소값, 최대값, 중앙값 통계량들을 크기순으로 나열한 후 상자 모양으로 정리하면 상자그림을 얻게 된다. 표 1.10 자료의 상자그림은 그림 1.9와 같다. 그림 1.9를 보면 점수분포가 중앙값을 중심으로 약간 위쪽으로 치우쳐 있음을 쉽게 알 수 있다.

```
boxplot(grade,col="grey",   horizontal=T)
```

그림 1.9 학점 자료의 상자그림

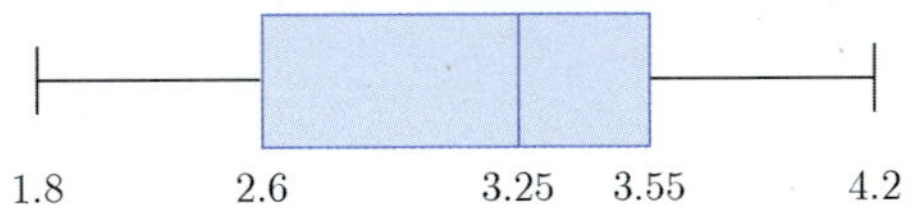


상자 그림은 두 개 이상의 자료분포를 한눈에 비교하는 데 유용하다. 앞서의 학점 자료는 1반 학생들의 자료이고 추가적으로 2반의 자료를 grade2라는 변수로 아래와 저장하였다고 하면 두 자료의 상자그림을 한 번에 그려 비교할 수 있다.

그림 1.10을 보면 1반에 비하여 2반의 중앙값이 작고 퍼짐성이 큰 것을 볼 수 있다.

```
grade2=c(2.0,2.8,3.5,3.2,2.2,4.1,3.9,3.6,3.1,2.5,1.0,3.2,1.9,3.5,4.5,2.0,
2.4,2.6,3.4,3.0)
grade1=grade
gg=cbind(grade1,grade2)
boxplot(gg,col="grey")
```

그림 1.10 상자그림을 이용한 두 반의 학점 자료 비교

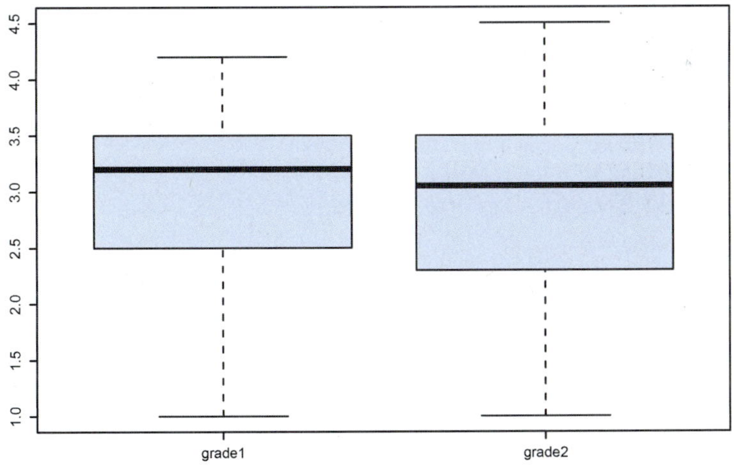

## SECTION 1.8 패키지 사용

R 패키지를 사용하여 기초 통계분석을 수행할 수도 있다. 여러 가능한 패키지가 있지만 fBasics라는 패키지를 사용하여 학점 자료의 기초분석을 수행해보자.

```
#Basic Statistics
install.packages("fBasics")     # 기초통계량을 위한 패키지 설치
library(fBasics)    # 패키지 불러오기
basicStats(grade)   # 기초통계량 구하기

                grade
nobs        20.000000
NAs          0.000000
Minimum      1.000000
Maximum      4.200000
1. Quartile  2.550000
3. Quartile  3.500000
Mean         2.975000
Median       3.200000
Sum         59.500000
SE Mean      0.182075
LCL Mean     2.593913
UCL Mean     3.356087
Variance     0.663026
Stdev        0.814264
Skewness    -0.616423
Kurtosis    -0.331272
```

# 연습문제

1. 30세 남자의 혈중 콜레스트롤 수준을 조절하는 치료제의 효과를 측정하는 실험에서 치료 그룹에 대하여 다음 자료를 얻었다.

| | | |
|---|---|---|
| 230 | 235 | 200 |
| 175 | 170 | 290 |
| 181 | 245 | 150 |
| 190 | 120 | 145 |
| 220 | 225 | 215 |
| 195 | 200 | 230 |
| 240 | 200 | 230 |
| 165 | 265 | 210 |
| 250 | 210 | 215 |
| 190 | 270 | 250 |

$$\sum Y_i = 6311, \quad \sum Y_i^2 = 1,371,111$$

(1) 계급구간의 폭을 20으로 하여 도수분포표, 상대도수표, 누적도수표를 구하라.

(2) 히스토그램을 구하라. 각 축의 단위를 명시하라.

(3) 다음 기술통계량을 구하라.

① 평균 ② 중앙값 ③ 최빈값 ④ 범위 ⑤ 분산 ⑥ 표준편차

(4) 상자그림과 줄기-잎 그림을 그려라.

2. 자료 {5, 3, 2, 1, 4}에 대하여 분산 $s^2$을 정의식

$$s^2 = \sum_{i=1}^{n}(Y_i - \overline{Y})^2/(n-1)$$

과 간편 계산식

$$s^2 = \frac{\sum_{i=1}^{n} Y_i^2 - \left(\sum_{i=1}^{n} Y_i\right)^2/n}{n-1}$$

을 이용하여 각각 계산하라.

3. 다음 자료에 대해 물음에 답하라.

| | | | |
|---|---|---|---|
| 1 | 2 | 1 | 2 |
| 4 | 3 | 3 | 4 |
| 6 | 5 | 8 | 7 |
| 10 | 2 | 1 | 7 |
| 12 | 9 | 3 | 6 |

(1) 폭이 2인 구간을 사용하여 히스토그램을 그려라.

(2) 상자그림과 줄기-잎 그림을 그려라.

(3) 평균과 중앙값을 구하라. 두 통계량을 비교하여 장단점을 설명하라.

4. 흡연이 혈중 페나세틴 대사과정에 미치는 영향을 알아보기 위해 10명의 흡연자와 12명의 비흡연자를 선택하여 약물을 투여하고 2시간 후 혈중 페나세틴의 농도를 측정하여 다음 자료를 얻었다.

| 페나세틴 ($\mu$g/ml) | 비흡연 | 흡연 |
|---|---|---|
| 0.005~0.505 | 1 | 4 |
| 0.505~1.005 | 1 | 2 |
| 1.005~1.505 | 2 | 2 |
| 1.505~2.005 | 3 | 1 |
| 2.005~2.505 | 1 | 0 |
| 2.505~3.005 | 2 | 1 |
| 3.005~3.505 | 1 | 0 |
| 3.505~4.005 | 1 | 0 |
| | 12 | 10 |

(1) 위 자료에 대해 상대도수 및 누적상대도수표를 만들어보라. 또 상자그림을 그려 비교해 보라.

(2) 두 그룹을 비교하는 데 도수상대분포표와 상대도수분포표 중 어느 것이 더 유용한가?

(3) 흡연자들 중 몇 %가 평균값 이하인가? 비흡연 그룹의 경우는 어떠한가?

(4) 흡연자들의 측정값이 대칭이라고 할 수 있는가?

(5) 흡연그룹의 평균과 중앙값 중 어느 것이 큰가?

(6) 도수분포표를 근거로 흡연이 페나세틴 농도에 어떤 영향을 미친다고 할 수 있는가?

5. 임상 실험실에서 혈액 측정에 사용되는 측정기구를 세 대 구입하여 시험가동을 실시하였다. 농도 10mg/ml의 표준용액을 시험용액으로 사용하여 세 대의 측정기구로 반복 측정한 결과, 다음 자료를 얻었다.

| | 측정기구 | | |
|---|---|---|---|
| | 1 | 2 | 3 |
| | 5 | 10 | 10 |
| | 10 | 9 | 11 |
| | 9 | 10 | 9 |
| | 15 | 9 | 10 |
| | 16 | 11 | 10 |
| | 12 | 8 | 9 |
| | 4 | 9 | 11 |
| | 8 | 7 | 12 |
| | 10 | 8 | 8 |
| | 13 | 9 | 10 |
| $\sum Y$ | 100 | 90 | 100 |
| $\sum Y^2$ | 1148 | 822 | 1012 |

(1) 세 대의 측정기구에 대해 각각 평균과 표준편차를 구하라.

측정기구의 성능 평가에 종종 사용되는 세 가지 용어는 정밀성(precision), 불편성(unbiasedness), 정확성(accuracy)이다. 정밀도는 표준편차를 말하며 표준편차값이 작을 때, 즉 관측값의 변동이 작을 때 정밀성이 있다고 한다. 불편성은 관측값의 평균이 참값에 가까움을 말하는 것이고, 끝으로 정확성이 높은 기구는 측정값들이 정밀성과 불편성을 모두 갖춘 경우를 말한다.

(2) 위에서 언급한 세 가지 정의를 이용하여 측정기구의 성능을 각각 기술해 보라.

(3) 어떤 기구를 구입하는 것이 좋은가? 그 이유는 무엇인가?

6. 다음 도표는 두 병원의 검사실에서 같은 종류의 혈액검사 결과를 나타낸 것이다. 각 실험실에는 두 명의 기술자가 있으며 농도를 알고 있는 표준용액(5mg/ml)을 이용하여 각 기술자가 세 번씩 반복 측정한 결과들이다. 괄호 안의 숫자는 각 측정자료의 합과 제곱합을 각각 나타낸다.

| 실험실 | 기술자 | |
|---|---|---|
| | 1 | 2 |
| 1 | 5 8 6<br>(19, 125) | 4 4 8<br>(16, 96) |
| 2 | 8 8 4<br>(20, 144) | 5 6 6<br>(17, 97) |

(1) 각 기술자의 평균과 분산을 구하라. 각 기술자의 측정값의 변동의 주요 원인을 무엇이라고 생각하는가?

(2) 위 자료를 근거로 할 때 어느 기술자를 고용하겠는가? 그 이유는 무엇인가?

(3) 각 기술자의 평균값을 관측값으로 사용할 때 실험실 1과 2의 평균 및 분산을 구하라.

(4) 각 실험실 내의 측정값에 변동이 생기는 원인은 무엇인가?

(5) 어느 실험실이 가장 정확한 측정값을 주는가?

## ※ 실습문제 (7~13번)

**7.** 어느 대학의 석사과정 입학생들의 학점(GPA)과 입학허가여부(admit, 1=합격, 0=불합격) 자료가 admit.csv에 저장되어 있다. 합격자들과 불합격자들의 학점을 상자그림으로 그려서 비교하라.

**8.** wage.csv에 근로자들의 일일 급여 자료가 저장되어 있다.

(1) 자료의 평균, 표준편차, 분산, 최솟값, 최댓값, 중앙값, 범위를 구하라.

(2) 자료의 백분율 상대도수 히스토그램을 그려라.

(3) 자료의 백분율 누적도수 히스토그램을 그려라.

**9.** 다음은 참새가 둥지를 트는 장소와 둥지수(도수)를 조사한 자료이다.
site별로 도수 그래프를 그려라.

| site(둥지위치) | nests(둥지수) |
|---|---|
| A (Vines, 덤불) | 56 |
| B (Building eaves, 처마) | 60 |
| C (Low tree branches, 낮은 나뭇가지) | 46 |
| D (Tree & building cavities, 나무와 건물 홈) | 49 |

10. 다음은 검은 반점의 양에 따른 금붕어의 수를 나타낸 자료이다. 검은 반점의 양별로 도수 그래프를 그리고 대칭인지 비대칭인지 판단하라.

| 분류 (반점의 양) | 붕어의 수 |
|---|---|
| 0 (전혀 없음) | 13 |
| 1 (희미한 얼룩) | 68 |
| 2 (적당한 얼룩) | 44 |
| 3 (심한 얼룩) | 21 |
| 4 (완전히 검은색) | 8 |

11. Galton.csv 자료는 총 $n = 898$쌍의 부모의 키, 자녀의 성별 및 키를 기록한 자료이다. (단위: 인치)

(1) 이들 자료를 이용하여 자녀의 성별로 상자그림을 나란히 그려라.

(2) 자녀의 성별로 줄기-잎 그림을 그려라.

(3) 자녀의 성별로 히스토그램을 그려라.

(4) 자녀의 성별로 최댓값, 최솟값, 사분위수 ($Q_1$, $Q_2$, $Q_3$), 평균 및 표준편차를 각각 구하라.

(5) 부모의 평균키 ($\overline{x} = (x_1 + x_2)/2$) 와 자녀의 키($y$)의 산점도를 그려라.

12. SAT-scores.csv 자료는 $n = 162$명의 학생들의 SAT시험의 어학점수(Verbal), 수학점수(Math), 및 성별(Sex)을 조사한 자료이다.

(1) 이들 자료를 이용하여 성별로 수학점수의 상자그림을 나란히 그려라.

(2) 성별로 수학점수의 줄기-잎 그림을 각각 그려라.

(3) 성별로 어학점수의 히스토그램을 겹쳐서 그려라.

(4) 성별로 어학점수의 최댓값, 최솟값, 사분위수($Q_1$, $Q_2$, $Q_3$), 평균 및 표준편차를 각각 구하라.

(5) 어학점수($x_1$)와 수학점수($x_2$)의 산점도를 그려라.

13. 2017-완전생명표.csv 자료는 통계청의 2017년도 생명표를 기록한 자료이다.

(1) 위의 자료를 이용하여 남녀별 수명분포(사망자수 $d_x$)의 히스토그램을 겹쳐서 그려라.

$X$; 사람의 수명, $x$세 생존자수; $l_x = l_0 \cdot p(X > x)$, $n = l_0 = 100{,}000$,

$(x,\ x+1)$구간 사망자수; $d_x = l_x - l_{x+1}$, $x = 0,\ 1,\ \cdots,\ 99$)

(2) 위 히스토그램을 이용하여 남녀별 수명 분포의 차이를 간략히 서술하라.

# CHAPTER 02 확 률

우리는 일기예보, 스포츠 중계, 선거 결과 예측 등 일상 대화에서 '확률'이나 '가능성'이라는 용어를 많이 사용한다. "내가 응용통계학 강좌에서 A를 받을 확률은 90%이다"라고 한다면 이는 응용통계 과목에 대한 자신감을 나타낸 말이며, 이때 사용된 확률이란 용어는 매우 주관적인 확률을 나타내는 것으로 개인적 믿음의 정도를 수치로 표현한 것이다. 이와 같이 일상 생활에서 흔히 사용하는 확률 개념을 도구로 이용하는 학문이 통계학인데, 아쉽게도 많은 학생들이 통계를 매우 어려운 분야로 인식하고 있다. 그 이유는 아마도 대부분의 학생들이 확률 및 통계를 수학의 한 분야로서 배워왔고, 제시되는 문제 대부분이 매우 이론적이고 추상적이며, 다양한 사고력을 발휘하여 생각하기보다는 무조건 공식에 대입하여 답을 내는 형식으로 공부해 왔기 때문이 아닌가 싶다. 확률이란 반복실험이나 조사대상의 일부분을 조사하여 얻어진 자료에 근거하여 어떤 결정을 내리거나 예측할 때 필연적으로 발생하는 불확실성(또는 믿음의 정도)을 수치화하는 수단으로 이용되는 것이다.

제2장에서는 도수분포표를 보고 주어진 사건의 확률을 구하는 문제, 확률 계산을 위한 여러 법칙을 사용하여 복잡한 사건의 확률을 구하는 문제, 조건부확률과 독립성의 개념, 베이즈 공식(Bayes' rule), 이항확률이나 포아송분포 등을 다룬다.

## SECTION 2.1 확률의 정의 및 계산

확률 개념을 소개하기 위하여 흔히 동전이나 주사위 던지기, 또는 카드 게임을 예로 든다. 그러나 이러한 접근법은 이론 전개를 위해서는 편리한 점이 많으나, 현실감을 느끼기는 어렵다.

따라서 다음과 같이 조사나 실험에 의해 얻은 실제 자료를 가지고 확률 개념을 생각해 보자. 표 2.1은 40~59세의 정상적인 남자 1047명을 임의로 뽑아 혈청 콜레스테롤을 조사하여 얻은 도수분포표이다. 그리고, 그림 2.1은 분포의 특징을 한눈에 알아보기 위해 표 2.1에 주어진 자료의 분포를 그림으로 그려 본 것이다. 표 2.1에 나타난 자료의 분포는 대체로 대칭성이 있으며 219.5~239.5mg/100ml 구간에서 최고의 도수를 가지고 있고, 혈청 콜레스테롤 수치가 240mg/100ml 이하인 남자가 50% 이상을 차지한다.

**표 2.1** 40~59세 정상 남자의 혈청 콜레스테롤(단위 : mg/100ml)

| 혈청 콜레스테롤 (이상~미만) | 도수 | 상대도수 (%) | 누적상대도수 (%) |
|---|---|---|---|
| 119.5~139.5 | 10 | 1.0 | 1.0 |
| 139.5~159.5 | 21 | 2.0 | 3.0 |
| 159.5~179.5 | 37 | 3.5 | 6.5 |
| 179.5~199.5 | 97 | 9.3 | 15.8 |
| 199.5~219.5 | 152 | 14.5 | 30.3 |
| 219.5~239.5 | 206 | 19.7 | 50.0 |
| 239.5~259.5 | 195 | 18.6 | 68.6 |
| 259.5~279.5 | 131 | 12.5 | 81.1 |
| 279.5~299.5 | 96 | 9.2 | 90.3 |
| 299.5~319.5 | 47 | 4.5 | 94.8 |
| 319.5~339.5 | 30 | 2.9 | 97.7 |
| 339.5~359.5 | 13 | 1.2 | 98.9 |
| 359.5~379.5 | 6 | 0.6 | 99.5 |
| 379.5~399.5 | 4 | 0.4 | 99.9 |
| 399.5~419.5 | - | 0.0 | 99.9 |
| 419.5~439.5 | 1 | 0.1 | 100.0 |
| 439.5~459.5 | - | 0.0 | 100.0 |
| 459.5~479.5 | 1 | 0.1 | 100.1 |
| 합계 | 1047 | 100.1 | |

**그림 2.1** 혈청 콜레스테롤 자료에 대한 분포도

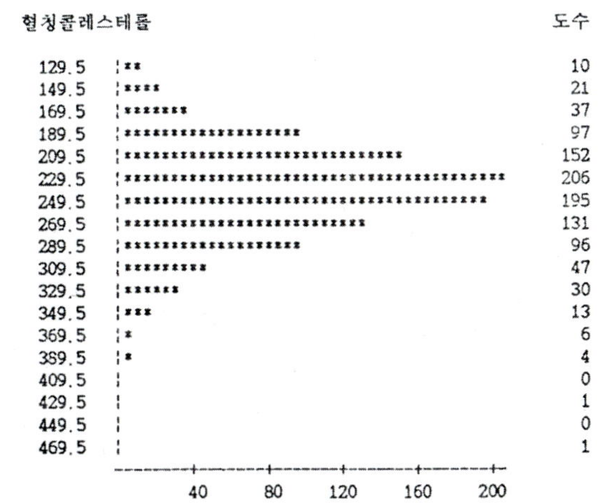

표 2.1의 1047명 중에서 한 명을 임의로 선택했을 때 그 사람의 혈청 콜레스테롤 수치가 159.5~179.5mg/100ml 사이에 있을 확률은 얼마인가? 159.5~179.5mg/100ml 구간의 사람 수는 37명이므로 구하는 확률은 37/1047=0.035이다. 이는 표에 나타난 상대도수와 일치한다. 여기서 확률은 0과 1 사이의 값을 가지며, 모든 구간의 확률을 합하면 1이 됨을 알 수 있다. 관점을 바꾸어, 만일 나이가 40~59세 사이에 있는 정상 남자 1명을 임의로 뽑았을 때 그의 혈청 콜레스테롤 수치가 199.5mg/100ml 미만일 확률은 얼마인가? 이에 대한 대답은 0.158이 될 것이며, 이는 1047명의 표본이 모집단을 잘 대표하고 있다는 가정하에서 나온 것이다.

특정 사건을 $A$로 표시할 때, $A$가 일어날 확률은 $A$에 포함되는 경우의 수를 일어날 수 있는 모든 가능한 경우의 수로 나눔으로써 구할 수 있다. 이러한 방법은 둘 이상의 사건이 일어날 확률을 구하는 데에도 똑같이 적용된다.

즉, 표 2.1에서 임의로 뽑힌 한 사람의 콜레스테롤 수치가 159.5mg/100ml보다 작거나 339.5mg/100ml 이상일 확률은 얼마인가? 1047명 중 159.5mg/100ml 미만인 사람의 수는 21+10=31명이고 339.5mg/100ml 이상인 사람의 수는 13+6+4+1+1=25명이다. 따라서 구하는 확률은 (31/1047)+(25/1047)=0.054이다. 콜레스테롤 수치가 159.5mg/100ml 미만이 되는 사건을 $A$, 339.5mg/100ml 이상이 되는 사건을 $B$라 하면, 어떤 사람의 수치가 $A$와 $B$에 동시에 들어가는 경우는 없다. 일반적으로 $A$ 또는 $B$에 들어가는 사건은 집합기호를 사용하여 $A \cup B$와 같이 나타낸다. 서로 겹치는 부분이 없는 두 사건을 **배반사건**(mutually exclusive events)이라고 하며, 두 배반사건 $A$, $B$의 합의 확률은 다음과 같이 구할 수 있다.

$$P(A \text{ 또는 } B) = P(A \cup B) = P(A) + P(B)$$

### 예 2.1

표 2.1에서 정상 남자의 약 95%까지를 포함하는 혈청 콜레스테롤 수치는 얼마인가? 또한 180mg/100ml와 320mg/100ml 사이에는 약 몇 %의 남자가 포함되는가?

**[풀이]**

표 2.1에서 누적도수 94.8%에 해당하는 계급값이 299.5~319.5mg/100ml이므로 혈청 콜레스테롤이 320mg/100ml 이하인 남자는 약 95% 정도라고 말할 수 있다. 또한 40~59세 사이의 정상 남자로 구성된 모집단에서 임의로 뽑은 남자의 혈청 콜레스테롤 수치가 180~320mg/100ml 범위에 있을 확률은 88.3%이며, 이는 179.5mg/100ml에서 319.5mg/100ml

사이의 상대도수를 모두 합한 값에 해당된다.

표 2.2는 1000명의 성인 남자를 임의로 뽑아 체형과 소득수준별로 분류한 도수표이다. 임의로 뽑은 성인 남자가 보통체형인 사건을 $A$, 소득수준이 보통으로 분류되는 사건을 $B$라 할 때 $P(A)=470/1000$이고 $P(B)=560/1000$이다. 여기서 $A$ 또는 $B$가 될 확률을 생각해 보자. 그런데, $P(A \cup B)$가 $P(A)$와 $P(B)$의 합으로 표시될 수 없음은 자명하다. 왜냐하면 두 확률을 합하면 1이 넘기 때문이다. 이렇게 되는 까닭은, 보통체형이면서 보통 소득수준을 가진 사람이 사건 $A$에도 포함되며 동시에 사건 $B$에도 포함되기 때문이다. 따라서 보통체격이거나, 또는 보통 소득수준을 갖는 남자의 수는 1000명 중에서

$$560+470-350=680$$

이다. 따라서 구하는 확률은 $680/1000=0.68$이 된다. 이를 다시 써보면

$$\begin{aligned} P(A \cup B) &= (560+470-350)/1000 \\ &= 560/1000+470/1000-350/1000 \\ &= 0.68 \end{aligned}$$

**표 2.2** 성인 남자의 체형과 소득수준

| 체형 \ 소득수준 | 낮음 | 보통 | 높음 | 합계 |
|---|---|---|---|---|
| 마른형 | 100 | 150 | 50 | 300 |
| 보통형 | 50 | 350 | 70 | 470 |
| 비만형 | 120 | 60 | 50 | 280 |
| 합계 | 270 | 560 | 170 | 1000 |

일반적으로 배반사건이 아닌 두 사건 $A$, $B$의 합의 확률은 $A$, $B$ 각각의 확률에서 $A$와 $B$에 동시에 들어가는 부분에 대한 확률을 빼주어야 한다. $A$와 $B$에 동시에 들어가는 부분을 집합기호로 나타내면

$$P(A \cup B)=P(A)+P(B)-P(A \cap B)$$

확률을 학문적 용어로 정의하기 위해서는 확률이 정의되는 공간인 표본공간(sample

space)과 사상(event)에 대한 정의가 필요하다. **표본공간**이란 통계적 실험(random experiment)이나 시행의 결과로 일어날 수 있는 모든 가능한 결과들의 모임을 일컬으며 표본공간의 부분집합을 **사상**이라 한다. 여기서 통계적 실험이나 시행이란 시행의 결과가 무엇이 될지 꼭 집어서 확신할 수 없지만 모든 가능한 결과들의 집합은 알 수 있음을 가정한다. 예를 들어 주사위를 던지면 분명히 1에서 6 사이의 눈이 나오겠지만 이 중 어느 눈이 나올지는 확신할 수 없다. 표본공간을 $S$라 하면, 사상은 $S$의 부분집합으로 $A$, $B$, $C$, $\cdots$ 등의 문자를 사용하여 나타낸다.

확률의 개념은 우선 전체에 대한 부분의 비 또는 퍼센트의 개념으로 생각할 수 있다. 예를 들어 10명으로 구성된 위원회에 남자 7, 여자 3으로 구성되어 있다면 위원회의 여성비는 3/10, 즉 30%라고 말할 수 있으며, 이를 위원회 구성원이 여자일 확률이 0.3이라고 할 수 있다.

표본공간 $S$가 유한개의 원소로 이루어져 있고 각 원소가 선택될 확률이 동등할 때의 확률의 정의는 쉽다. 즉 사상 $A$가 일어날 확률 $P(A)$는 다음과 같다.

$$P(A) = \frac{\#(\mathrm{A})}{\#(\mathrm{S})}$$

여기서 $\#(\mathrm{A})$는 $A$의 원소의 개수를 의미한다.

유한 표본공간에서 각 원소들이 갖는 확률이 같다고 가정할 수 없을 때는 각 원소에 대한 확률을 먼저 결정해 주어야 한다. 동전을 앞면이 나올 때까지 던지되 5번까지만 반복한다면 이때 얻게 되는 표본공간 $S = \{\mathrm{H, TH, TTH, TTTH, TTTTH, TTTTT}\}$이 되고 각 원소에 대한 확률은 순서대로 1/2, 1/4, 1/8, 1/16, 1/32, 1/32이다. 이는 동전의 앞면과 뒷면이 나타날 확률이 같다는 가정 아래서 구한 확률이다. 그러나 자연현상이나 사회에서 일어나는 여러 상황의 확률은 수학적 확률의 정의를 이용하여 구할 수 없는 경우가 많다. 시행의 모든 결과가 같은 가능성을 갖는다는 전제 조건이 대부분 성립하지 않기 때문이다. 예를 들어 신생아의 성별 $S = \{$남아, 여아$\}$에서 남아일 확률을 결정하고자 한다. 편의해 의해 1/2로 가정하는 경우가 많으나 자료에 의하면 남아가 태어날 확률은 약 0.513(미국, 1974~1981 자료)이다. 이는 이 기간 동안 태어난 약 2400만 명의 신생아에서 남아의 비율을 구한 것이다. 이는 상대도수로서 $n$번 시행에서 사상 $A$가 일어난 횟수를 $P_n(A)$라 할 때 $P_n(A)$는 $n$이 커짐에 따라 $P(A)$에 근사한다는 이론을 이용하는 것으로 실제로는 근사값을 확률로 이용하게 된다. 이때 $P(A)$를 사건 $A$의 경험적 확률 또는 통계적 확률이라고 한다.

무한 표본공간은 크게 이산의 경우와 연속인 경우로 나눌 수 있다. 이산이란 원소의 개수가 유한이거나 자연수와 같이 셀 수 있는 만큼의 무한(이를 가산 무한이라 한다)일 때를 가리킨다. 원소의 수가 무한이면 이산이든 연속이든 각 원소가 같은 크기의 양(positive)의 확률을 가질 수는 없다. 왜냐하면 아무리 적은 양의 값이라도 무한개를 합하면 무한($\infty$)값을 갖게 되어 전체 확률값이 1이라는 사실에 모순이 된다. 예를 들어 동전을 앞면이 나올 때까지 연속해서 던지는 실험을 하면 이산의 무한표본공간 $S=\{\mathrm{H},\ \mathrm{TH},\ \mathrm{TTH},\ \cdots\}$를 얻는다. 이때 각 근원사상에 대한 확률은 1/2. $1/2^2$, $1/2^3$, …가 되며 각 원소에 대한 확률은 양의 값을 갖고 이들의 합은 1이 된다. 따라서 표본공간의 원소의 수가 가산 무한이면 표본공간의 원소를 나열하고 각 원소에 확률을 할당한다. 표본공간 $S=\{\omega_1,\ \omega_2,\ \omega_3,\ \cdots\}$일 때 $p_n=P(\{\omega_n\})$이라 두면 $p_n\geqq 0$와 $\sum_n p_n=P(S)=1$이 성립한다.

반면 연속 표본공간에서의 확률은 이산의 경우와는 다른 접근 방법을 요구한다. 연속표본 공간의 원소의 수는 셀 수 없을 만큼 많기 때문에(이를 비가산 무한이라 한다) 각 원소에 확률을 할당하는 방법으로는 접근할 수 없으며 다른 측도를 도입하여야 한다. 예를 들어 $S=(0,\ 1)\times(0,\ 1)$의 단위정사각형에서 임의의 한 점(즉 모든 점이 선택될 확률이 같다)을 선택할 때 각 점이 선택될 확률은 같고 또한 0이다. 그러나 사상 $A\subset S$가 일어날 확률, 즉 선택된 점이 $A$에 포함될 확률은 $A$의 넓이와 비례함을 알 수 있다. 따라서 확률을 계산하기 위해 넓이의 개념을 이용하게 된다.

지금까지 원소의 개수를 세거나 상대도수 또는 길이나 넓이 등과 같은 측도 등을 이용하여 확률을 정의하였다. 이처럼 다양한 정의 방법을 모두 포함하면서 각각이 갖는 한계점을 극복하기 위하여 고전적 확률을 기반으로 하여 현대의 공리적 접근방식이 제안(Kolmogorov, 1931)되었고 이와 같은 확률의 정의는 현대 통계추론 분야의 발전의 토대가 된다.

모든 **확률**은 다음의 세 가지 공리(axiom)를 만족한다.

공리 1 임의의 사상 $A$, $P(A)\geqq 0$

공리 2 $P(S)=1$

공리 3 $A_1,\ A_2,\ \cdots$이 서로 배반사상이면, 즉 $A_i\cap A_j=\varnothing\ (i\neq j)$이면 다음이 성립한다.

$$P(\bigcup_{i=1}^{\infty} A_i) = \sum_{i=1}^{\infty} P(A_i)$$

다시 정리하면 확률 $P$는 $S$의 부분집합 위에서 정의된 공리 1, 공리 2, 공리 3을 만족하는 실수값을 갖는 집합함수이다. $P(A)$는 $A$가 일어날 확률을 의미한다.

확률은 다음과 같은 기본 성질을 갖는다.

(1) $P(\varnothing) = 0$

(2) $A_1, A_2, \cdots A_n$이 서로 배반사상이면 $P(\bigcup_{i=1}^{n} A_i) = \sum_{i=1}^{n} P(A_i)$

(3) $P(A) \leq 1$

(4) $P(A^c) = 1 - P(A)$

(5) $A \subset B$이면 $P(A) \leq P(B)$

(6) $P(A \cup B) = P(A) + P(B) - P(A \cap B)$

### 예 2.2

의사, 변호사, 교수, 예술가 500명을 대상으로 본인의 직업과 자신의 인생에 만족하는지를 조사하였다. 20%가 직업과 인생 모두에 불만족이었고, 72%는 직업에는 만족하나 인생에는 불만족, 6%는 직업과 인생에 모두 만족하였다.

(1) 직업에만 만족하거나 인생에만 만족하는 확률은 얼마인가?

(2) 인생에 만족하는 확률은 얼마인가?

(3) 직업에는 만족하지 못하나 인생에는 만족하는 확률은 얼마인가?

(4) 직업에 만족하는 확률은 얼마인가?

**[풀이]**

벤다이어그램을 그려보면 쉽게 구할 수 있다.

(1) 72+2=74(%) (2) 6+2=8(%) (3) 2% (4) 78%

### 예 2.3

하나의 동전을 앞면이 나올 때까지 던지는 시행에서 표본공간은 $S = \{$H, TH, TTH, TTTH, $\cdots\}$이다. $A_n$을 $n$번째까지 앞면을 얻는 사상이라 하면 $A_n = \{$H, TH, TTH, $\cdots$, TTTT$\cdots$ TH$\}$이다. 이때 $\bigcup_{n=1}^{\infty} A_n = S$이고 $(\bigcup_{n=1}^{\infty} A_n)^c = \varnothing$ 임을 확인하라.

## SECTION 2.2 조건부확률 및 사건의 독립성

앞 절에서 $A \subset S$일 때 $A$의 확률 $P(A)$의 정의에 대해 알아보았다. 그런데 $A$의 확률을 구하려 할 때, 어떠한 사전정보가 주어지는 경우가 있다. 예를 들어 범죄현장에서 발견된 발자국의 크기가 피의자의 신발 사이즈와 일치한다면 피의자가 범인이 될 확률은 크게 증가한다고 볼 수 있다. 이처럼 사전정보가 주어졌을 때 $A$가 일어날 확률은 아무런 정보 없이 구한 $A$의 확률 $P(A)$와 다를 수 있다. 사전정보를 $B$라 할 때 조건 $B$ 아래서 $A$가 일어날 조건부 확률에 대해 알아보자.

표 2.1을 보고 다음 확률을 구하여 보자. 1047명의 성인 남자 중에 임의로 한 명을 뽑았을 때, 그 사람이 콜레스테롤 수치가 240mg/100ml 이하라는 것은 알고 있다면 그 사람의 수치가 120~139mg/100ml 사이에 있을 확률은 얼마인가? 표 2.1로부터 콜레스테롤 수치가 240mg/100ml 이하인 사람은 $206+152+97+37+21+10=523$명이고 이들 중 120~139mg/100ml 사이에 드는 사람은 10명이다. 따라서 구하는 확률은 $10/523=0.019$. 이때, $A$를 임의로 뽑힌 사람의 혈청 콜레스테롤 수치가 240mg/100ml 이하인 사건이라 하고, $B$를 뽑힌 사람의 혈청 콜레스테롤 수치가 120~139mg/100ml 사이에 있을 사건이라 하자. 이때 $A$를 아는 상황에서 $B$의 확률은 다음 형식으로 구한다.

$$P(B|A)=10/523=0.019$$

여기서 사용된 확률 기호 $P(B|A)$를 "**$A$가 주어졌을 때의 $B$의 조건부확률**"이라 읽는다. 이는 $A$를 새로운 축소된 모집단이라 간주했을 때 $B$, 즉 $A\cap B$가 일어날 확률과 일치한다. 부연하면, $P(A)=523/1047$이고 $P(A\cap B)=10/1047$이므로, 이를 다시 쓰면

$$\begin{aligned} P(B|A) &= 10/523 \\ &= (10/1047)/(523/1047) \\ &= \frac{P(A\cap B)}{P(A)} \end{aligned}$$

이와 같이 $A$가 주어졌을 때 $B$의 조건부확률은 전체에서 조건을 만족하는 원소의

개수를 세는 방법으로 직접 구하거나, 또는 $P(A)$와 $P(A \cap B)$의 비로 구할 수 있다. 분모가 0인 분수는 정의되지 않으므로 $A$가 주어졌을 때의 $B$의 조건부확률은 $P(A)$가 0이 아닌 경우에만 정의된다.

### 예 2.4

비만형의 남자가 있을 때, 이 사람이 소득수준이 높은 남자일 확률은 얼마인가? 표 2.2를 보고 답하라.

[풀이]

$A$를 임의의 남자가 비만형인 사건, $B$를 소득수준이 높을 사건이라 하면 구하는 확률은

$$P(B|A) = \frac{P(A \cap B)}{P(A)} = \frac{50/1000}{280/1000} = 0.179$$

이는 비만형의 남자 280명 중에 소득수준이 높은 사람은 50명이므로 50/280=0.179로 직접 구할 수도 있다.

$A$가 주어졌을 때의 $B$의 조건부확률, 즉 $P(B|A) = P(A \cap B)/P(A)$를 변형하면 다음과 같이 쓸 수 있다.

$$P(A \cap B) = P(B|A)P(A)$$

즉, 두 사건 $A$와 $B$가 동시에 일어날 확률은 $A$가 주어졌을 때의 $B$의 조건부확률에 $A$가 일어날 확률을 곱한 것과 같다. 두 확률의 곱의 형태로 쓰여진 위의 공식을 **곱법칙**(multiplication rule)이라 부른다. 여기서 $A \cap B$가 일어날 확률은 $B \cap A$가 일어날 확률과 일치하므로 위 식은 다음과 같이 쓸 수 있다.

$$\begin{aligned} P(A \cap B) &= P(B \cap A) \\ &= P(A|B)P(B) \end{aligned}$$

위 식을 두 번 적용하면 다음을 얻는다.

$$\begin{aligned} P(A \cap B \cap C) &= P(B \cap C)P(A|B \cap C) \\ &= P(C)P(B|C)P(A|B \cap C) \end{aligned}$$

### 예 2.5

표 2.2에서 임의로 뽑은 남자가 마른체형($A$)에 높은 소득수준($B$)의 남자일 확률은 얼마인가?

[풀이]

이는 표 2.2로부터 $P(A \cap B) = 50/1000$이다. 또한,

$$P(A) = 300/1000$$
$$P(B|A) = 50/300$$
$$P(B) = 170/1000$$
$$P(A|B) = 50/170$$

이므로, $P(A \cap B) = P(A|B)P(B) = P(B|A)P(A)$이 성립함을 확인해 볼 수 있다.

### 예 2.6

3개의 붉은색 공과 7개의 검은색 공이 들어 있는 항아리에서 $A, B$ 두 사람이 한 개씩 $ABABABA\cdots$의 순서로 비복원추출을 한다고 할 때 붉은색 공을 $A$가 먼저 꺼낼 확률을 구하면 다음을 얻는다.

$$\frac{3}{10}+(\frac{7}{10})(\frac{6}{9})(\frac{3}{8})+(\frac{7}{10})(\frac{6}{9})(\frac{5}{8})(\frac{4}{7})(\frac{3}{6})+(\frac{7}{10})(\frac{6}{9})(\frac{5}{8})(\frac{4}{7})(\frac{3}{6})(\frac{2}{5})(\frac{3}{4})$$

### 예 2.7

어떤 질병에 감염되었는지를 알아내는 새로운 검사법을 개발하여 그 효능을 알아보고자 한다. 100명을 임의로 선택하여 질병의 유무를 알아보니 이 중 실제로 10명이 질병에 걸려 있는 상태이고 나머지는 건강하였다. 100명에게 새로운 검사법을 적용해 본 결과, 건강한 90명 중 86명은 음성반응을 보였으나 나머지 4명은 양성반응을 보였고, 질병이 있는 그룹에서는 3명은 음성반응, 7명은 양성반응을 보였다. 임의로 선택된 사람이 양성반응을 보일 확률은 얼마인가? 또한 양성반응을 보인 사람이 실제로 질병에 걸려 있을 확률은 얼마인가?

[풀이]

이와 같은 실험이나 조사의 결과를 '질병의 유무' 및 '검사 결과'의 두 범주로 분류하여 표 2.3과 같은 이원 배치표를 만들면 해석상 편리하다.

**표 2.3** 새로운 검사법에 의한 검사 결과

| 질병 \ 검사결과 | 음성 | 양성 | 합계 |
|---|---|---|---|
| 없다 | 86 | 4 | 90 |
| 있다 | 3 | 7 | 10 |
| 합계 | 89 | 11 | 100 |

양성반응을 보인 사람은 100명 중 11명이므로 임의의 사람이 양성 반응을 보일 확률은

$$P(\text{양성반응}) = 11/100 = 0.11$$

이다. 양성반응을 보인 사람이 질병을 갖고 있을 확률은, 11명의 양성반응자 중 7명이 질병에 걸려 있으므로 7/11=0.64가 된다. 즉

$$\begin{aligned} P(\text{질병이 있다}\,|\,\text{양성반응}) &= \frac{P(\text{질병이 있으며 동시에 양성반응})}{P(\text{양성반응})} \\ &= \frac{7/100}{11/100} \\ &= 7/11 \end{aligned}$$

예 2.4와 같은 방법으로 다음 사실을 확인해 보라.

$$P(\text{음성반응}\,|\,\text{질병이 있다}) = 0.30$$
$$P(\text{양성반응}\,|\,\text{질병이 없다}) = 0.044$$

새로운 검사방법이 질병의 유무를 가리는 데 효과가 있다고 생각하는가?

다음은 사건 $B$가 일어나는 것이 사건 $A$의 발생과 전혀 상관이 없는 경우를 살펴보자. 즉 $P(B|A) = P(B)$이 성립하면 두 사건 $A$와 $B$는 **서로 독립**(mutually independent)이라고 한다. $P(B|A) = P(B)$가 성립하면 $P(A|B) = P(A)$ 역시 성립함을 쉽게 보일 수 있으며, 이를 다시 곱법칙에 적용하면 $A$와 $B$가 서로 독립인 사건이라는 것은

$$\begin{aligned} P(A \cap B) &= P(A|B)P(B) \\ &= P(B|A)P(A) \\ &= P(A)P(B) \end{aligned}$$

와 같다는 것을 알 수 있다.

표 2.1을 기초로 1047명을 뽑은 모집단에서 임의로 두 명을 뽑았을 때 두 명 모두의 혈청 콜레스테롤 수치가 240mg/100ml 이하가 될 확률을 생각해 보자. 첫 번째 뽑힌 사람의 혈청 콜레스테롤 수치가 240mg/100ml 이하인 사건을 $A$, 두 번째 선택된 사람의 혈청 콜레스테롤 수치가 240mg/100ml 이하인 사건을 $B$로 표시하자. $P(A)=0.5$, $P(B)=0.5$이며, $A$와 $B$가 일어나는 것은 서로 영향을 주지 않으므로 $P(A|B)=P(A)$, 또한 $P(B|A)=P(B)$가 성립한다. 따라서 구하는 확률은 다음과 같다.

$$\begin{aligned} P(A\cap B) &= (0.5)(0.5) \\ &= 0.25 \end{aligned}$$

### 예 2.8

$A$와 $B$가 서로 독립이면 $A$와 $B^c$도 서로 독립이다.

[풀이]

$$\begin{aligned} P(A\cap B^c) &= P(A)-P(A\cap B) \\ &= P(A)-P(A)P(B)=P(A)(1-P(B))=P(A)P(B^c) \end{aligned}$$

예 2.8의 결과를 이용하면 $A$와 $B$가 서로 독립이면 $A^c$와 $B^c$도 서로 독립임을 쉽게 파악할 수 있다. 또한 $P(A|B)=P(A|B^c)$도 성립한다.

세 개 이상의 사상에 대한 독립을 알아보기 위하여 먼저 다음 예를 살펴보자.

### 예 2.9

동전을 두 번 던져 얻은 결과는 $S=\{\text{HH, HT, TH, TT}\}$이다. $A$는 두 결과가 같은 집합, $B$는 첫 번째 결과가 $H$, $C$는 두 번째 결과가 $H$인 집합이다. 즉

$$A=\{HH,\ TT\},\quad B=\{HH,\ HT\},\quad C=\{HH,\ TH\}$$

다음이 성립한다.

$$\begin{aligned} P(A\cap B) &= P(\{HH\})=1/4=(1/2)(1/2)=P(A)P(B) \\ P(A\cap C) &= P(\{HH\})=1/4=(1/2)(1/2)=P(A)P(C) \end{aligned}$$

$$P(B \cap C) = P(\{HH\}) = 1/4 = (1/2)(1/2) = P(B)P(C)$$

그러나

$$P(A \cap B \cap C) = P(\{HH\}) = 1/4 \neq (1/2)(1/2)(1/2) = P(A)P(B)P(C)$$

따라서 $A$, $B$, $C$의 세 사상이 서로 독립이 되기 위해서는 다음 (1)과 (2) 조건들을 만족해야 한다.

(1) 세 쌍 $A$와 $B$, $A$와 $C$, $B$와 $C$가 각각 독립이다.

(2) $P(A \cap B \cap C) = P(A)P(B)P(C)$

네 사상 $A_1$, $A_2$, $A_3$, $A_4$가 서로 독립이기 위해서 필요한 조건은 무엇일지 생각해 보자.

## SECTION 2.3 베이즈 공식

$S$의 부분집합 $B_1$, $B_2$, $\cdots$, $B_n$에 대하여 $\cup_{i=1}^{n} B_i = S$이고 $B_i \cap B_j = \varnothing \ (i \neq j)$이면 $B_1$, $B_2$, $\cdots$, $B_n$은 $S$를 **분할**(partition)한다고 한다.

$B_1$, $B_2$, $\cdots$, $B_n$이 $S$의 분할이고 $P(B_i) > 0 \, (i = 1,\ 2,\ \cdots,\ n)$이면 다음이 성립한다.

$$P(A) = \sum_{i=1}^{n} P(A \cap B_i) = \sum_{i=1}^{n} P(B_i)P(A|B_i)$$

특히 $A$와 $A^c$는 전체집합 $S$를 분할한다. 따라서 $B = (B \cap A) \cup (B \cap A^c)$이며 오른쪽 항의 두 사상은 서로배반이므로 다음이 성립한다.

$$\begin{aligned} P(B) &= P(B \cap A) + P(B \cap A^c) \\ &= P(A)P(B|A) + P(A^c)P(B|A^c) \end{aligned}$$

### 예 2.10

GG 손해보험회사에서는 과거의 자료에 근거하여 새로이 계약하고자 하는 고객을 사고성향이 높은 그룹과 그렇지 않은 그룹의 두 그룹으로 나눈다. 사고 성향이 높은 그룹에 속하는 계약자가 1년 이내에 사고를 일으킬 확률은 0.2이고 사고 성향이 낮은 그룹에 속하는 계약자가 1년 이내에 사고를 일으킬 확률은 0.05이다. 전체 계약자의 25%가 사고 성향이 높은 그룹에 속한다고 할 때 새로운 계약자가 1년 이내에 사고를 일으킬 확률은 얼마인지 알아보자.

[풀이]

새로운 계약자가 사고 성향이 높은 그룹에 들어가는 사상을 $A$, 1년 이내에 사고를 일으키는 사상을 $B$라 하면 구하는 확률은 $P(B)$이다. 따라서 다음이 성립한다.

$$P(B)=P(B|A)P(A)+P(B|A^c)P(A^c)=(0.25\times 0.2)+(0.75\times 0.05)=0.0875$$

### 예 2.11

간단한 혈액검사를 통하여 질병에 걸렸거나 발병 가능성이 높은 사람을 구별해 낼 수 있다. 어느 질병에 걸려 있는 환자에게 특정 혈액검사를 하면 제대로 된 양성반응을 보일 확률이 95%이다. 그러나 이 검사는 건강한 사람에게도 약 1% 정도의 잘못된 양성반응을 보인다. 만일 전체 인구의 0.5%가 이 질병에 걸려 있다면, 검사 결과가 양성인 사람이 실제로 이 질병에 걸려 있을 확률은 얼마일까?

[풀이]

검사받은 사람이 질병에 걸려 있는 사건을 $D$, 검사 결과가 양성인 사건을 $E$라 하면, 구하려는 확률은 $P(D|E)$로 표시할 수 있다. $\overline{D}$를 $D$의 여집합, 즉 검사받은 사람이 질병에 걸려 있지 않은 사건이라 하면 문제에서 주어진 확률값들은 다음과 같다.

$$\begin{aligned}
P(D)&=0.005\\
P(\overline{D})&=1-P(D)=0.995\\
P(E|D)&=0.95\\
P(E|\overline{D})&=0.01
\end{aligned}$$

그런데 $P(D|E)$는 조건부확률의 정의에 의해 $P(D\cap E)/P(E)$로 쓸 수 있지만, 이 공식에 직접 주어진 확률값을 대입하여 답을 얻을 수 없다. 따라서, 이 공식의 분자와 분모 각각을 다음과 같이 변형해 보자.

(1) $P(D \cap E) = P(E \mid D)P(D)$

(2) $P(E) = P(E \cap D) + P(E \cap \overline{D}) = P(D)P(E \mid D) + P(\overline{D})P(E \mid \overline{D})$

따라서

$$\begin{aligned} P(D \mid E) &= \frac{P(E \cap D)}{P(E)} \\ &= \frac{P(E \mid D)P(D)}{P(E \mid D)P(D) + P(E \mid \overline{D})P(\overline{D})} \end{aligned}$$

결국 구하는 확률은 다음과 같이 계산한다.

$$\begin{aligned} P(D \mid E) &= \frac{0.95(0.005)}{0.95(0.005) + 0.01(0.995)} \\ &= 0.323 \end{aligned}$$

따라서 $D$ 또는 $\overline{D}$가 주어진 상태에서 $E$의 조건부확률을 쉽게 구할 수 있다면, $E$가 주어졌을 때 $D$의 조건부확률을 계산할 수 있음을 보여 준다.

---

위의 예에서 본 방법은 투베르쿨린 반응검사에서 양성으로 나타난 사람이 결핵환자일 확률, 작년에 교통사고를 일으킨 운전자가 올해 또 교통사고를 일으킬 확률, 또는 몇 가지 증세가 나타난 환자가 특정한 질병의 환자일 확률을 구할 때 등에 유용하게 이용될 수 있다. 이는 다음과 같이 정의된 **베이즈 공식**(Bayes' rule)을 이용한 것이다.

**베이즈공식**

$B_1, B_2, \cdots, B_n$이 $S$의 분할이고 $P(B_i) > 0 (i = 1, 2, \cdots, n)$이다. $P(A) > 0$일 때 $P(B_i|A)$는 다음과 같이 구할 수 있다.

$$P(B_i|A) = \frac{P(B_i \cap A)}{P(A)} = \frac{P(B_i)P(A|B_i)}{\sum_{j=1}^{n} P(B_j)P(A|B_j)}$$

예 2.11에서 구한 확률은 양성반응을 보인 사람의 약 32%만이 실제 질병을 가지고 있음을 의미한다. 그런데 혈액검사에 대해서 어느 정도 믿음을 갖고 있는 사람들은 이 수치가 훨씬 높으리라 기대했을 것이다. 이 결과를 다음과 같이 해석해 보자. 실제로 전체 인구의 0.5%가 질병에 걸려 있으므로 200명을 임의로 뽑아 검사한다면 평균 1명이 질병에 걸려 있을 것이다. 또한 이 검사를 통해 질병에 걸렸다고 확신할 확률은 0.95이므로 평균적으로 200명 중 0.95명이 질병에 걸렸다고 확신할 수 있다. 반면 199명의 건강한 사람들 중에 이 검사를 통해 질병에 걸렸다고 잘못 판단되는 사람수는 199×0.01이다. 따라서 이 검사에 의해 질병에 걸렸다고 판단된 사람에는 199×0.01명의 건강한 사람이 포함된다. 그러므로 양성반응을 얻은 사람 중에 실제 질병에 걸려 있는 사람의 비율은 다음과 같이 구할 수 있다.

$$\frac{0.95}{0.95+199(0.01)}=\frac{0.95}{2.94}=0.323$$

의사가 환자를 보기 전에 환자에게 가능한 병명은 무수히 많다고 할 수 있다. 그러나 일단 환자를 만나보면 이 환자에게 적용되는 병명은 몇 가지로 줄어들며, 환자의 병력이나 증상 또는 여러 가지 검사 결과를 토대로 가장 가능성이 높은 병명으로 진단을 내리게 되는 것이다.

### 예 2.12

1~3개의 임파선에서 암세포가 발견된 환자가 특수 수술을 받았을 때 5년 이상 생존할 가능성을 알고자 한다. 최근 몇 년간의 자료를 바탕으로 연구해 보니 특수 수술을 받은 암환자의 90%가 5년 이상 생존하였고, 5년 이상 생존환자의 17%가 1~3개의 임파선에 암세포가 전이된 환자였다. 또한 수술 후 5년 내에 사망한 환자의 72%가 1~3개의 임파선에 전이된 환자였다. 1~3개의 임파선암 환자가 수술 후 5년 이상 생존할 확률은 얼마인가?

**[풀이]**

1~3개의 임파선에서 암세포가 발견되는 사건을 $A$, 5년 이상 생존하는 사건을 $B$로 나타내자. 주어진 확률값들을 나열하면 다음과 같다.

$$P(A|B)=0.17 \qquad P(A|\overline{B})=0.72$$
$$P(B)=0.90 \qquad P(\overline{B})=0.10$$

구하고자 하는 확률은 베이즈 공식에 의해

$$P(B|A)=\frac{0.17(0.90)}{0.17(0.90)+0.72(0.10)}=0.68$$

의학연구에서 베이즈 공식은 선별검사(screening test)의 효능을 알아보는 데에도 이용된다. 선별검사의 목적은 값싸고 빠르고 안전한 방법으로 질병에 걸려 있거나 발병 가능성이 높은 사람을 구별해 내는 것이다. 선별검사의 효능을 알아보려면 먼저 모집단으로부터 적당한 수의 표본을 임의로 선택하여, 이 표본을 실제로 질병을 가지고 있는 그룹과 그렇지 않은 그룹으로 나누어야 한다. 여기에는 오차가 없어야 한다. 그런 다음 표본의 각 개개인에 대하여 선별검사를 실시하고 결과를 기록한다. 이 과정을 표로 만들면 다음과 같은 이원 배치표가 된다.

| 선별검사 \ 질병유무 | 있다($E$) | 없다($\overline{E}$) | 합계 |
|---|---|---|---|
| 양성 | A | B | A+B |
| 음성 | C | D | C+D |
| 합계 | A+C | B+D | A+B+C+D |

"질병이 있다"와 "질병이 없다"는 사건을 각각 $E$와 $\overline{E}$로 표시하면, 임의로 뽑은 개인이 질병에 걸려 있을 확률 $P(E)$는 그 질병이 사회에 얼마나 퍼져 있는가를 나타낸다.

선별검사의 효능이란 검사 결과 양성반응을 나타낸 사람이 실제로 질병에 걸려 있을 확률을 나타내는 것으로서, 주어진 이원배치표를 이용하여 구하면 다음과 같다.

$$P(E\,|\,\text{양성반응}) = \frac{A}{A+B}$$

여기서는 베이즈 공식을 활용할 필요가 없다. 그러나, 예를 들어 특정 질병에 걸려 있는 환자들을 수용하고 있는 병원에서 선별검사를 개발한다고 할 때, $P(\text{양성반응}\,|\,E)$와 $P(\text{양성반응}\,|\,\overline{E})$는 병원의 환자로부터 구할 수 있고, 또한 다른 정보로부터 $P(E)$를 결정할 수 있다면 베이즈 공식을 이용하여 선별검사의 효능을 예측할 수 있다. 이와 같은 방법은 표본의 대표성이 결여되는 면은 있으나 매우 현실적인 방법이며, 특히 희귀한 병에 대해서도 검사의 효능을 쉽게 측정할 수 있다는 장점이 있다.

$P(E\,|\,\text{양성반응})$을 베이즈 공식을 사용하여 나타내면 다음과 같다.

$$P(E\,|\,\text{양성반응}) = \frac{P(E)P(\text{양성반응}\,|\,E)}{P(E)P(\text{양성반응}\,|\,E) + P(\overline{E})P(\text{양성반응}\,|\,\overline{E})}$$

## SECTION 2.4 확률변수

통계적 실험이나 조사로 얻은 모든 가능한 결과를 표본 공간이라 하는데 표본공간은 정성적으로 표현되거나 정량적인 값을 갖는다. 병원에서 정기검진을 끝내면 검사결과는 매우 여러 가지 항들로 나타날 것이다. 그중에서 키, 몸무게, 혈압, 콜레스테롤수치, 당뇨 수치 등의 기본적인 관심값들을 본다면 이들은 모두 실수값을 갖는다. 동전을 세 번 연속해서 던져서 앞면이 두 번 이상 나오면 이기는 게임을 한다고 하자. 시행의 결과는 {HHH, HHT, HTH, THH, HTT, THT, TTH, TTT}의 8가지가 있으나 실제 관심 있는 값은 앞면의 수이다. 각 결과에 앞 면의 수를 대응시키면 {0, 1, 2, 3} 중의 한 점에 대응된다.

확률분야에서 중요한 관심 있는 실험 및 조사의 결과를 실수 값에 대응시킬 수 있다. 그런 생각을 하는 이유는 우선 표현하거나 다루기가 쉽기 때문이다. 또한 어떠한 표본 공간을 갖든 표본공간의 모든 점을 실수 위로 옮겨 놓으면 모든 경우의 문제를 같은 실수 위에서 일반적인 방법으로 처리할 수 있게 되는 장점도 있다. 이처럼 표본공간에서 실수로 가는 함수를 **확률변수**(random variable)라고 한다. 즉 $X: S \to R$인 함수 $X$를 확률변수라 한다. 일반적으로 확률변수는 $X$, $Y$, $Z$, $U$, $\cdots$ 등의 문자를 사용하여 나타낸다.

---

**예 2.13**

위의 동전을 연속하여 세 번 던지는 예를 보자. 각 시행의 결과를 앞면의 수에 대응시키는 함수를 $X$라 하면 $X$가 갖는 값 0, 1, 2, 3은 각각 다음과 같은 확률값을 갖는다.

$$P(X=0) = P(\{\text{TTT}\}) = 1/8$$
$$P(X=1) = P(\{\text{HTT, THT, TTH}\}) = 3/8$$
$$P(X=2) = P(\{\text{HHT, HTH, THH}\}) = 3/8$$
$$P(X=3) = P(\{\text{HHH}\}) = 1/8$$

---

동전을 $n$번 던져 나온 결과에서 $Y$를 앞면의 수라 하면 $Y$는 $\{0,1,2,\cdots,n\}$ 중 한

값을 가지게 되며 각 점에서 다음과 같은 확률을 갖는다.

$$P(Y=i)=\binom{n}{i}2^{-n},\quad i=0,\ 1,\ 2,\ \cdots,\ n$$

이번에는 앞면이 나올 확률이 $p$, $0<p<1$인 동전을 앞면을 얻을 때까지 던지는 시행에서 앞면을 얻을 때까지 던진 총 시행회수를 $Z$라 하면 $Z$가 갖는 값은 $\{1,\ 2,\ 3,\ \cdots\}$이 되며 $Z=i$라 함은 $i-1$개의 뒷면을 연속해서 얻은 후 $i$번째 시행에서 H를 얻는 경우이므로 다음의 확률을 갖는다.

$$P(Z=i)=P(\{TTTT\cdots\ TH\})=(1-p)^{i-1}p,\quad i=1,\ 2,\ \cdots$$

### 예 2.14

전구의 수명에 대해 조사한다고 하자. 수명은 양의 값을 가지므로 표본공간은 $S=\{x\,|\,x\geq 0\}$으로 둘 수 있다. 이때 확률변수 $X:S\rightarrow R$은 표본공간 $S=R^{+}$이므로 항등함수 $X(x)=x$로 정의하면 확률변수가 된다.

확률변수는 표본공간에 있는 모든 점들을 실수 위로 옮겨 놓는 함수일 뿐 아니라 표본공간의 부분집합 위에서 정의된 확률도 실수의 부분집합 위로 옮겨놓게 된다. 이처럼 확률변수에 의해 실수의 부분집합에 확률을 주는 대응관계를 확률변수의 **(확률)분포**(probability distribution)라고 한다. 즉 확률변수 $X$의 분포는 표본공간이 갖고 있는 확률 구조를 실수 위로 옮겨 놓은 것으로 임의의 $B\subset R$에 대해 $P(\{\omega\in S\,|\,X(\omega)\in B\})$을 대응시키는 관계를 말한다. $P(\{\omega\in S\,|\,X(\omega)\in B\})$는 간단히 $P(X\in B)$로 쓰기로 한다.

위의 예제에서 보듯이 확률변수가 갖는 값이 자연수와 같이 셀 수 있는 만큼, 즉 가산개일 수도 있고 양의 실수와 같이 비가산개의 값을 가질 수도 있다. 가산개의 값을 갖느냐 비가산개의 값을 갖느냐에 따라 확률관련 문제를 다루는 방법에 차이가 있으므로 두 경우를 분리하여 소개하고자 한다.

## 2.4.1 이산확률변수와 확률질량함수

확률변수 $X: S \to R$가 갖는 값이 가산개인 확률 변수를 이산확률변수(discrete random variable)라고 한다. 가산개는 유한이거나 셀 수 있는 만큼의 무한(즉 자연수와 일대일 대응)을 가리킨다. 따라서 이산확률변수가 갖는 값은 $x_1, x_2, x_3, \cdots$와 같이 나열할 수 있다. 따라서 이산확률변수 $X$가 갖는 값 $x_i$에서의 확률 $P(X=x_i)$를 생각해 보자.

위의 예 2.12에서 $P(X=0)=P(X=3)=1/8$, $P(X=1)=P(X=2)=3/8$. 따라서

$$\sum_{i=0}^{3} P(X=i) = 1/8 + 1/8 + 3/8 + 3/8 = 1.$$

또한 다음이 성립함을 알 수 있다.

$$\sum_{i=0}^{n} P(Y=i) = \sum_{i=0}^{n} \binom{n}{i} 2^{-n} = 1, \quad \sum_{i=1}^{\infty} P(Z=i) = \sum_{i=1}^{\infty} (1-p)^{i-1} p = p\left(\frac{1}{1-(1-p)}\right) = 1.$$

$X$가 이산확률변수일 때 $X$의 확률질량함수(probability mass function) $p(x)$는 실수값 함수로서 다음과 같이 정의된다.

$$p(x) = P_X(x) = P(X=x)$$

확률질량함수는 확률값을 나타내므로 $p(x) \geq 0$이다.

이산확률변수 $X$에 대하여 $p(x) > 0$인 $x$는 가산개이므로 다음이 성립하는 $x_1, x_2, x_3, \cdots$가 존재한다.

$$p(x_i) > 0, \quad \sum_{i=1}^{\infty} p(x_i) = 1.$$

$x_1, x_2, x_3, \cdots$ 이외의 $x$에서는 $p(x)=0$가 된다.

다음은 이산확률변수의 기대값, 분산 표준편차에 대해 알아보자.

10, 10, 10, 20, 20, 30의 여섯개의 숫자의 (산술)평균은 어떻게 구하는지 잘 알고 있을 것이다. $(10+10+10+20+20+30)/6$, 즉 모든 값을 더해서 자료의 개수로 나누면 된다.

이를 다시 쓰면 $10(3/6)+20(2/6)+30(1/6)$와 같고 3/6, 2/6, 1/6는 6개의 자료에서 값이 10, 20, 30이 되는 확률이다. 즉 (자료가 갖는 값)×(자료가 될 확률)를 각

각 구하고 이를 모든 자료에 대해 합하면 평균이 된다. 이산확률변수 $X$가 갖는 값의 평균(mean)은 확률변수 $X$의 **기대값**(expected value 또는 expectation)이라 하고 $E(X)$로 나타낸다.

이산확률변수 $X$의 확률질량함수를 $p(x)$라 하면 $X$의 기대값 $E(X)$는 다음과 같이 정의된다.

$$E(X) = \sum_x x\, p(x)$$

다음 관계가 성립함을 쉽게 확인할 수 있다.

$$E(aX+b) = aE(X)+b \quad (a,\ b\text{는 상수})$$

### 예 2.15

다음은 400명의 통계학과 학생들이 한 학기에 듣는 과목 수를 조사하여 얻은 표이다.

| $x$ | 1 | 2 | 3 | 4 | 5 | 6 | 7 | 8 |
|---|---|---|---|---|---|---|---|---|
| $p(x)$ | 0.0075 | 0.015 | 0.0325 | 0.1125 | 0.15 | 0.65 | 0.0225 | 0.01 |
| 학생 수 | 3 | 6 | 13 | 45 | 60 | 260 | 9 | 4 |

$X$를 학생들이 수강하는 과목 수라 할 때 $X$의 기대값은 다음과 같다.

$$1(3)+2(6)+3(13)+4(45)+5(60)+6(260)+7(9)+8(4)/400 = 5.4725.$$

여기서 기대값의 정의를 이용하면 $E(X) = 1.(0.0075)+2(0.015)+3(0.0325)+4(0.1125)+5(0.15)+6(0.65)+7(0.0225)+8(0.01) = 5.4725$. 두 값이 같음을 알 수 있다.

### 예 2.16

어느 변호사는 성공하면 100, 실패하면 50을 받기로 하고 사건을 담당하였다. 이 사건에서 이길 확률이 $p(0<p<1)$라고 하면 이 사건에 대한 기댓값은 $E(X) = 100p+(1-p)50 = 50+50p$이다.

### 예 2.17

○○카지노에는 일정금액의 참가비를 내고 할 수 있는 게임이 세 가지 있다.

게임1: 성공률 2/3인 게임을 하여 성공하면 150만원 받는다.
게임2: 성공률 1/2인 게임을 하여 성공하면 200만원 받는다.
게임3: 성공확률이 1/100인 게임을 하여 성공하면 1억을 받는다.

세 가지 게임 모두 같은 기대값을 가지고 있으나 이 중 어느 게임을 선택할지는 참가자의 성향에 따라 결정될 것이다. 절대안정을 추구하면 게임1을, 리스크를 즐긴다면 게임3을 선택할 것이다. 위 게임들의 확률적 분포를 보면 평균은 같으나 자료가 퍼져 있는 정도가 다르다.

확률변수 $X$와 $X$의 기댓값 $E(X)$와의 차 $X-E(X)$를 편차라고 한다. 편차의 합은 항상 0이다. $X$가 갖는 값들이 $X$의 중심 $E(X)$에서 얼마나 떨어져 있는지, 즉 자료들이 퍼져 있는 정도를 수치화하는 방법의 하나로 편차의 제곱값들의 기댓값 $E[(X-E(X))^2]$을 생각할 수 있다.

이와 같이 자료가 퍼져 있는 정도를 나타내는 값으로 분산과 표준편차를 정의한다. 분산은 $X$가 갖는 값을 제곱하여 얻으므로 단위가 달라진다. 따라서 분산의 제곱근인 표준편차(standard deviation)를 쓰기도 한다.

확률변수 $X$의 **분산**은 $Var(X)$, **표준편차**는 $SD(X)$로 나타내며 다음과 같이 정의된다.

$$Var(X)=E[(X-E(X))^2], \qquad SD(X)=\sqrt{Var(X)}$$

$E(X)=\mu$라 두면 다음이 성립한다.

$$\begin{aligned} Var(X) &= E[(X-\mu)^2] \\ &= \sum_x (x-\mu)^2 p_X(x) \\ &= \sum_x x^2 p_X(x) - 2\mu \sum_x x p_X(x) + \mu^2 \\ &= E(X^2)-\mu^2 \end{aligned}$$

### 예 2.18

$Var(aX+b)$를 $Var(X)$를 이용하여 나타내라.

[풀이]

$$\begin{aligned} Var(aX+b) &= E[(aX+b-E(aX+b))^2] \\ &= E[a^2(X-E(X))^2] \\ &= a^2 Var(X) \end{aligned}$$

또한 $SD(aX+b)=|a|SD(X)$임을 알 수 있다.

여러 가지 형태의 이산확률분포 중에서 가장 많이 활용되는 이항분포와 포아송분포에 대해 알아보자.

### (1) 이항분포

과학적 실험을 기술할 때는 어떤 물질을 어떤 조건하에서 어떻게 사용하였다는 것을 반드시 삽입해야 한다. 이런 정보가 주어져야 다른 사람도 독립적으로 같은 물질을 동일 조건하에서 같은 방법으로 실험을 반복할 수 있다. 독립적으로 반복할 수 있는 실험이나 관측을 시도하는 것을 **시행**(trial)이라 한다.

확률이 응용되는 많은 분야의 문제들을 각 시행의 결과가 두 가지 중의 하나가 되는 형태로 모형화할 수 있다. 가능한 결과가 두 가지밖에 없고, 독립적으로 반복 시행을 할 때 각 결과가 나오는 확률이 일정하다면 이러한 시행을 **이항실험**(binomial experiment)이라 한다. 가장 대표적인 이항실험은 동전 던지기라 할 수 있다. 동전을 한 번 던져서 나오는 결과는 앞면 아니면 뒷면 중의 하나이고, 각 시행은 서로 독립적이며, 같은 동전을 반복적으로 던진다면 앞면과 뒷면이 나올 각각의 확률은 일정하게 유지될 것이다. 분만의 결과가 아들이냐 딸이냐, 한 환자에게 특정 처치를 하느냐 마느냐, 제품이 불량품이냐 아니냐, 시험에 합격하느냐 하지 못하느냐 등의 문제들이 이항실험의 예가 될 수 있다. 이항실험에서는 가능한 결과가 두 가지밖에 없으므로 그중 하나가 나올 확률을 $p$라 하면 다른 하나가 나올 확률은 자동적으로 $(1-p)$가 된다.

특정 비정상 유전자를 가진 부모가 세 자녀를 두었을 때 세 자녀 중 아무에게도 비정상 유전자가 유전되지 않을 확률, 또한 1명, 2명 또는 3명 모두에게 유전될 각각의 확률을 알고 싶다. 먼저 한 자녀가 정상인 사건을 $N$, 비정상인 사건을 $D$라 하고 표 2.4와 같이 가능한 모든 결과를 나열해 보자. $p$는 한 자녀가 정상일 확률이고, $q=1-p$이다.

**표 2.4** 비정상 유전자가 세 자녀에게 유전되는 가능한 모든 결과

| 첫 번째 자녀 | 두 번째 자녀 | 세 번째 자녀 | 확률 | 정상 자녀수 |
|---|---|---|---|---|
| $N$ | $N$ | $N$ | $ppp$ | 3 |
| $N$ | $N$ | $D$ | $ppq$ | 2 |
| $N$ | $D$ | $N$ | $pqp$ | 2 |
| $D$ | $N$ | $N$ | $qpp$ | 2 |
| $N$ | $D$ | $D$ | $pqq$ | 1 |
| $D$ | $N$ | $D$ | $qpq$ | 1 |
| $D$ | $D$ | $N$ | $qqp$ | 1 |
| $D$ | $D$ | $D$ | $qqq$ | 0 |

한 자녀가 정상 유전자를 가지고 있느냐 아니냐는 다른 자녀와 독립적이며, 따라서 첫째, 둘째, 셋째가 모두 정상일 확률은 각각이 정상일 확률의 곱이 된다.

표 2.4를 순서에 관계없이 몇 명의 자녀에게 유전되었느냐에 관심을 갖고 정리해 보면 표 2.5를 얻는다.

**표 2.5** 비정상 유전자가 세 자녀에게 유전될 때 정상 자녀수

| 정상 자녀수($k$) | 정상 자녀수가 $k$가 되는 총 가짓수 | 정상 자녀수가 $k$일 확률 |
|---|---|---|
| 0 | 1 | $qqq$ |
| 1 | 3 | $3pqq$ |
| 2 | 3 | $3ppq$ |
| 3 | 1 | $ppp$ |

표 2.5에서 마지막 열의 확률은 합의 공식을 사용하여 구한 것이다. 예를 들어 정상 자녀수가 1명이라면 이는 $NDD$, $DND$, $DDN$ 중의 한 경우이며, 세 가지 중의 어느 두 가지도 동시에 일어나지 않는다. 따라서 정상 자녀수가 1명일 확률은

$$\begin{aligned} P(\text{정상 자녀수가 1명}) &= P(NDD)+P(DND)+P(DDN) \\ &= p\cdot q\cdot q+q\cdot p\cdot q+q\cdot q\cdot p \\ &= 3q^2p \end{aligned}$$

이와 같은 문제를 **나무그림**(tree diagrams)을 이용하여 도시하면 다음과 같다.

그림 2.1　세 자녀에게 유전되는 가능성을 나타내는 나무그림

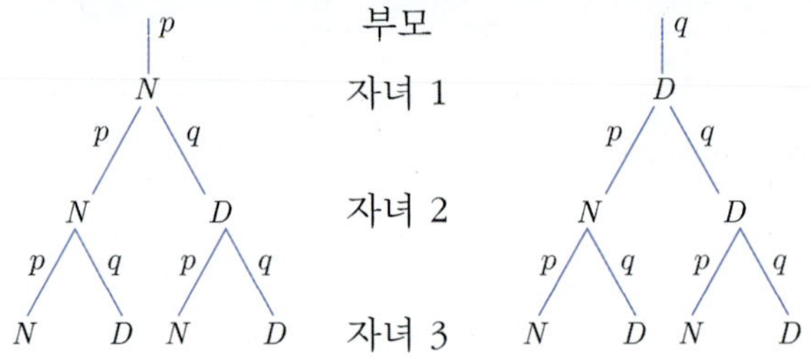


또한, $(p+q)^3$을 전개하면

$$(p+q)^3 = p^3 + 3p^2q + 3pq^2 + q^3$$

이 되는데, 여기서 $3p^2q$는 정상 자녀수가 2명, 비정상 자녀수가 1명일 확률을 가리키며 이는 $p$, $q$ 각각의 지수가 2와 1인 점과 연결하여 생각할 수 있다. 같은 방법으로

$$P(\text{정상 자녀수가 } 0) = q^3$$
$$P(\text{정상 자녀수가 } 2) = 3p^2q$$
$$P(\text{정상 자녀수가 } 3) = p^3$$

이 됨을 쉽게 알 수 있다.

일반적으로 어떤 이항실험의 결과를 $A$와 $\overline{A}$로 나타내고, 또

$$p = \text{각각의 시행에서 } A\text{가 일어날 확률}$$
$$q = 1 - p$$
$$n = \text{시행 횟수}$$

라 하자. 이항 전개식

$$\begin{aligned}(p+q)^n &= \binom{n}{0}p^0q^{n-0} + \binom{n}{1}p^1q^{n-1} + \cdots + \binom{n}{m}p^mq^{n-m} + \cdots + \binom{n}{n}p^nq^0 \\ &= \sum_{k=0}^{n}\binom{n}{k}p^kq^{n-k}\end{aligned}$$

을 이용하면

$$P(n\text{회 시행에서 }A\text{가 }k\text{번 일어날 확률}) = \binom{n}{k} p^k q^{n-k}$$

임을 알 수 있다.

여기서 $A$가 일어난 횟수를 $Y$로 표현하면 $Y$가 가질 수 있는 값은 0에서 $n$까지이며 $Y$값이 $k$일 확률은 다음과 같다.

$$P(Y=k) = \binom{n}{k} p^k q^{n-k}, \quad k = 0,\ 1,\ 2,\ 3,\ \cdots,\ n$$

이때 $Y=k$일 확률은 $A$가 일어날 확률 $p$와 총 시행횟수 $n$에 의존하는 값이므로, $P(Y=k)$를 $P(Y=k|n,\ p)$로 나타내기도 한다. 또한 $Y$는 $n$, $p$가 모수(parameter)인 **이항분포**(binomial distribution)를 따른다고 말하고 간단히 $Y \sim B(n,\ p)$로 나타내기도 한다.

표 2.4에서 정상 자녀수를 $Y$라 하면,

$$P(Y=k|3,\ p) = \binom{3}{k} p^k q^{3-k}$$

또한 정상 자녀수가 2 이상일 확률은

$$\begin{aligned} P(Y \ge 2|3,\ p) &= P(Y=2|3,\ p) + P(Y=3|3,\ p) \\ &= \binom{3}{2} p^2 q + \binom{3}{3} p^3 \end{aligned}$$

일반적으로

$$P(Y \le m|n,\ p) = \sum_{k=0}^{m} \binom{n}{k} p^k q^{n-k}, \quad m \le n$$

$$P(Y \ge m|n,\ p) = \sum_{k=m}^{n} \binom{n}{k} p^k q^{n-k}, \quad m \le n$$

만약 부모의 비정상 유전자가 자녀에게 유전될 확률이 1/4이라면

$$P(Y=2|3,\ 1/4) = \binom{3}{2} \left(\frac{1}{4}\right)^2 \left(\frac{3}{4}\right)^1$$

이 된다.

### 예 2.19

10명의 아이들이 모여 생일파티를 하였다. 이들 10명 중 한 명은 감기 환자였고 감기 환자와 밀폐된 공간에서 장시간 같이 있을 경우에 전염될 확률은 0.05라고 한다(가상임). 건강했던 9명 중 1명 또는 2명이 감기에 걸리게 될 확률은 얼마인가?

**[풀이]**

9명 각각이 감기에 걸리느냐 그렇지 않느냐는 것은 서로 독립인 사건이다. 따라서 구하는 확률은

$$\begin{aligned} P(\text{1명 또는 2명이 감기에 걸림}) &= \sum_{k=1}^{2}\binom{9}{k}p^k q^{9-k} \\ &= \binom{9}{1}pq^8 + \binom{9}{2}p^2q^7 \\ &= 9pq^8 + 36p^2q^7 \\ &= 9(0.05)(0.95)^8 + 36(0.05)^2(0.95)^7 \\ &= 0.361 \end{aligned}$$

즉 1~2명이 감기에 걸릴 확률은 약 36% 정도이다.

$Y$가 모수 $n$, $p$를 갖는 이항분포, 즉 $Y \sim B(n, p)$일 때 기대값과 분산은 다음과 같다(자세한 계산과정은 연습문제를 참고할 것).

$$E(Y) = np, \quad Var(Y) = np(1-p)$$

## (2) 포아송분포

포아송분포(Poisson distribution)는 이항분포의 일정조건 아래에서의 극한분포로 볼 수 있다. $X$가 모수 $n$, $p$를 갖는 이항분포를 따를 때 $np = \lambda$, $n \to \infty$를 취하면 다음이 성립한다.

$$\begin{aligned} P(X=k) &= \binom{n}{k}p^k(1-p)^{n-k} \\ &= \frac{n(n-1)(n-2)\cdots(n-k+1)}{k!}\left(\frac{\lambda}{n}\right)^k\left(1-\frac{\lambda}{n}\right)^{n-k} \\ &\to \frac{\lambda^k}{k!}e^{-\lambda} \end{aligned}$$

여기서 $\dfrac{\lambda^k e^{-\lambda}}{k!}$은 모든 $k(k=0,\ 1,\ 2,\ \cdots)$에서 비음값을 가지며 $\sum_{k=0}^{\infty}\dfrac{\lambda^k e^{-\lambda}}{k!}=1$이므로 이는 새로운 확률분포를 나타낸다. 따라서 다음 관계를 만족하는 분포를 모수가 $\lambda$인 **포아송 분포**(Poisson distribution)라 하고 간단히 $Poisson(\lambda)$라 나타낸다. 포아송분포의 확률질량함수는 다음과 같다.

$$P(X=k)=\frac{\lambda^k e^{-\lambda}}{k!},\qquad k=0,\ 1,\ 2,\ 3\cdots$$

포이송분포는 어떤 상황에서 사용될까? 앞에서 이항 분포는 성공률 $p$인 시행을 $n$번 반복했을 때의 성공회수를 나타낸다고 하였다. 이때 $np=\lambda$로 두고 $n\to\infty$로 둔다는 뜻은 $np$가 고정되어 있으므로 $n$이 무한대로 가면 상대적으로 $p$는 작은 값을 나타내게 된다. 따라서 성공률은 작고 시행회수가 많은 이항분포는 포아송분포와 근사하다 말할 수 있을 것이다. 이처럼 포아송분포는 일정시간 또는 일정공간에서 드물게 일어나는 사건 발생수를 나타낼 때 적절히 사용될 수 있는 분포이다.

다음은 포아송분포를 갖는 예이다.

하루 중 잘못 걸려온 전화 수
어떤 지역의 일정시간 동안의 지진 발생 건수
일정시간 동안 특정 상담소를 방문하는 고객 수
어떤 책의 한 페이지에 있는 오타 수
어떤 지역의 100세 이상 노인 수

---

### 예 2.20

삼삼 생명보험에 든 계약자 중 1년 동안 사망하는 사망자 수는 모수가 $\lambda$인 포아송분포를 따른다고 한다. $\lambda=5$일 때 사망자 수가 적어도 3명 이상일 확률을 구하라.

[풀이]

$$\begin{aligned}P(X\geq 3)&=1-P(X=0)-P(X=1)-P(X=2)\\&=1-\frac{5^0e^{-5}}{0!}-\frac{5^1e^{-5}}{1!}-\frac{5^2e^{-5}}{2!}\\&=0.8753\end{aligned}$$

---

$X$가 모수가 $\lambda > 0$인 포아송분포 즉 $X \sim Poisson(\lambda)$일 때의 기대값을 구하자.

$$\begin{aligned} E(X) &= \sum_{k=0}^{\infty} \frac{ke^{-\lambda}\lambda^k}{k!} \\ &= \lambda e^{-\lambda} \sum_{k=1}^{\infty} \frac{\lambda^{k-1}}{(k-1)!} \\ &= \lambda e^{-\lambda} \sum_{k=0}^{\infty} \frac{\lambda^k}{k!} \\ &= \lambda \end{aligned}$$

분산을 구하기 위하여 $E(X^2)$을 계산하면 $E(X^2) = \lambda^2 + \lambda$되고 따라서 분산은 $Var(X) = E(X^2) - (E(X))^2 = \lambda^2 + \lambda - (\lambda)^2 = \lambda$를 얻는다.

정리하면 $X \sim Poisson(\lambda)$일 때 $X$의 기대값과 분산은 다음과 같다.

$$E(X) = Var(X) = \lambda$$

이는 포아송분포의 기대값과 분산은 포아송분포의 모수와 같음을 보여준다.

### 2.4.2 연속확률변수와 확률밀도함수

앞에서 가산개만큼의 값을 갖는 이산확률변수에 대해서 알아보았다. 그러나 키나 몸무게, 전구의 수명, 전화 통화 시간, 콜레스테롤 수치 등과 같이 우리 주변에서 적당한 구간 안에 있는 값을 갖는, 즉 비가산개의 값을 갖는 확률변수는 무수히 많이 들 수 있다. 이번에는 비가산개의 값을 갖는 확률변수와 그 분포 및 분포의 여러 가지 성질들에 대해 알아보고자 한다.

먼저 다음의 예를 살펴보자.

---

**예 2.21**

$B(n,\, 0.5)$에서 $n = 10, 100$ 각각의 확률막대그래프를 그려보면 그림 2.2와 같다.

그림 2.2 $B(10, 0.5)$와 $B(100, 0.5)$의 확률막대그래프

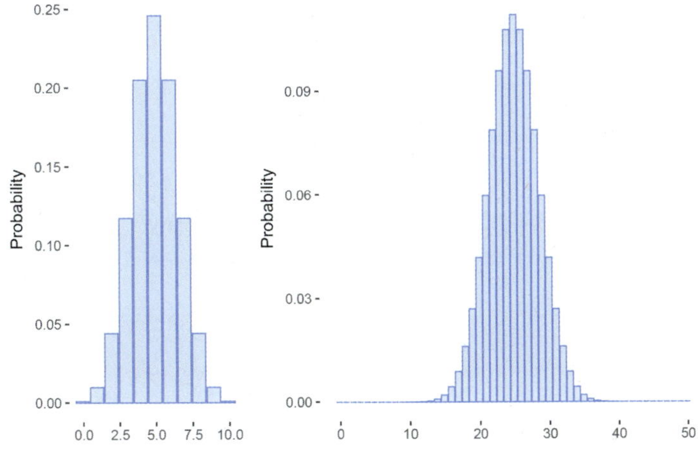


### 예 2.22

다음에 소개될 정규분포 $N(5,\ 4)$에서 1000개의 데이터를 뽑아 간격 11개, 50개로 정리하여 상대도수히스토그램을 그리면 그림 2.3와 같다. 간격이 좁아질수록 그래프를 연결하면 연속함수형태로 근사되는 것을 알 수 있다. 면적은 기본적으로 확률에 비례하므로 전 면적을 1이 되도록 하면 면적=확률이 되는 함수가 결정된다.

그림 2.3 히스토그램과 연속함수로의 근사

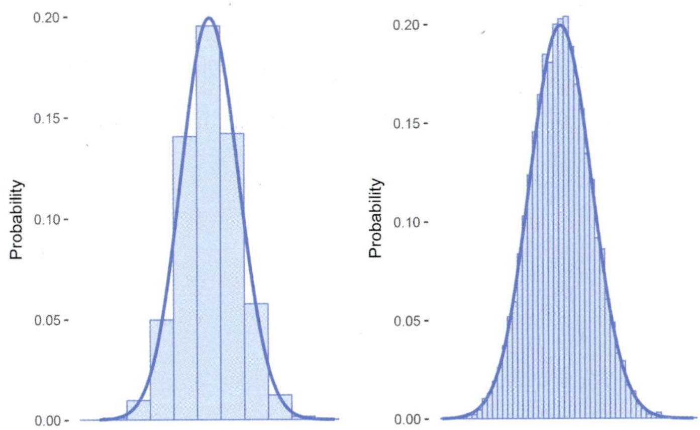

그림 2.4는 $B(1000,\ 1/2)$의 확률그림이다. $a$, $b$ 사이에 들어갈 확률은 $a$에서 $b$까지의 히스토그램의 면적의 합에 비례하고 이는 곡선 아래 면적과 거의 일치한다. 곡선 아래 전체 면적을 1로 표준화한 그래프를 $f(x)$라 하면 $a$와 $b$ 사이의 값을 가질 확률은 $f(x)$ 곡선 아래 $x$축, $x=a$, $x=b$ 사이의 면적과 일치한다. 이는 그림 2.4에서 보면 곡선 아래의 면적에 해당된다.

**그림 2.4　$X$가 $a$와 $b$ 사이에 들어갈 확률**

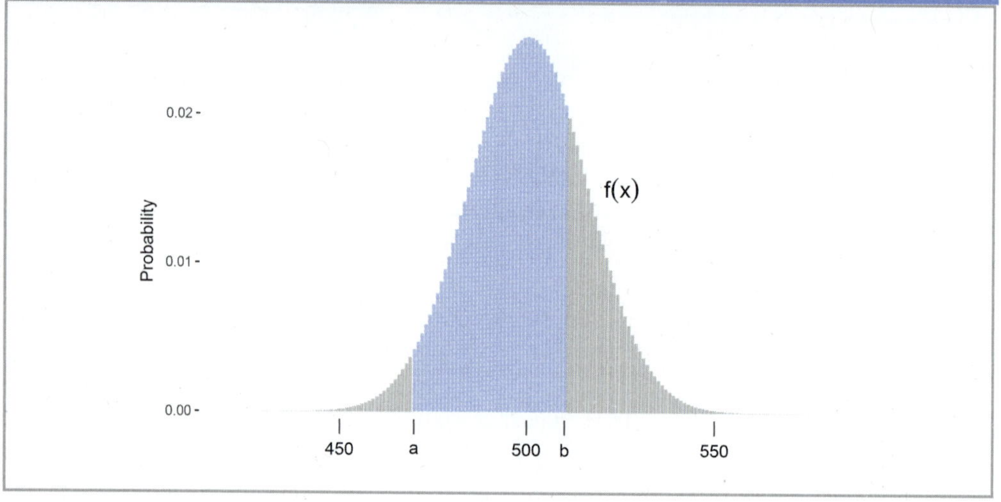


이산확률변수의 히스토그램에 근사시킨 곡선 $f(x)$는 다음과 같은 특징을 가지고 있다.

$f(x) \geq 0$, $\int_{-\infty}^{\infty} f(x)dx = 1$ 즉 전 구간에서 적분하면 1이 된다.

다음 (1)~(3)을 만족하는 함수 $f: R \to R$ 이 존재할 때 $X$를 **연속확률변수**(continuous random variable)라 하고 $f$를 $X$의 **확률밀도함수**(probability density function)라 한다.

(1) $f(x) \geq 0$

(2) $\int_{-\infty}^{\infty} f(x)dx = 1$

(3) $P(a < X \leq b) = \int_a^b f(x)dx$

(3)은 직선 $x=a, x=b$, $x$축과 곡선 $f(x)$ 아래 부분이 이루는 면적이 $X$가 $a$와 $b$ 사이에 들어갈 확률이 됨을 의미한다.

이산확률변수의 확률질량함수가 분포를 결정하는 것과 같이 연속확률변수에서는 확률밀도함수가 분포를 결정한다. 즉 다음이 성립한다.

$$P(X \in B) = \int_B f(x)dx, \quad B \subset R$$

$f(x)$를 확률밀도함수로 갖는 연속확률변수 $X$의 기대값은 다음과 같이 정의한다.

$$E(X) = \int_{-\infty}^{\infty} xf(x)dx$$

또한 다음이 성립한다.

$$E(X^2) = \int_{-\infty}^{\infty} x^2 f(x)dx$$

$$Var(X) = E[(X-EX)^2] = E(X^2) - (E(X))^2$$

여러 가지 연속확률분포 중에서 균등분포와 정규분포에 대해 알아보자.

### (1) 균등분포(uniform distribution)

확률변수 $X$가 다음과 같은 확률밀도함수 $f(x)$를 가질 때 확률변수 $X$은 (a, b)에서 **균등분포**(uniformly distributed on (a,b))를 따른다고 하고 간단히 $X \sim unif(a,b)$로 나타내자.

$$f(x) = \frac{1}{b-a}, \quad a < x < b$$

$X \sim unif(a,\ b)$일 때 $X$의 평균과 분산은 다음과 같다.

$$E(X) = \frac{a+b}{2}, \quad Var(X) = \frac{(b-a)^2}{12}$$

**예 2.23**

○○은행 콜센터에 있는 직원이 1통의 전화에 응답하는 데 소요되는 시간을 $X$라 할 때 $X \sim unif(\frac{8}{10}, \frac{15}{10})$ (단위: 분)를 따른다고 한다. $X$의 확률밀도함수와 평균, 분산을 구하라.

[풀이]

$X \sim unif\left(\frac{8}{10}, \frac{15}{10}\right)$이므로 $f(x) = \frac{1}{1.5-0.8} = \frac{10}{7}$, $0.8 < x < 1.5$이고

$E(X) = \frac{0.8+1.5}{2} = \frac{23}{20}$(분), 분산 $Var(X) = \frac{(1.5-0.8)^2}{12} = \frac{0.49}{12}$가 된다.

**예 2.24**

$X \sim unif(0, 10)$일 때 $P(X \leqq x)$, $0 < x < 10$을 구하여라.

[풀이]

확률밀도함수 $f(x) = \frac{1}{10}$, $0 < x < 10$이 되고 $P(X \leqq x) = \int_0^x \frac{1}{10} dx = \frac{x}{10}$, $0 < x < 10$

### (2) 정규분포(Normal distribution)

다음과 같은 확률밀도함수를 갖는 연속확률변수를 모수 $\mu$와 $\sigma^2$을 갖는 **정규확률변수**(normal random variable)라 하고 **정규분포**(normally distributed)를 갖는다고 한다. 이를 간단히 $X \sim N(\mu, \sigma^2)$으로 나타낸다.

$$f(x) = \frac{1}{\sqrt{2\pi}\,\sigma} e^{-(x-\mu)^2/2\sigma^2}, \quad -\infty < x < \infty$$

위에서 주어진 $f(x)$는 $f(x) \geqq 0$이고 전 구간에서 적분한 값이 1이 됨을 확인할 수 있다. 즉

$$\frac{1}{\sqrt{2\pi}\,\sigma} \int_{-\infty}^{\infty} e^{-(x-\mu)^2/2\sigma^2} = 1$$

특히 $\mu = 0$, $\sigma^2 = 1$인 정규분포를 **표준정규분포**(standard normal distribution)라 부른다.

$X \sim N(0, 1)$일 때 $X$의 평균과 분산을 계산해 보자.

$$E(X) = \frac{1}{\sqrt{2\pi}} \int_{-\infty}^{\infty} x e^{-x^2/2} dx = -\frac{1}{\sqrt{2\pi}} e^{-x^2/2} \Big]_{-\infty}^{\infty} = 0.$$

평균이 0이므로 분산은 $E(X^2)$과 같아진다.

$$Var(X) = E(X^2) = \frac{1}{\sqrt{2\pi}} \int_{-\infty}^{\infty} x^2 e^{-x^2/2} dx$$
$$= \frac{1}{\sqrt{2\pi}} (-xe^{-x^2/2}]_{-\infty}^{\infty} + \frac{1}{\sqrt{2\pi}} \int_{-\infty}^{\infty} e^{-x^2/2} dx) = 1$$

위의 세 번째 등식은 $u = x$, $dv = xe^{-x^2/2}$라 두고 부분적분을 하여 얻었다.

일반적으로 표준정규분포의 분포함수는 $\Phi(x) = P(X \leq x)$라는 문자를 이용하여 나타낸다. 즉

$$\Phi(x) = \int_{-\infty}^{x} \frac{1}{\sqrt{2\pi}} e^{-y^2/2} dy$$

$\Phi(x)$값은 해석적인 방법으로 구할 수 없기 때문에 대부분의 기초적인 확률통계 책의 부록에 보면 $x \geq 0$인 $x$에서의 근사값들이 주어져 있다. 표준정규분포의 확률밀도함수는 $x = 0$($y$축)에 대칭이며 따라서 $\Phi(-x) = 1 - \Phi(x)$이 성립한다.

정규분포에서는 다음의 중요한 성질이 성립한다.

$X \sim N(\mu, \sigma^2)$이고 $Y = aX + b$ $(a \neq 0)$라 할 때 $Y \sim N(a\mu + b, a^2\sigma^2)$이 된다.

위의 관계는 표준정규분포에서의 결과를 이용하여 일반적인 정규분포의 평균과 분산 및 확률 등을 계산하는 데 이용된다.

$X \sim N(\mu, \sigma^2)$일 때 $X$의 평균과 분산을 위의 성질을 이용하여 찾아보자.

$Z = \frac{X - \mu}{\sigma} = \frac{1}{\sigma}X - \frac{\mu}{\sigma}$라 두면 $Z$는 모수 $\frac{1}{\sigma}\mu - \frac{\mu}{\sigma} = 0$과 $\left(\frac{1}{\sigma}\right)^2 \sigma^2 = 1$을 갖는 표준정규분포를 따른다. 즉 $Z \sim N(0, 1)$이다. 이때 $X = \sigma Z + \mu$이고 따라서 $E(X) = \sigma E(Z) + \mu = \mu$, $Var(X) = \sigma^2 Var(Z) = \sigma^2$이다. 이는 정규분포의 두 모수 $\mu$, $\sigma^2$은 각각 분포의 평균과 분산이 됨을 보여주는 것이다. 즉 다음이 성립한다.

$$X \sim N(\mu, \sigma^2) \text{이면 } E(X) = \mu, \ Var(X) = \sigma^2$$

### 예 2.25

$X \sim N(2, 3^2)$일 때 $P(1 < X < 4)$, $P(X > 1)$를 각각 구하여라.

**[풀이]**

$Z = \dfrac{X-2}{3} \sim N(0,\ 1)$을 이용한다.

$$P(1 < X < 4) = P\left(\frac{1-2}{3} < \frac{X-2}{3} < \frac{4-2}{3}\right)$$
$$= P\left(-\frac{1}{3} < Z < \frac{2}{3}\right) = \Phi\left(\frac{2}{3}\right) - \Phi\left(-\frac{1}{3}\right) = \Phi\left(\frac{2}{3}\right) - \left[1 - \Phi\left(\frac{1}{3}\right)\right] \approx 0.3779$$
$$P(X > 1) = P\left(\frac{X-2}{3} > \frac{1-2}{3}\right) = P\left(Z > -\frac{1}{3}\right) = 1 - \Phi\left(-\frac{1}{3}\right) \approx 0.6293$$

## 예 2.26

자료에 의하면 37~43주 후 태어난 신생아의 체중(단위 Kg)은 평균 3.23, 표준편차 0.48인 정규분포를 따른다고 한다. 이때 체중이 4Kg 이상 될 확률과 2Kg 미만일 확률을 각각 구하여 보자.

**[풀이]**

$X$를 37~43주 후 태어난 신생아의 몸무게라 할 때 $X \sim N(3.23,\ 0.48^2)$이다. 따라서

$$P(X > 4) = P\left(\frac{X-3.23}{0.48} > \frac{4-3.23}{0.48}\right) = P(Z > 1.604) \approx 0.0548$$
$$P(X < 2) = P\left(\frac{X-3.23}{0.48} < \frac{2-3.23}{0.48}\right) = P\left(Z < -\frac{1.23}{0.48}\right) = P(Z < -2.5625) \approx 0.0052.$$

# 연습문제

1. 12명의 결핵 환자가 새로 개발된 치료제의 효능 실험 연구에 참여하기로 하였다. 12명을 랜덤으로 4명씩 세 그룹으로 나누고 새로운 치료제, 기존의 치료제, 그리고 약성분이 전혀 없는 가짜약(placebo)을 각 그룹에 한 가지씩 투약하였다. 각 개인은 한 가지 약을 받지만 그것이 어떤 것인지는 알지 못한다. 다음을 구하라.
   (1) 새로운 제품을 받을 확률은 얼마인가?
   (2) 약 성분이 있는, 즉 가짜가 아닌 약을 받을 확률은 얼마인가?
   (3) 약을 복용한 후 증세가 호전되었다고 할 때 그것이 약효가 있는 약을 복용했기 때문이라고 100% 확신할 수 있는가?

2. 신생아 사망(출생 4주 내의 사망)을 제외한 유아 사망에 대하여 연구하고자 한다. 병원에는 1년 미만의 유아 사망에 대한 모든 기록이 순서 없이 보관되어 있다. 한 기록을 뽑아 28일이 지난 기록이면 선택하고, 그렇지 않으면 되돌려 놓는 방법으로 표본을 모으려 한다. 만일 72%에 달하는 유아 사망이 신생아 사망이고 한 기록을 뽑아 살펴보는 데 약 2분의 시간이 소요된다면 100개의 기록을 모으는 데 얼마의 시간이 소요되는가? 또한 몇 개의 기록을 뽑아 보아야 100개의 기록을 얻을 수 있는가? 단, 자료는 충분히 많다고 하자.

3. 남녀의 출생 비율이 같다고 하자.
   (1) 연속적으로 딸만 셋을 낳을 확률을 얼마인가?
   (2) 아들 하나 딸 하나를 둘 확률은 얼마인가?
   (3) 다섯 명의 아이들 중 위로 두 명이 아들일 확률은 얼마인가?
   (4) 다섯 명의 아이들 중 적어도 하나가 딸일 확률은 얼마인가?

4. 어느 특정 질병에 대한 선별검사에서 7%가 잘못된 양성반응을 보이고, 18%가 잘못된 음성반응을 보인다. 모집단이 3%의 보균율을 가지고 있다면 양성반응을 보인 사람이 실제 보균자일 확률은 얼마인가? 또, 음성반응을 보인 사람이 실제로는 질병에 감염되어 있을 확률은 얼마인가?

5. 잔칫집에서 음식을 나누어 먹은 사람들이 집단 식중독을 일으켰다. 식중독의 원인이 어떤 음식 때문인지 알아내기 위하여 조사한 결과, 다음 표를 얻었다.

| | 식중독에 걸림 | 아무 이상이 없음 |
|---|---|---|
| 돼지고기를 먹었음 | 75 | 25 |
| 돼지고기를 먹지 않았음 | 5 | 10 |

(1) 돼지고기를 먹은 후 식중독에 걸릴 확률은 얼마인가?

(2) 돼지고기를 먹지 않았는데도 식중독에 걸리는 확률은 얼마인가?

(3) 식중독의 원인이 돼지고기일 가능성이 있는가?

6. 방사능이 기준치 이상 유출되면 경보음이 울리도록 설계된 경보장치가 있다. 이 경보장치의 고장률은 0.002이다.

(1) A 핵발전소에서는 만약의 경우를 대비하여 두 대의 경보장치를 설치했다. 그럼에도 불구하고 이 발전소에서 기준치 이상의 방사능 유출을 감지하지 못할 확률은 얼마인가?

(2) B 핵발전소에서는 한 대의 경보장치와 더불어 이 경보장치의 고장을 감지해 내고 비상시 방사능 누출을 완전히 차단시키는 특별 감지기를 설치하였다. 이 특별 감지기의 고장률이 0.01이라면 B 발전소에서 방사능이 유출될 확률은 얼마인가?

7. $P(A)=0.5,\ P(B)=0.4,\ P(A\cup B)=0.6$이면 $P(A\cap B)$는 얼마인가?

8. 어느 잡지사에서 1000명에게 성별, 결혼 유무, 교육 정도 등에 관한 설문조사를 하여 다음과 같은 결과를 얻었다. 설문조사 결과가 잘못되었음을 보여라.

남자=312명, 기혼자=470명, 대학졸업자=525명
대학졸업한 남자=42명, 결혼한 대학졸업자=147명
결혼한 남자=86명, 결혼한 대학졸업 남자=25명

9. 한 개업의사가 고민에 빠져 있다. 그는 자기 환자가 어떤 병에 걸려 있다고 80% 이상 확신하게 되면 수술을 권하지만 그 정도의 확신이 서지 않으면 많은 비용과 시간이 걸리더라도 추가적인 검사를 하도록 한다. 처음 A 환자를 만났을 때는 이 병에 걸려 있을 가능성은 약 60% 정도라고 생각했다. 그래서 환자가 이 병에 걸려 있을 때는 항상 양성반응을 나타내고 그렇지 않을 때는 거의 음성반응을 나타내는 일련의 B 검사를 받도록 지시하였다. 그 검사의 결과는 양성반응이었고 따라서 수술을 준비

하고 있었는데, 추후 그 환자가 당뇨병 환자라는 것을 알게 되어 큰 혼란에 빠지게 되었다. 왜냐하면 당뇨병의 유무는 B 검사 결과에 커다란 영향을 주기 때문이다. 즉 B 검사는 환자가 건강할 때는 항상 음성반응을 보이지만 이 병에 걸려 있지 않은 당뇨병 환자의 경우에는 아쉽게도 30%가 양성반응을 보이는 것으로 알려져 있었다. 이제 이 의사는 어떤 조치를 취해야 하는가? 또 다른 검사들을 해 보아야 하나 아니면 즉시 수술을 해야 하나?

10. 어느 보험회사에서는 고객을 사고성향이 있는 사람과 그렇지 않은 사람의 두 가지로 분류하였다. 그들의 통계자료에 의하면 사고성향이 있는 사람은 주어진 1년 내의 어느 시기에 사고를 일으킬 확률이 0.4인 반면 그렇지 않은 사람은 0.2이다. 인구의 약 30%가 사고성향이 있는 사람으로 분류된다면 새로운 보험계약자가 보험에 가입한 지 1년 이내에 사고를 일으킬 확률은 얼마인가? 또한 가입한 첫 해에 사고를 냈다고 할 때 계약 2년째에 또 사고를 일으킬 조건부확률은 얼마인가?

11. 남자의 5%, 여자의 0.25%가 색맹이라고 하면 색맹인 사람 1명을 랜덤으로 선택하였을 때 그 사람이 남자일 확률은 얼마인가? 남녀의 인구 구성비가 같다고 가정했을 때와 남자가 여자의 2배라고 가정했을 때의 확률을 각각 구하라.

12. A, B, C 세 명의 포로 중에서 1명을 임의로 선택하여 사형을 집행하고, 나머지 두 명은 석방하기로 하였다. A는 이 소식을 듣고 감시자에게 B와 C 중에서 누가 석방되는지를 넌지시 물어보았다. 왜냐하면 A가 사형을 당하든 석방되든 상관없이 B와 C 중 적어도 한 명은 석방될 것이기 때문이다. 그러나 감시자는 A가 B와 C 중 누가 석방되는지 알면 A가 사형될 확률은 1/3에서 1/2로 증가한다는 이유로 답변을 거부하였다. 누구의 주장이 옳은가?

13. ABO식 혈액형은 염색체 중의 한 쌍의 유전자에 A, B, O 세 개의 유전자 모임이 어떻게 존재하는가에 따라 결정된다. A, B는 우성이고 O는 열성이다. 따라서 다음에 주어진 표와 같이 유전자형은 여섯 종류이지만 혈액형은 A, B, AB, O의 네 종류이다. 표의 백분율은 빈도를 나타낸 것이다.

| 혈액형 | % | 유전자형 | % |
|---|---|---|---|
| A형 | 39 | AA | 8 |
| | | AO | 31 |
| B형 | 22 | BB | 3 |
| | | BO | 19 |
| AB형 | 10 | AB | 10 |
| O형 | 29 | OO | 29 |

자녀는 부모로부터 하나씩 유전자를 받는다. 부모가 갖고 있는 두 개의 유전자 각각이 자녀에게 유전될 확률은 같다.

(1) 부는 A형, 모는 B형일 때, 자녀의 혈액형의 출현비율(%)은 O : A : B : AB = 17 : 26 : 23 : 34가 됨을 확인하라. 또 부모의 혈액형이 각각 B형, AB형일 때의 자녀 혈액형의 출현비율을 구하라.

(2) 부모의 혈액형이 각각 A형과 O형일 때 처음 나은 자녀의 혈액형이 A형이라면 A형의 유전자형이 AO일 확률은 얼마인가?

(3) 부모의 혈액형이 각각 A형, B형인 경우 처음 낳은 자녀의 혈액형이 AB형이었다면 B형의 유전자형이 BB일 확률은 얼마인가?

**14.** $X \sim B(n,\ p)$일 때 다음이 성립함을 확인하라.

$$
\begin{aligned}
E(X) &= \sum_{k=0}^{n} k(\binom{n}{k})p^k(1-p)^{n-k} \\
&= \sum_{k=1}^{n} \frac{n!}{(k-1)!(n-k)!}p^k(1-p)^{n-k} \\
&= np\sum_{k=1}^{n} \frac{(n-1)!}{(k-1)!(n-k)!}p^{k-1}(1-p)^{n-k} \\
&= np\sum_{k=0}^{n-1} \frac{(n-1)!}{k!(n-1-k)!}p^k(1-p)^{n-1-k} \\
&= np(p+(1-p))^{n-1} \\
&= np
\end{aligned}
$$

**15.** $X \sim B(n,\ p)$일 때 $Var(X) = E(X^2) - (E(X))^2$을 이용하여 $Var(X)$를 구하여 보자. 주어진 계산과정을 확인하라.

$$E(X^2) = \sum_{k=0}^{n} k^2 \frac{n!}{k!(n-k)!} p^k (1-p)^{n-k}$$

$$= \sum_{k=1}^{n} [k(k-1)+k] \frac{n!}{k!(n-k)!} p^k (1-p)^{n-k}$$

$$= \sum_{k=2}^{n} [k(k-1)] \frac{n!}{k!(n-k)!} p^k (1-p)^{n-k} + \sum_{k=1}^{n} k \frac{n!}{k!(n-k)!} p^k (1-p)^{n-k}$$

$$= n(n-1)p^2 \sum_{k=0}^{n-2} \frac{(n-2)!}{k!(n-2-k)!} p^k (1-p)^{n-2-k} + E(X)$$

$$= n(n-1)p^2 (p+(1-p))^{n-2} + E(X)$$

$$= n(n-1)p^2 + E(X)$$

따라서 $Var(X) = E(X^2) - (E(X))^2$

$$= n(n-1)p^2 + np - (np)^2$$

$$= np(1-p)$$

16. $X \sim Poisson(\lambda)$일 때 $E(X^2)$은 다음과 같이 계산됨을 확인해 보라.

$$E(X^2) = \sum_{k=0}^{\infty} k^2 \frac{\lambda^k e^{-\lambda}}{k!}$$

$$= \sum_{k=1}^{\infty} [k(k-1)+k] \frac{\lambda^k e^{-\lambda}}{k!}$$

$$= \sum_{k=2}^{\infty} \frac{\lambda^k e^{-\lambda}}{(k-2)!} + E(X)$$

$$= \lambda^2 e^{-\lambda} \sum_{k=2}^{\infty} \frac{\lambda^{k-2}}{(k-2)!} + E(X)$$

$$= \lambda^2 e^{-\lambda} \sum_{i=0}^{\infty} \frac{\lambda^i}{i!} + E(X)$$

$$= \lambda^2 + \lambda$$

## ※ 실습문제 (17번)

17. 2017-완전생명표.csv 자료는 통계청의 2017년도 생명표를 기록한 자료이다.

(1) 위의 표를 이용하여 총 10만 명의 남녀 출생자 중 70세 이상 사는 사람들의 비율을 각각 구하라.

(단, $X$; 사람의 수명, $l_x$ $x$세 생존자수, $p(X > x) = l_x / l_0 = l_x / 10^6$, $x = 0, 1,$

…, 99)

(2) 위의 자료를 이용하여 현재 나이가 $x=0,\ 10,\ \cdots,\ 90$인 사람이 5년 후에도 생존할 확률(연령별 5년 생존확률)을 남녀별로 각각 구하라.

(단, 5년 생존확률 $p(X>(x+5)|\ X>x)=l_{x+5}/l_x$, $l_x=10^6\cdot p(X>x)$ $x$세 생존자수)

(3) 위의 자료를 이용하여 현재 나이가 $x=0,\ 1,\ \cdots,\ 99$인 사람이 1년 후에도 생존할 확률(연령별 1년 생존확률)을 남녀별로 각각 구하여 겹쳐서 그려보고 그 의미를 설명하라.

# CHAPTER 03 모집단, 표본, 그리고 정규분포

제2장에서는 랜덤 추출된 표본으로부터 만들어진 도수분포표나 이원배치표를 기초로 확률의 여러 가지 기본 원리를 소개하였고, 또 이를 이용하여 다양한 사건에 대한 확률을 구하는 문제를 생각하였다. 제3장은 기술통계와 통계추론 사이의 가교 역할을 하는 장으로서, 도수분포, 평균, 분산, 또는 확률의 기본 개념들이 통계추론에서 어떻게 활용되는가, 모집단과 표본 간의 관계는 무엇인가, 또 모집단 분포를 가정했을 때 표본분포가 어떻게 될 것인가 등에 대하여 논의한다. 그리고 통계학에서 가장 중요한 분포인 정규분포와 $t$분포를 소개하고 이를 모집단의 모수 추정에 어떻게 이용하는지 살펴본다.

## SECTION 3.1 모집단과 표본

통계분석이란 근본적으로 모집단과 표본 간의 관계를 규명하는 일련의 작업이라고 할 수 있다. 예를 들어 의사가 위궤양 환자에 대한 새로운 치료법의 효능을 알아보고 싶다고 하자. 그러려면 일단 소수, 예를 들어 50명의 환자를 선택하여 새로운 방법으로 치료를 한 다음, 나타난 결과를 이용하여 새로운 치료법의 효능에 대해서 추론을 할 수밖에 없다. 여기서 추론이란 어떤 위궤양 환자에게 새로운 치료법을 적용한다면 어떠한 결과를 얻을 것인가를 짐작하는 과정이다.

이와 같이 모집단에서 추출한 표본에 포함되어 있는 정보에 근거하여 모집단에 대한 정보를 얻는 다양한 방법들에 대해서 알아보자. 모집단에 대해 완전히 알려면 전수조사를 하는 것이 가장 확실한 방법이겠으나, 모집단의 일부인 표본을 이용하여 모집단의 성질을 추론해야 하는 데는 다음과 같은 이유가 있다.

### (1) 전수조사 불가능

어류나 조류처럼 계속해서 이동하는 집단에 대해 조사할 때와 같이 모집단의 모든 원소에 대하여 관측값을 구하는 것 자체가 불가능하거나, 또는 모집단의 크기가 너무 커서 조사가 비현실적인 경우가 있다.

### (2) 경제성

신제품을 개발한 어느 식품회사에서 시제품을 모든 가정에 보내어 이에 대한 의견을 묻는다면 경비가 너무 많이 소요될 것이다.

### (3) 조사의 파괴성

전구의 수명이나 자동차의 안전 시험과 같이 조사 방법이 파괴적이거나 조사 이후 더 이상 사용할 수 없는 상태가 될 때는 표본을 추출하여 검사할 수밖에 없다.

### (4) 시간적 제약

유권자들의 지지 동향을 신속히 파악하여 새로운 선거전략을 세우고자 할 때, 자료 수집 및 처리에 너무 많은 시간을 소모하면 힘들여 얻은 자료가 아무 쓸모없게 될 수 있는 것처럼 시간적 제약을 받는 경우에는 신속한 분석 결과를 얻기 위하여 표본추출을 하게 된다.

표본에서 얻은 표본평균, 표본분산, 표본표준편차, 표본비율 등과 같은 수치를 **표본통계량**(sample statistic)이라 부르고, 반면에 모집단의 특성을 계수화한 모평균, 모분산, 모표준편차, 모비율과 같은 값을 **모수**(parameter)라 한다. 통계학의 기본 목적은 표본에서 계산된 표본통계량을 이용하여 모집단의 분포를 결정하는 모수를 구하는 것이다.

표본통계량과 모수를 구별하기 위해 표본통계량은 알파벳을, 모수는 그리스문자를 사용하여 표기한다. 예를 들어, 표본평균 $\overline{Y}$는 모평균 $\mu$의 추정값이고, 표본표준편차 $s$는 모표준편차 $\sigma$의 추정값이다. 일반적으로 표본통계량은 표본이 추출된 모집단의 대응되는 모수와 정확히 일치하지 않는다. 그러나 표본을 반복적으로 추출하면서 표본통계값을 구하면 이 값들은 모수 근처로 집중될 것이고, 표본의 수가 커짐에 따라 모수와 점점 가까운 값들을 얻게 된다. 즉 표본의 크기가 증가할수록 $\overline{Y}$는 모수 $\mu$근방의 $s$는 $\sigma$근방의 값이 될 것이다.

표본을 추출하는 데 있어 첫 번째 과제는 모집단을 잘 대표하는 표본을 선택하는 것이다. 가장 잘 알려진 방법은 단순랜덤추출(simple random sampling)로 모집단 구성원 하나하나가 뽑힐 확률이 같은 경우를 말한다. 널리 사용되는 또 다른 방법은 층화

추출(stratified sampling)로서 모집단을 특성에 따라 부분 모집단이나 계층으로 분류한 다음, 각 계층에서 랜덤으로 표본을 추출하는 방법이다. 예를 들어, 대학생들의 용돈의 출처, 사용량, 사용처, 만족도 등을 조사한다고 할 때, 모집단을 먼저 남자와 여자의 두 부분으로 나누고 각각에서 표본을 랜덤으로 추출하는 방법이다. 또한 계통추출(systematic sampling)이라 하여 모집단이 랜덤으로 배열되어 있는 경우에 적당한 구간을 두고 계속 표본을 추출해 나아가는 방법이 있다. 예를 들어, "어느 병원에서 소아과에 접수된 환자들 중 매 세 번째 환자를 표본으로 선택한다", "입원 환자 중에서 병실 번호가 짝수인 환자를 표본으로 한다"는 것인데, 이때는 전혀 의도하지 않았던 편의(bias)가 생길 수 있다. 예를 들어 짝수번 병실에 특실이 많다든가, 또는 간호실과 상당히 가까운 거리에 있어 상대적으로 간호사들의 손이 쉽게 미칠 수 있다든가 하는 것처럼 미리 의도하지 않았던 부분들이 결과에 영향을 줄 수 있으며, 이로 인하여 표본이 모집단을 잘 대표하지 못하는 결과를 초래할 수 있다. 따라서 조사자는 이런 것들을 미리 점검하여 결과에 영향을 미치는 바람직하지 못한 요인들을 모두 제거해야 한다.

## SECTION 3.2 이론적 분포와 경험적 분포

표본 자료로부터 얻어진 도수분포를 경험적 분포라 부르며, 이를 모집단 분포의 근사분포로 간주할 수 있다. 모집단이 취할 수 있는 모든 값에 대한 도수분포가 모집단 분포인데 대부분 가상적 분포이다. 얻어진 자료를 정리하고 기술하는 것이 목적이라면 경험적 분포에 근거하여 적절한 계산을 하면 되지만 자료분석의 목적이 표본을 추출한 모집단의 특성에 대하여 추론하는 것이라면 모집단에 대한 이론적 분포를 가정해야 한다. 이때 가장 많이 이용되는 분포가 정규분포이다.

통계적 실험이나 조사에서 표본 추출시에 얻게 될 관심 변수에 대한 데이터를 확률변수라 하며 $X$, $Y$, $Z$ 등으로 나타낸다. 확률변수는 변수가 갖는 값의 특성에 따라 이산확률변수와 연속확률변수로 나뉜다. 이산확률변수는 일련의 슬라이드에서 관찰된 박테리아의 수, 가구당 가족수, 소득수준에 따라 특정 질병을 가진 환자수 등과 같이 정수, 또는 셀 수 있는 값을 갖는 변수를 일컫는다. 반면에 연속확률변수는 체중, 혈압, 또는 혈중 콜레스테롤 수치 등과 같이 연속된 값을 취하는 변수를 일컫는다.

이산분포는 상대도수분포표나 상대도수분포그래프로 나타낼 수 있고 연속분포는 상대도수그래프의 $x$축의 폭을 점점 작게 하면서 부드럽게 연결시킴으로써 얻을 수 있다.

## SECTION 3.3 정규분포

연속분포 중에서 가장 널리 쓰이는 대표적인 분포가 **정규분포**(normal distribution)이다. 정규분포의 확률밀도함수와 평균, 분산은 제2장에서 소개하였다. 그림 3.1은 표 2.1에 주어진 40~59세 남자들의 혈중 콜레스테롤 수치에 대한 히스토그램이다. 이 그림에서 볼 수 있는 곡선은 히스토그램의 각 구간의 중심점을 부드럽게 연결하여 얻은 것으로서 정규분포곡선의 특성을 잘 나타내 주고 있다.

정규분포곡선의 특징은 종 모양을 하고 있으며, 평균 $\mu$에 대해 대칭이고 약 68%의 관찰값이 $\mu$로부터 $\pm\sigma$ 범위 내, 즉 $\mu\pm\sigma$ 범위 내에 들어가고, 또 약 95%의 관찰값이 $\mu\pm1.96\sigma$ 범위 내에 들어간다. 다시 말하면 어떤 변수가 정규분포를 따를 때 주어진 분포의 관찰값이 평균으로부터 $1.96\sigma$ 내에 있을 확률은 0.95이고 $2.58\sigma$ 범위 내에

그림 3.1 표 2.1의 정상 남자의 콜레스테롤 분포에 관한 히스토그램

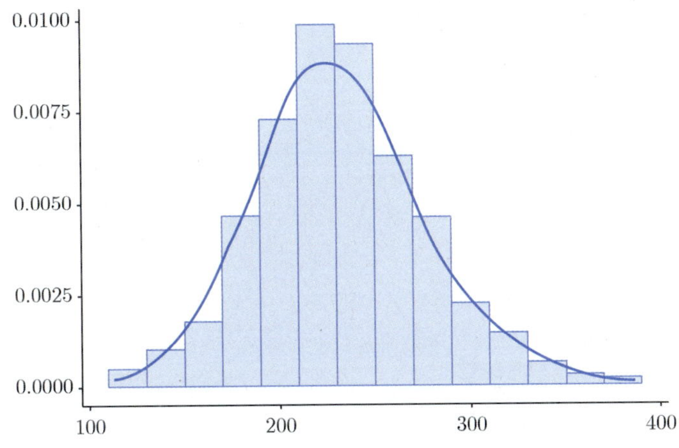

**그림 3.2 정규분포곡선에서 평균을 중심으로 범위 내에 들어갈 확률**

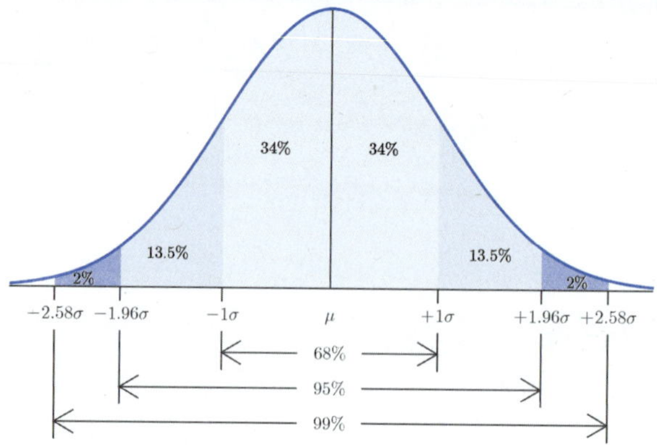


있을 확률은 0.99가 된다.

평균은 분포의 중심을 나타내고 분산은 퍼짐의 정도를 나타내는 수치이다. 정규분포에서도 평균 $\mu$는 분포곡선의 위치(location)를, 분산은 $\sigma^2$은 퍼짐(spread)의 정도를 나타내며, 이 두 값이 종의 모양과 흡사한 분포의 형태를 결정한다. 그림 3.3에서는 분산은 같으나 평균이 다른 두 정규곡선의 모양과, 평균은 같지만 분산이 다른 두 정규분포곡선의 모양을 보여주고 있다.

정규분포곡선은 $\mu$와 $\sigma$에 의해 그 모양이 결정된다. 다시 말해서, $\mu$와 $\sigma$의 선택에 따라 정규분포의 실제 모양은 다양한 형태를 취한다. 특히, 평균이 0, 분산이 1인 정

**그림 3.3 정규분포의 다양한 형태**

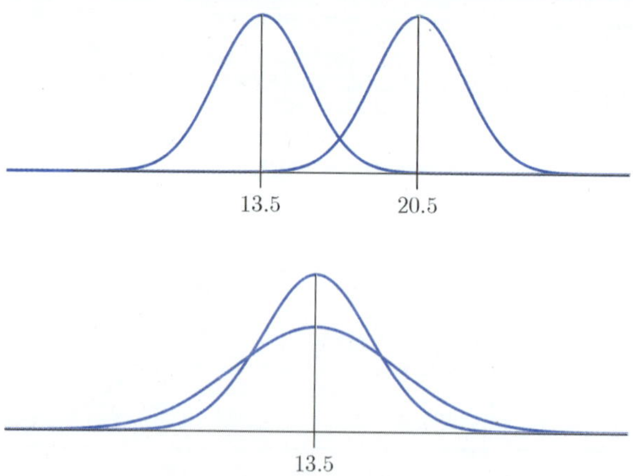

규분포를 **표준정규분포**(standard normal distribution)라 부른다. 표준정규분포의 확률밀도함수를 그려보면 다음과 같다.

**그림 3.4 정규분포의 확률밀도함수**

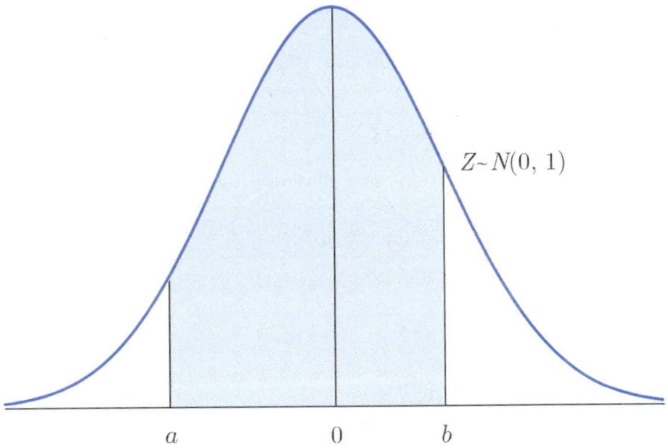


$Z \sim N(0,\ 1)$일 때 $P(a < Z \leq b)$일 확률은 $P(a < Z \leq b) = \int_a^b \frac{1}{\sqrt{2\pi}} e^{-x^2/2} dx$이다. 이는 그림 3.4와 같이 $x = a$, $x = b$, $x$축 그리고 곡선으로 둘러싸인 부분의 면적에 해당한다. 이는 근사값으로 구할 수 있다. 부록의 표 1을 보면 표준정규분포에서 확률값이 주어져 있다. $\mu = 0$, $\sigma = 1$인 표준정규분포 이외의 정규분포에 대한 확률값이 별도로 주어지지 않은 이유는 다양한 형태의 정규분포에서의 확률값은 이를 표준정규분포로 변형하여 구할 수 있기 때문이다. 주어진 확률변수를 평균이 0, 분산이 1인 확률변수로 고치는 것을 표준화한다고 말한다. 표준화 과정은 평균을 0으로 만들기 위해 먼저 $Y$의 평균 $\mu$를 뺀 다음, 그 값을 다시 표준편차 $\sigma$로 나누어주는 것이다. 표준화된 값은 일반적으로 문자 $Z$로 나타내며 이 값을 **표준점수**(standard score)라 부른다. 즉,

$$Z = \frac{\text{거리}}{\text{표준편차}} = \frac{Y - \mu}{\sigma}$$

$Y \sim N(\mu,\ \sigma^2)$일 때 표준화된 $Z = \frac{Y - \mu}{\sigma}$의 분포는 평균 0, 분산 1인 표준정규분포가 된다.

그림 3.5는 $Y$값과 이를 표준화시킨 $Z$값 사이의 관계를 그림으로 나타낸 것이다.

그림 3.5 **표준화 과정**

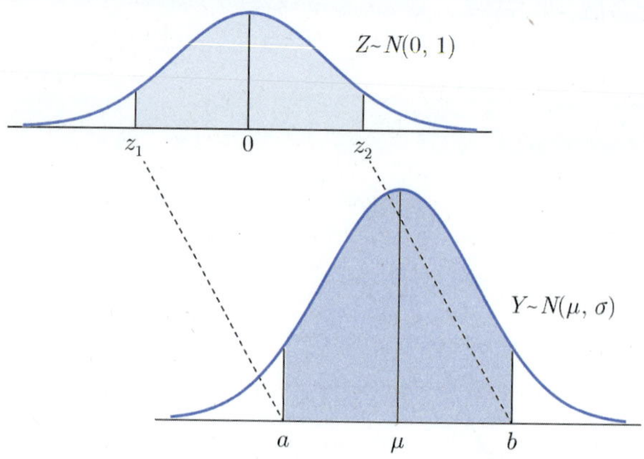


이를 다시 수식으로 표현하면 다음과 같다.

$$P(a \leq Y \leq b) = \left(\frac{a-\mu}{\sigma} \leq Z \leq \frac{b-\mu}{\sigma}\right) = P(z_1 \leq Z \leq z_2)$$

여기서,

$$z_1 = \frac{a-\mu}{\sigma}, \quad z_2 = \frac{b-\mu}{\sigma}$$

즉 $Y$가 $a$ 이상 $b$ 이하일 확률은 표준점수 $Z$가 $z_1$과 $z_2$ 사이에 있을 확률과 같다. 부록의 표 1에 주어진 표준정규분포표는 표 위에 있는 그림이 나타내 주는 바와 같이 오른쪽 꼬리 부분의 확률, 즉 주어진 값 $z$ 이상의 확률을 소수점 이하 넷째 자리까지 보여 주고 있다. 표준정규곡선은 0을 중심으로 대칭을 이루고 있으므로 이 성질을 이용하면 음의 구간에 대한 확률도 표 1을 이용하여 구할 수 있다.

### 예 3.1

표 2.1의 분포를 그린 그림 3.1의 히스토그램을 보면 40~59세 사이의 남자의 혈청 콜레스테롤 수치는 $\mu = 242.2$, $\sigma = 45.4$인 정규분포를 따른다고 가정할 수 있다. 이때 40~59세 사이의 남자의 콜레스테롤 수치가 189.5에서 329.5 사이에 들어갈 확률을 구해보자.

[풀이]

$Y$를 콜레스테롤 수치라 하고 $Y$가 (189.5, 329.5)에 들어갈 확률을 구하기 위해 먼저 $Y$

를 표준화한다. 그림 3.6을 참조하라.

$$P(189.5 \le Y \le 329.5) = P\left(\frac{189.5-242.2}{45.4} \le Z \le \frac{329.5-242.2}{45.4}\right)$$
$$= P(-1.16 \le Z \le 1.92)$$

표준정규분포는 원점에 대해 대칭이므로 $Z$가 $-1.16$ 이상일 확률은 $Z$가 $+1.16$ 이하일 확률과 일치하며, 따라서 표값을 읽으면 다음 결과를 얻을 수 있다.

$$\begin{aligned} P(-1.16 \le Z \le 1.92) &= P(Z \ge -1.16) - P(Z \ge 1.92) \\ &= P(Z \le +1.16) - P(Z \ge 1.92) \\ &= 1 - P(Z \ge 1.16) - P(Z \ge 1.92) \\ &= 1 - 0.1230 - 0.0274 \\ &= 0.8496 \end{aligned}$$

따라서 임의로 선택된 40~59세 남자의 혈중 콜레스테롤 수치가 189.5 이상 329.5 이하일 확률은 0.8496이 된다. 이 값을 표 2.1의 분포표에서 구한 값과 비교해 보라.

**표 1.6** 표 1.4의 자료에 대한 상대 및 누적도수 분포표

| 혈당 자료 | 도수 | 상대도수 | 상대도수(%) | 누적도수(%) |
|---|---|---|---|---|
| 5.95~ 7.95 | 1 | .029 | 2.9 | 2.9 |
| 7.95~ 9.95 | 8 | .229 | 22.9 | 25.8 |
| 9.95~11.95 | 14 | .400 | 40.0 | 65.8 |
| 11.95~13.95 | 9 | .257 | 25.7 | 91.5 |
| 13.95~15.95 | 2 | .057 | 5.7 | 97.2 |
| 15.95~17.95 | 1 | .029 | 2.9 | 100.0 |
| 합계 | 35 | 1.000 | 100.0 | |

그림 3.6 *Y*가 189.5에서 329.5 사이에 들어갈 확률

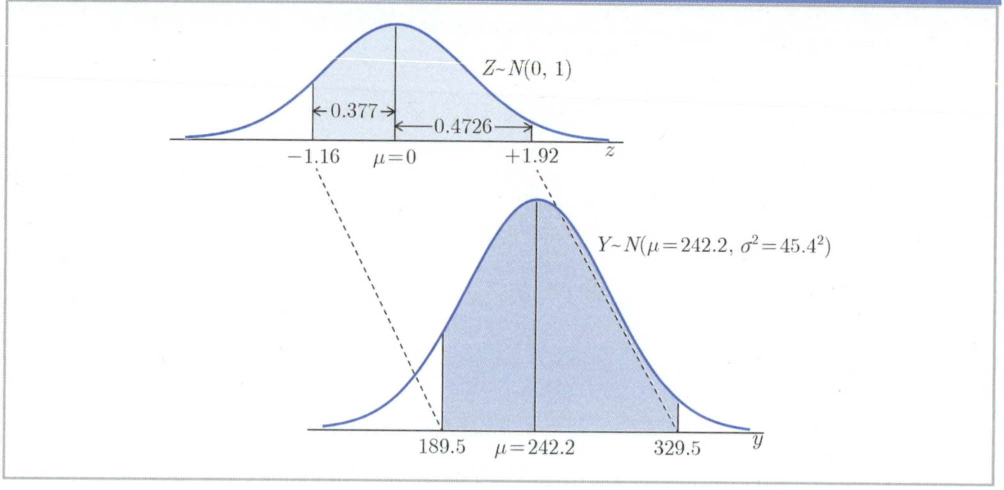


## 예 3.2

예 3.1과 같은 조건에서 40~59세 사이의 남자의 혈청 콜레스테롤 수치가 159.5 이하일 확률을 구하라.

그림 3.7 *Y*가 159.5 이하일 확률

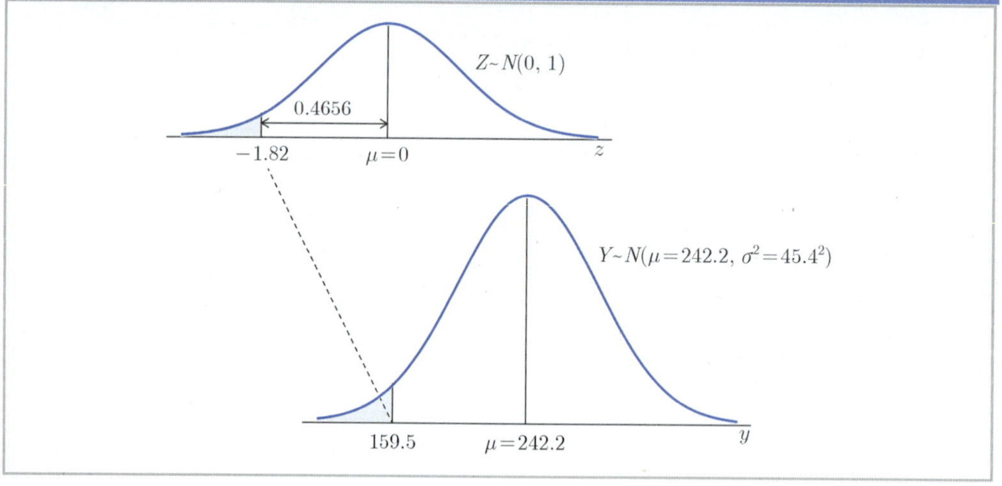


구하고자 하는 확률은 그림 3.8의 빗금친 부분에 해당한다. 그러므로 $Y$를 먼저 표준화하면 다음과 같다.

$$P(Y \leq 159.9) = P\left(Z \leq \frac{159.5 - 242.2}{45.4}\right) = P(Z \leq -1.82)$$

또한,

$$P(Z \leq -1.82) = P(Z \geq 1.82) = 0.0344$$

이므로 구하고자 하는 확률은

$$P(Y \leq 159.5) = 0.0344$$

따라서 40~59세 사이의 남자를 임의로 한 명 뽑았을 때 그의 혈청 콜레스테롤 수치가 159.5 이하일 확률은 0.0344라고 할 수 있다. 이 값을 관측에서 얻은 값과 비교해 보라.

예 3.1과 예 3.2는 $Y$가 주어진 구간에 들어갈 확률을 구하는 문제였다. 이번에는 주어진 확률을 만족하는 구간을 찾는 문제를 생각해 보자.

### 예 3.3

$Y$를 예 3.1에서 가정한 분포를 따르는 40~59세 남자의 콜레스테롤 수치라 했을 때, $P(a \leq Y \leq b) = 0.9$, $P(Y \geq b) = P(Y \leq a) = 0.05$가 되는 $a$, $b$를 구하라.

그림 3.8 $P(a \leq Y \leq b) = 0.9$인 $a$, $b$의 값

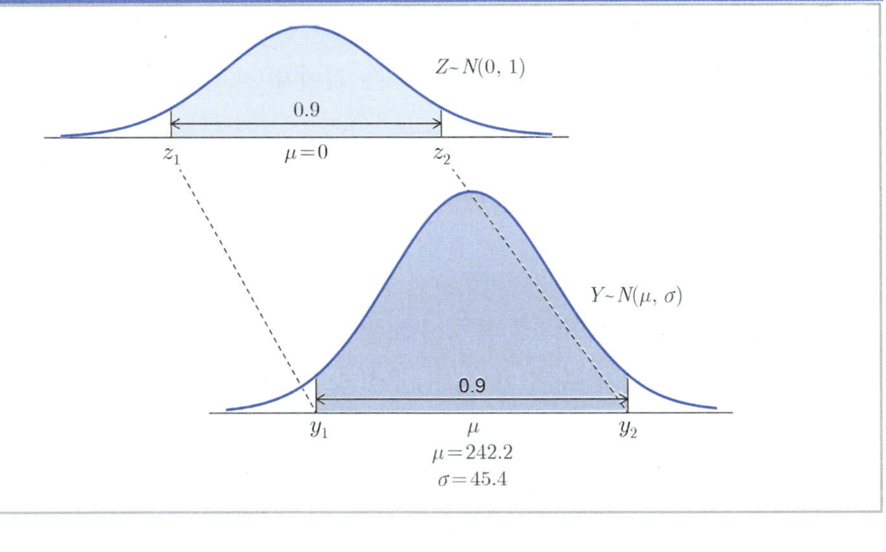

**[풀이]**

$a$, $b$값을 찾기 위해서는 그림 3.9의 빗금친 부분의 넓이가 0.9가 되도록 하는 $z_1$과 $z_2$값을 먼저 결정해야 한다. 표준정규분포곡선의 대칭성에 의하여 $z_1 = -z_2$이고,

$$0.05 = P(Z \geq z_2)$$

이므로, 표로부터 $z_2 = 1.645$가 된다. 따라서 $z_1 = -1.645$이다.
한편 표준화 공식에 의하면

$$-1.645 = \frac{Y_1 - 242.2}{45.4}$$

$$1.645 = \frac{Y_2 - 242.2}{45.4}$$

따라서 $Y_1 = 167.52$, $Y_2 = 316.88$이다. 이를 다시 정리하면

$$P(167.52 \leq Y \leq 316.88) = 0.90$$
$$P(Y \leq 167.52) = P(Y \geq 316.88) = 0.05$$

가 된다.

---

동일 조건하에서 $n$번 반복 측정한 자료 $x_1$, $x_2$, ⋯, $x_n$의 평균 $\bar{x}$는 모평균에 $\mu$에 대한 좋은 추정량이다. 그런데, 이와 같은 자료를 $m$번 얻는 상황을 생각해 보자. 즉, 크기 $n$의 표본을 독립적으로 $m$번 수집하는 것이다. 이때 $m$개 표본 각각에 대하여 구한 표본평균 $\overline{y_1}$, $\overline{y_2}$, ⋯, $\overline{y_m}$들의 분포는, 원래 모집단 분포에 상관 없이, 항상 근사적으로 정규분포를 따른다는 사실이 알려져 있다. 이를 정리하면 다음과 같다.

(1) 표본평균의 평균은 모평균과 같다.

(2) 표본평균의 표준편차는 $\sigma/\sqrt{n}$이다. 이는 모표준편차를 자료수의 제곱근으로 나눈 값으로 이를 **평균의 표준오차**(standard error of the mean)라고 부른다.

(3) 모집단 분포가 정규분포일 때에는 표본평균의 분포도 정규분포가 되며, 모집단 분포가 정규분포 이외의 다른 분포일 때에도 표본평균의 분포는 정규분포에 근사하게 된다. 물론 표본의 수가 커지면 커질수록 정규분포에 더욱 근사한다.

이와 같은 성질을 **중심극한정리**(central limit theorem)라 부른다. 이는 통계 분야에서 가장 중요한 정리의 하나이다. 만약 정규모집단으로부터 크기 $n$인 표본의 표본평균을 $\overline{Y}$라 할 때 $\overline{Y}$는 평균이 모집단 평균과 같은 $\mu$이고, 분산이 $\sigma^2/n$인 정규분포를 따른다.

**그림 3.9 표준정규분포로의 표준화**

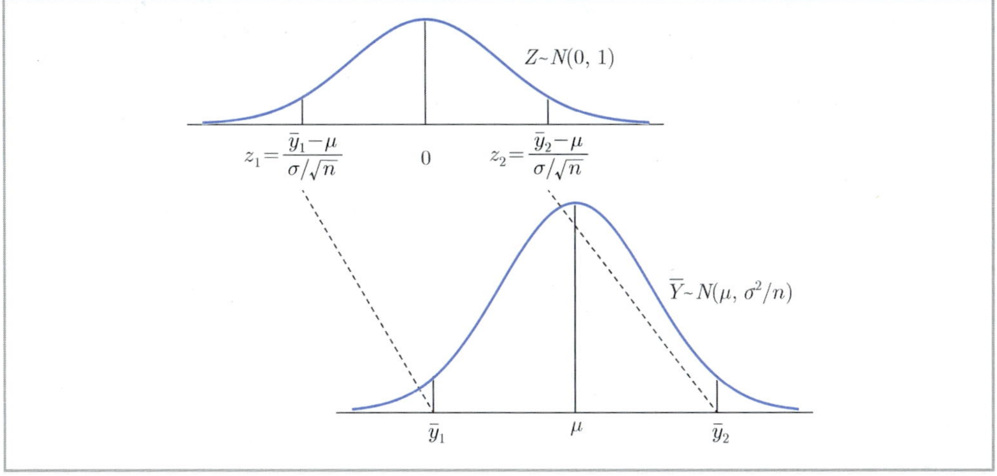


따라서 그림 3.9에서 보여주는 바와 같이 $\overline{Y}$에 관련된 확률을 구하기 위해서는 먼저 $\overline{Y}$를 표준화해야 한다. 즉 $\overline{Y}$에서 평균 $\mu$를 빼고 이를 표준 오차 $\sigma/\sqrt{n}$으로 나누면 그 결과는 근사적으로 표준정규분포를 따르게 된다. 따라서 표본평균들의 95%가 모평균의 $1.96\sigma/\sqrt{n}$ 범위 내에 존재함을 알 수 있다. 이를 달리 표현하면, $\overline{Y}$가 $\mu$의 $\pm 1.96\sigma/\sqrt{n}$ 범위 내에 존재할 확률은 0.95가 되며, 또한 $\pm 2.58\sigma/\sqrt{n}$ 범위 내에 존재할 확률은 0.99가 된다. 이를 수식으로 표현하면

$$P(-1.96\sigma/\sqrt{n} \le \overline{Y} \le 1.96\sigma/\sqrt{n}) = 0.95$$
$$P(-2.58\sigma/\sqrt{n} \le \overline{Y} \le 2.58\sigma/\sqrt{n}) = 0.99$$

혈청 콜레스테롤 수치에 관한 표 2.1을 다시 보자. 40~59세의 정상남자를 모집단으로 했을 때 평균 $\mu = 242.2$이고, 표준편차 $\sigma = 45.4$라 하자. 이 모집단으로부터 25명을 임의로 뽑아 이의 표본평균을 $\overline{Y}$라 하면, $\overline{Y}$는 평균이 모평균과 같은 242.2, 표준오차는 $\sigma/\sqrt{n} = 45.4/\sqrt{25} = 9.08$인 정규분포에 근사한다. 여기서 표본평균 $\overline{Y}$값이

265mg/100ml 이상이 될 확률을 구하여 보자. $\overline{Y}$의 분포곡선에서 $\overline{Y}$가 265mg/100ml 이상인 부분을 나타내는 영역은 그림 3.10에 도시되어 있다.

그림 3.10 중심극한정리를 이용하여 $P(Y \geq 265)$ 구하기

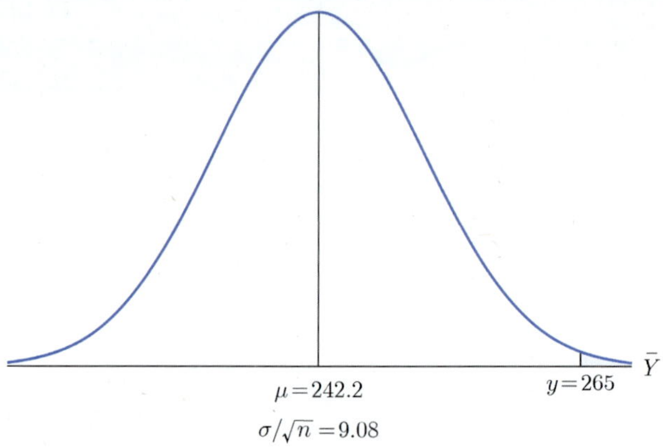


전과 마찬가지로 $\overline{Y}$가 265mg/100ml 이상일 확률은 $\overline{Y}$를 표준화한 다음 표준정규분포표를 이용하여 구할 수 있다. 즉

$$
\begin{aligned}
P(Y \geq 265) &= P\left(Z \geq \frac{265-242.2}{45.4/\sqrt{25}}\right) \\
&= P(Z \geq 2.51) \\
&= 0.006
\end{aligned}
$$

이는 임의로 추출한 그룹의 표본평균이 265mg/100ml 이상일 확률이 1% 미만임을 말해준다.

이러한 결과는 중심극한정리에 의해서 모집단의 분포가 정규분포가 아닐 때에도 그대로 적용된다. 그림 3.11은 모집단이 (0,10)에서 균등분포를 하는 경우에 $n=100$인 표본의 표본평균 $\overline{y}$를 200번 반복하여 구하고 그들의 분포를 그림으로 그린 것이다. 모집단의 분포가 정규분포와는 매우 다르나 $\overline{Y}$의 분포는 정규분포에 근사함을 알 수 있다.

그림 3.11 모집단분포와 중심극한정리

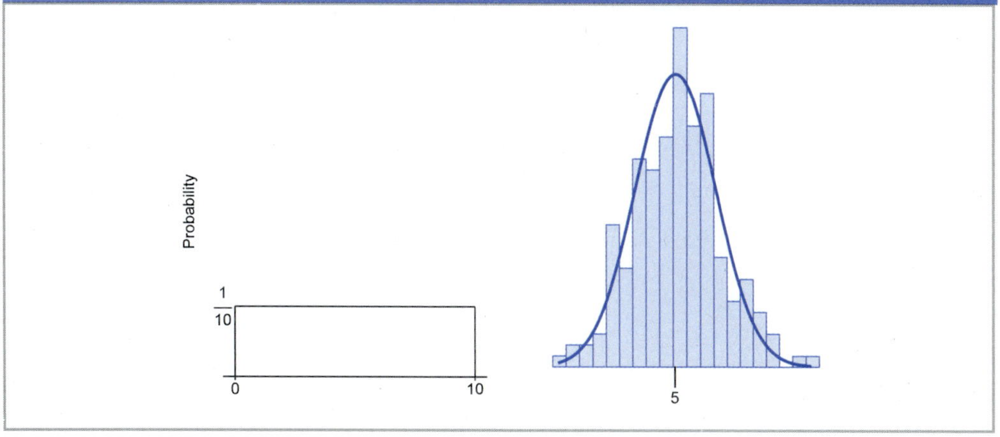


# SECTION 3.4 신뢰구간

표본평균 $\overline{Y}$는 모평균 $\mu$에 대한 최고의 추정량이라 할 수 있다. 그러나 일반적으로 $\overline{Y}$의 값은 참값 $\mu$와 정확히 일치하지 않으며, 또한 표본추출을 할 때마다 다른 값을 얻게 된다. 따라서 $\overline{Y}$가 $\mu$에 얼마나 근사한 값인가를 나타내 주는 방법이 필요하다. 한 가지 방법은 $\overline{Y}$와 함께 표본분포의 표준오차를 제시하는 방법이며, 또 다른 하나는 표본평균값과 표준오차를 기초로 $\mu$의 신뢰구간을 구하는 것이다. 앞에서 $\overline{Y}$의 95%는 모평균 $\mu$의 ±1.96(표준오차) 범위 내에 들게 됨을 알고 있다. 이는 $\overline{Y}$의 표준화된 값을 $Z$라 할 때

$$P(-1.96 \leq Z \leq 1.96) = 0.95$$

와 같이 쓸 수 있음을 의미한다. 또는,

$$P\left(-1.96 \leq \frac{\overline{Y}-\mu}{\sigma/\sqrt{n}} \leq 1.96\right) = 0.95$$

이를 다시 변형하면 다음과 같다.

$$P(\overline{Y} - 1.96\sigma/\sqrt{n} \le \mu \le \overline{Y} + 1.96\sigma/\sqrt{n}) = 0.95$$

이 관계를

$$CI_\mu = \overline{Y} \pm 1.96\sigma/\sqrt{n}$$

라 나타내기도 하며, 우변의 두 값을 각각 모평균 $\mu$에 대한 95% 신뢰구간의 **신뢰상한**과 **신뢰하한**이라 부른다. 95% 신뢰구간이란, 크기 $n$인 표본을 100개 뽑아 각각의 표본에서 모평균 $\mu$에 대한 95% 신뢰구간을 구했다고 했을 때, 얻어진 신뢰구간들이 모평균 $\mu$를 실제로 포함하고 있는 비율이 95%가 됨을 의미한다. 즉 100개의 서로 다른 $\overline{y}$를 이용하여 100개의 신뢰구간을 얻었을 때 이 중 95개의 신뢰구간이 $\mu$를 포함하게 된다.

평균 $\mu$의 $100(1-\alpha)$% 신뢰구간을 나타내는 일반적인 형태는 다음과 같다.

$$CI_\mu = \overline{Y} \pm z_{\alpha/2}\sigma/\sqrt{n}$$

그림 3.12의 정규분포곡선에서 곡선 아래의 전체 넓이는 1이다. 이 중 빗금친 부분의 넓이를 $\alpha$라면, 나머지 흰 부분의 넓이는 $(1-\alpha)$이다. $(1-\alpha)$를 **신뢰계수**(confidence coefficient) 또는 **신뢰수준**(confidence level)이라 부른다.

**그림 3.12** $\mu$의 $100(1-\alpha)$% 신뢰구간

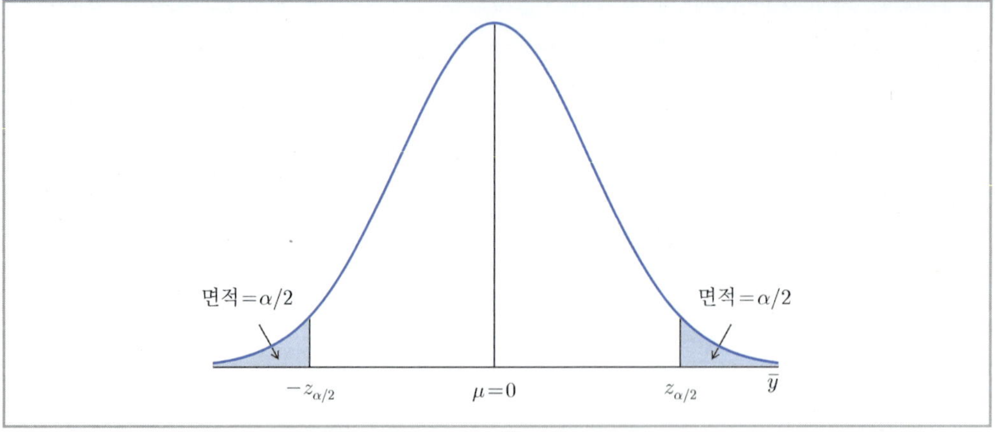


가장 많이 쓰이는 $(1-\alpha)$값은 0.95, 0.99이며, 이에 대응되는 $z_{\alpha/2}$ 값은 각각 1.96과 2.58이다.

### 예 3.4

시험으로 인한 학생들의 스트레스를 측정하기 위하여 통계학 시험 직후에 50명의 학생을 임의로 선택하여 혈압을 측정하였다. 50명의 평균 수축혈압은 150mmHg이었다. 표준편차를 20mmHg로 가정하고, 시험 직후 학생들의 평균 수축혈압에 대한 95% 신뢰구간을 구하라.

[풀이]

주어진 값들을 평균의 신뢰구간 구하는 공식에 대입하면

$$
\begin{aligned}
CI_{\mu} &= \overline{Y} \pm z_{0.025}\sigma/\sqrt{n} \\
&= 150 \pm 1.96\frac{20}{\sqrt{50}} \\
&= [144.5,\ 155.5]
\end{aligned}
$$

즉 시험을 치른 직후의 학생들의 수축혈압 평균값이 144.5mmHg에서 155.5mmHg 사이에 있다는 것에 대해 95% 정도 확신할 수 있다.

## SECTION 3.5 *t* 분포

제3.4절에서 소개한 신뢰구간은 모집단의 분산 $\sigma^2$을 안다는 가정하에서 구한 것이다. 그러나 실제로 $\sigma$값을 아는 경우는 매우 드물다. 따라서 $\sigma$ 값을 알지 못하는 경우에는 표본에서 $\sigma$의 추정값을 구해서 이를 $\sigma$ 대신 사용해야 한다. $\sigma$의 추정량으로 가장 많이 사용하는 것이 표본표준편차 $s$이다. $\sigma$ 대신 $s$를 사용해서 신뢰구간을 구할 때, 표본 크기 $n$이 충분히 크면 제3.4절에서 소개한 것처럼 정규분포를 그대로 사용해도 좋으나 표본 크기 $n$이 충분히 크지 못할 경우에는 **$t$ 분포**(Student's $t$ distribution)를 사용해야 한다. 이때, 이론적으로 표본이 추출된 모집단의 분포가 정규분포라는 가정이 부가적으로 성립되어야 한다.

$t$ 분포는 **자유도**(df: degree of freedom)를 모수로 갖는 분포인데, 이때 자유도는 표본 크기 $n$에서 1을 뺀 $n-1$이다. $t$ 분포곡선과 표준정규분포곡선은 모양이 매우 유사하며, 정규분포곡선에 비해 $t$ 분포곡선의 꼬리부분이 조금 더 두터운 모양을 하고

있다. 특히 $t$ 분포의 자유도가 커지면 정규분포와 거의 같아진다. 이를 그림으로 확인해 보면 다음과 같다.

그림 3.13 표준정규분포와 $t(n)$ 분포 비교

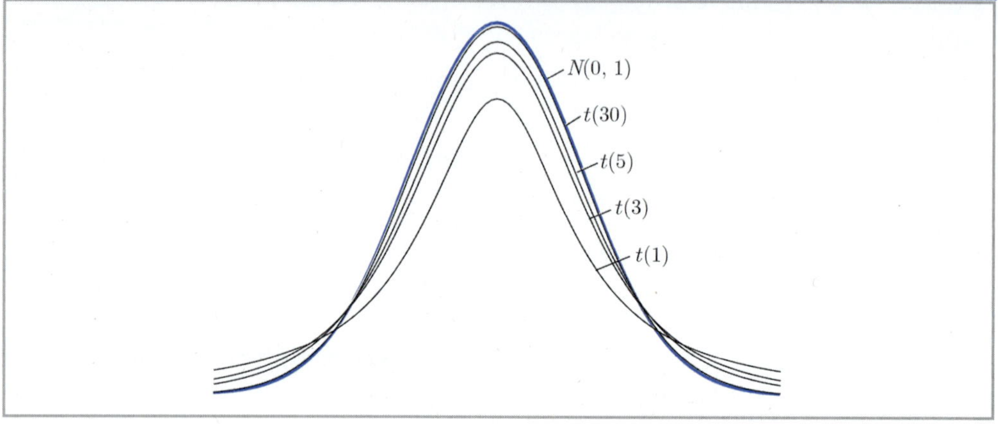


표준정규분포와 자유도에 따른 $t$ 분포의 근사성은 부록의 표 2에서도 쉽게 확인할 수 있다. 부록의 $t$ 분포표 읽는 방법을 알아보자. $t$ 분포는 자유도에 따라 모양이 달라지며 따라서 모든 자유도에 대한 $t$ 분포표를 만든다는 것은 불가능하다. 다행히도 자유도가 어느 정도 이상 커지면 표준정규분포에 접근하게 되므로 표본의 크기가 큰 경우에는 정규분포표를 이용하면 된다. 부록의 표 2에서 자유도는 좌측 첫 번째 행에 주어져 있고 대응되는 꼬리 부분의 면적은 오른쪽 열에 주어져 있다. $n = 5$이고 $\alpha = 0.05$일 때 대응되는 $t$ 값은 df=4인 행과 $\alpha = 0.05$인 열이 만나는 지점의 값 2.132가 된다.

$t$ 분포를 이용하여 신뢰구간을 구하는 문제는 정규분포를 이용하여 신뢰구간을 구할 때와 같은 방법으로 하면 된다. 다만 $s$가 $\sigma$를 대신하며, 대응되는 $t$ 값은 표 2로부터 얻는다.

$t$ 분포를 이용한 평균에 대한 신뢰구간의 일반식은 다음과 같다.

$$CI_{\mu} = \overline{Y} \pm t_{\alpha/2}(n-1)s/\sqrt{n}$$

$n = 5$인 표본에서 평균 $\mu$에 대한 95% 신뢰구간을 구하여 보면

$$CI_{\mu} = \overline{Y} \pm 2.776\, s/\sqrt{5}$$

표본에서 구한 $\overline{Y}$값과 $s$값을 위 식에 대입하면 원하는 신뢰구간을 구할 수 있다.

그림 3.14 $t_{0.05}(4) = 2.132$

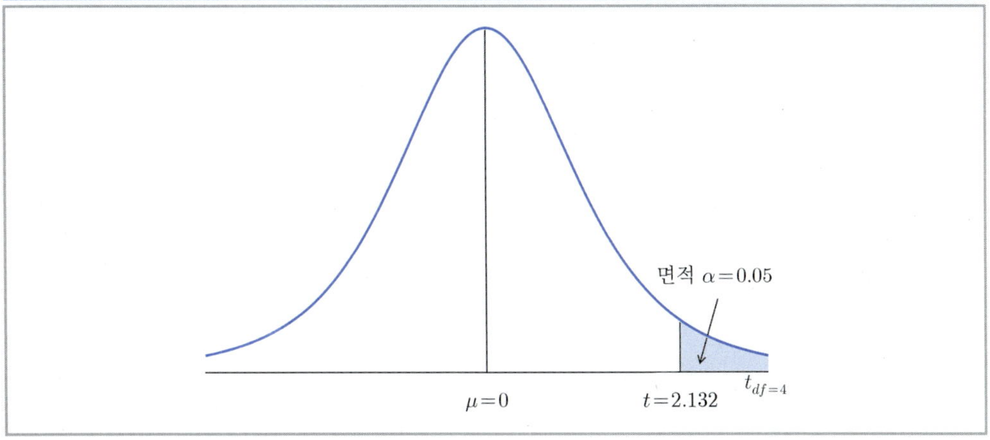


그림 3.15 $t_{0.025}(4) = 2.776$

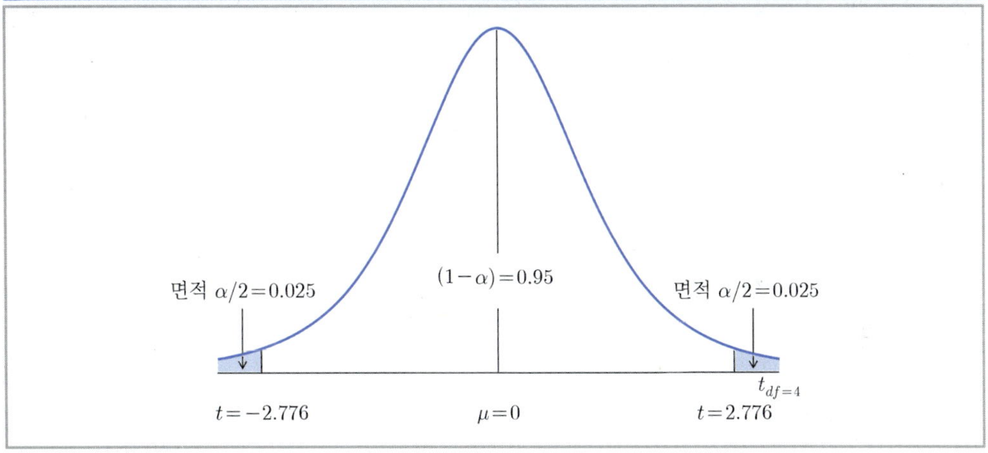


의학지나 약학지 등에서 통계를 이용하여 설명된 부분을 읽다 보면 간혹 표준편차와 평균의 표준오차가 혼동되어 쓰이는 것을 종종 발견하게 된다. 예를 들어, 25명의 표본에서의 수축혈압이 120±10mmHg로 주어졌을 때 ±10mmHg의 의미가 명확하지 않은 경우가 많다. 다시 말해서, 120±10mmHg가 $\overline{Y} \pm s$를 의미하는 것인지, 아니면 $\overline{Y} \pm s/\sqrt{n}$을 의미하는 것인지 분명하지 않다. 일반적으로 $\overline{Y} \pm s$는 개별 관측의 변동을 나타낼 때 사용하고, $\overline{Y} \pm s/\sqrt{n}$은 $\overline{Y}$가 모평균 $\mu$에 얼마나 근사한 값인지 나타낼 때 사용한다.

# 연습문제

1. 혈청 콜레스테롤 수치에 관한 표 2.1을 보고 다음 확률을 구하라. 또한 표 2.1을 $\mu = 242.2$, $\sigma = 45.4$인 정규분포에 근사시킨 다음 정규분포표를 이용하여 다음 확률을 구하라.
   (1) $P(219.5 \le Y \le 259.5)$
   (2) $P(139.5 \le Y \le 219.5)$
   (3) $P(Y \ge 242.2)$
   (4) $P(Y \le 219.5)$

2. 20~24세 남자의 수축혈압을 $X$라 했을 때 $X$는 평균 120mmHg, 표준편차 20mmHg인 정규분포를 따른다고 하자.
   (1) 모집단에서 22세 남자 1명을 랜덤으로 뽑았을 때 그의 수축혈압이 150mmHg 이하일 확률은 얼마인가? 또한 110mmHg 이하일 확률은?
   (2) 20~24세 남자의 수축혈압의 95%를 포함하는 구간을 구하라.
   (3) $X$가 100~140mmHg 사이에 들어 갈 확률을 구하라.
   (4) $X$가 60mmHg 이하 또는 180mmHg 이상이 될 확률을 구하라.

3. 학생들이 응용통계학 시험을 치르는 데 소요되는 시간은 평균 40분, 표준편차가 10분인 정규분포를 따른다고 한다. 90%의 학생들에게 충분한 시간을 주려고 한다면 시험시간을 얼마로 하면 될까?

4. 서울에 거주하는 40세 여성의 평균 통화시간을 알아보기 위하여 30명을 추출하여 조사해본 결과, 평균 15분, 표준편차 2분으로 나타났다. 통화시간이 정규분포를 따른다고 할 때 40세 여성의 평균 통화시간에 대한 95% 신뢰구간을 구하라.

5. 특정 질병에 걸려 있는 30명의 성인 남자의 혈장 칼륨의 수준을 조사하여 다음 표를 얻었다. 특정 질병에 걸린 성인 남자의 혈장 칼륨수준을 $Y$라 할 때 $Y$는 정규분포를 한다는 것이 알려져 있다.

| 혈장 칼륨 수준 | 도수 | 상대도수 |
|---|---|---|
| 2.35~2.55 | 1 | 0.033 |
| 2.55~2.75 | 3 | 0.100 |
| 2.75~2.95 | 2 | 0.067 |
| 2.95~3.15 | 4 | 0.133 |
| 3.15~3.35 | 5 | 0.167 |
| 3.35~3.55 | 6 | 0.200 |
| 3.55~3.75 | 3 | 0.100 |
| 3.75~3.95 | 3 | 0.100 |
| 3.95~4.15 | 2 | 0.067 |
| 4.15~4.35 | 1 | 0.033 |

(1) 위 표에서 $\overline{Y}$와 $s$값을 구하라.

(2) $P(3.35 < Y \leq 3.75)$, $P(Y \leq 2.55)$를 각각 구하라.

(3) 충분히 큰 표본에서 구한 상대도수(경험적 분포)가 이론적 확률과 큰 차이를 보인다면 어디에 문제가 있다고 생각하는가?

※ 실습문제 (6~8번)

**6.** Galton.csv 자료는 총 $n = 898$쌍의 부모의 키, 자녀의 성별 및 키를 조사한 자료이다. (단위: 인치)

(1) 자녀의 성별로 키의 평균 및 표준편차를 각각 구하라.

(2) 자녀의 평균키에 대한 95% 신뢰구간을 성별로 각각 구하라.

**7.** SAT-scores.csv 자료는 총 $n = 162$명의 학생들의 SAT시험의 어학점수(Verbal), 수학점수(Math), 및 성별(Sex)을 조사한 자료이다.

(1) 학생의 성별로 어학점수 및 수학점수의 평균 및 표준편차를 각각 구하라.

(2) 남녀 학생들의 어학점수 평균에 대한 95% 신뢰구간을 각각 구하라.

(3) 남녀 학생들의 수학점수 평균에 대한 95% 신뢰구간을 각각 구하라.

**8.** movies.csv 자료는 2008~2012년 사이에 상영된 609편의 영화의 흥행수입(백만 달러), 제작비(백만 달러), 상영시간(분), 비평가평점(100점 만점)을 조사한 자료이다.

(1) 영화의 흥행수입($y$)의 히스토그램을 그리고 분포의 모양을 설명하라.

(2) 로그흥행수입($\ln y$)의 히스토그램을 그리고 분포의 모양을 설명하라.

(3) 위의 두 분포 중 어느 것이 정규분포에 가까운지 설명하라.

# CHAPTER 04 모평균에 대한 가설검정

## SECTION 4.1 개요

제3장에서는 표본평균 $\overline{Y}$에 의한 모평균 $\mu$의 추정을 다루었다. 표본오차 때문에 $\overline{Y}$는 $\mu$와 일치하지는 않는다. 표본평균을 모평균의 추정치로서 단독으로 사용하는 것보다 표본평균의 분포를 사용하면 모평균에 관한 좀 더 나은 추정을 할 수 있다.

참값 $\mu$에 관한 추론에는 일반적으로 두 가지 방법이 있다. 제3장에서 논의된 구간추정은 참값 $\mu$가 속할 구간을 결정하는 것이었다. 이 구간을 특히 모평균 $\mu$에 대한 **신뢰구간**(CI: confidence interval)이라고 한다. 두 번째 방법은 모평균이 취할 수 있는 값을 미루어 짐작한 후 데이터로부터 이 짐작한 값이 맞는지를 검정하는 것이다. 이를 **가설검정**(hypothesis resting)이라고 하며 이 장에서 논의될 내용이다.

통계적 가설검정은 다음과 같은 절차를 취한다.

① 어떤 단일 모집단이 특정한 평균을 지니고 있다고 가정한다. 또는 두 모집단이 같은 평균을 갖고 있다고 가정한다.

② 두 개 이상의 모집단이 관련되어 있을 때에는 모든 모집단의 모표준편차가 동일하다고 가정한다.

③ 단일 모집단의 경우, 표본평균과 가정된 모평균의 값과의 차이를 계산한다. 두 모집단을 비교할 때는 두 표본평균의 차를 계산한다. 각 경우 모두 해당 표준오차와 비교하여 그 차이가 확률적으로 얼마나 큰지 계산한다.

④ 관측된 표본평균과 모평균 간에 차이가 없다는 귀무가설을 기각 또는 채택한다.

이러한 접근방법에 대하여 몇 가지 주목할 사실이 있다. 첫째, 귀무가설은 오직 잠정적으로 사실이라고 가정하며 이에 따라 관련된 확률을 계산한다. 둘째, 평균 간의 차이를 데이터로부터 계산된 표준오차와 비교한다. 이는 실험의 방법 또는 실험 간의 변동에 관련된 오차의 분석과 관련이 있다. 셋째, 통계적 결정은 확률에 의해 이루어진다. 100% 확실한 결정이란 있을 수 없고 항상 잘못 결정할 오류를 범할 가능성이 있는 것이다.

## SECTION 4.2 단일표본에서의 가설검정

### 4.2.1 $z$ 검정

$z$ 검정은 다음 각 경우에 적용할 수 있다.

① 대표본($n > 30$)일 때 사용할 수 있다. 단 모표준편차 $\sigma$를 모를 경우에는 표본표준편차 $s$를 $\sigma$ 대신 사용한다.
② 모집단의 분포가 정규분포이고 소표본($n \leq 30$)이며 $\sigma$를 알 때 사용한다.

$z$ 검정의 절차를 예를 들어 알아보자.

어떤 연구자가 새로운 다이어트 제품이 혈중 콜레스테롤 농도를 낮추는가에 대하여 연구를 하고 있다. 대상 집단은 40~59세 사이의 성인 남자이다. 과거의 경험에 의하면 대상 모집단의 혈중 콜레스테롤 농도가 242mg/ml($\mu = 242$)이고 표준편차는 45 ($\sigma = 45$)이다. 연구자가 알고자 하는 것은 새로운 다이어트 제품을 먹는 사람과 정상인들 간의 혈중 콜레스테롤 농도 차이의 유무이다.

한 가지 접근방법은 대상연령의 남자들에게 다이어트 제품을 복용하게 한 후에 혈중 콜레스테롤 농도를 재고 평균 $\overline{Y}$를 계산하여 그 값이 정상인늘의 평균인 $\mu = 242$와 다른지 보는 것이다. 제3장에서 지적했듯이 표본평균 $\overline{Y}$는 참평균 $\mu$를 중심으로 변화하기 때문에 서로 다른 실험에서 항상 같은 $\overline{Y}$ 값을 얻지는 못한다. 그렇지만 $\mu = 242$가 사실이라면 중심극한정리에 의하여 $\overline{Y}$의 95%가 $\mu$로부터 표준오차의 1.96배 안에 있고, 또 99%가 표준오차의 2.58배 안에 있게 된다. 이러한 정보를 우리는 가설검정에 사용할 수 있다.

우선 다이어트 제품이 효과가 없다고 가정하고 표준편차는 $\sigma = 45$라고 가정한다. 다이어트 제품을 복용한 사람들의 콜레스테롤 농도를 정상인의 콜레스테롤 농도인 242라고 잠정적으로 가정하는 것이다. 이러한 가정을 **귀무가설**(null hypothesis)이라 하고 $H_0$로 표기한다. 검정의 궁극적인 목표는 표본에 포함된 정보를 사용하여 $H_0$에 관한 결정을 내리는 것이다. 만일 관측된 $\overline{Y}$가 $H_0$하에서 나타날 확률이 매우 희박하다면 $H_0$를 기각하게 된다. 이때 우리는 새로운 다이어트 제품이 45~59세 사이의 정상 남성의 콜레스테롤 농도에 영향을 준다고 결론내리게 된다.

이 연구자가 81명에 대하여 실험을 실행하여 평균 콜레스테롤 농도 200을 얻었다고 가정하자. 모평균 $\mu = 242$와 표본평균 $\overline{Y} = 200$ 사이에 상당한 차이가 있어 보인다. 이는 다음과 같은 두 가지 원인 중의 하나에 기인할 것이다.

① 다이어트 그룹의 참평균이 $\mu = 242$이고 우연히 매우 낮은 콜레스테롤 농도의 사람들만 표본으로 선발되었다.
② 다이어트 그룹의 콜레스테롤 참평균이 242와 다르고 그 결과 이 그룹에서의 표본평균이 $\overline{Y} = 200$으로 작게 나왔다.

이 두 원인 중 어느 것이 더 가능성이 높은가를 알아보기 위하여 우리는 모평균($\mu$)이 242일 때, 표본평균 $\overline{Y}$가 200 이하일 확률을 계산한다.

먼저, $\overline{Y}$를 표준화하여 $z$ 값을 구한다. 즉,

$$z = \frac{\overline{Y} - \mu}{\sigma / \sqrt{n}}$$

따라서,

$$z = \frac{200 - 242}{45 / \sqrt{81}} = \frac{-42}{5} = -8.4$$

$z$ 값은 $\overline{Y}$와 $\mu$ 사이의 거리를 표준오차 단위로 나타낸 값이다. 그림 4.1에 나타난 확률을 보라.

그림 4.1 정규분포에서 유의수준 5%의 기각역

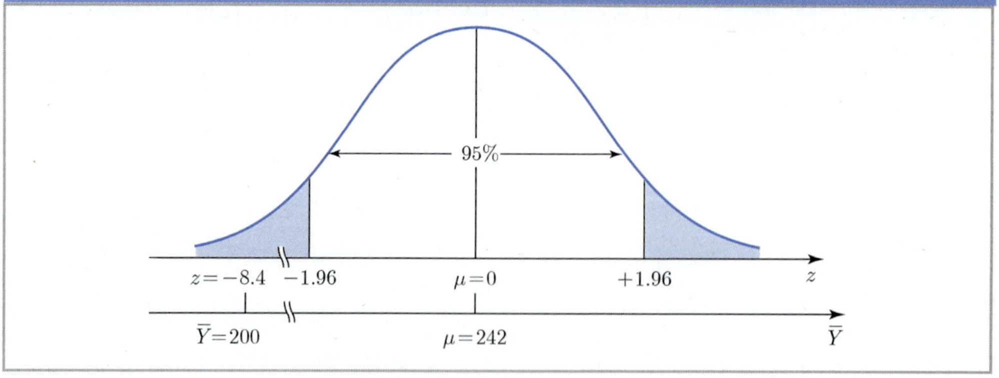

표본오차에 의해 표본평균 $\overline{Y}$에 대한 $z$ 값의 95%는 1.96과 −1.96 사이에 있게 된다. 다이어트 데이터에서 $z$ 값이 −8.4로서, −1.96과 +1.96 범위 밖에 있으므로 우연에 의하여 이러한 일이 생길 확률은 최소한 5%보다 작게 된다. 따라서 모평균이 242가 아닐 가능성이 높다. 즉, 실제 모평균의 정확한 값은 모르지만 이 값이 242가 아닐 가능성은 매우 높다는 뜻이다. 따라서 우리는 $\mu = 242$라는 귀무가설을 기각하고 다이어트가 40~59세 사이의 정상 남자의 콜레스테롤 농도에 영향을 준다고 결론 내리게 된다.

가설검정 시 귀무가설이 옳은데도 귀무가설을 기각하는 잘못된 통계적 결정을 내릴 가능성이 존재한다. 이렇게 $H_0$가 참인데 이를 기각할 확률을 **유의수준**(significance level)이라 하고 $\alpha$로 표시한다. $\alpha$를 임의로 정해서 사용할 수도 있지만 보통 0.05 또는 0.01로 놓는다. 그림 4.1에는 귀무가설 $\mu = 242$가 사실임에도 이를 기각할 확률이 5%가 되는 지점이 나와 있다.

귀무가설을 '채택한다'고 하는 것보다는 '기각하지 못한다'고 하는 것이 더 적절한 표현이다. 귀무가설을 채택한다고 하는 것은 모평균이 $\mu = 242$라고 결정적으로 말하는 것이 된다. 그렇기 때문에 '모평균이 가정한 값과 다르다는 충분한 증거가 없다'라고 하는 것이 더 적절한 표현이다.

### 예 4.1

어느 제약회사에서 심장병 약을 개발하고 있다. 현재 개발 중인 약의 성능을 시험하기 위하여 24~38세 사이의 건강한 남자 25명에게 개발중인 약 200mg을 복용하게 하였다. 2시간 후 분당 맥박수를 측정한 결과 평균 68회/분을 얻었다. 정상 성인 남자의 평균 맥박 수는 72회/분이고 표준편차는 10회/분이라고 알려져 있다. 약을 복용한 남자들의 맥박이 정상 남자들의 평균과 같은가를 유의수준 5%로 검정하여 보자. 단, 표본이 추출된 모집단의 분포가 정규분포라 가정해도 무방하다고 한다.

[풀이]

단계 1. 가설의 수립 : 귀무가설은 "약을 복용한 남자들의 평균 맥박수가 약을 복용하지 않은 남자들의 평균 맥박수와 같다."이다. 즉,

$$H_0 : \mu = 72$$

따라서, 대립가설은

$$H_1 : \mu \neq 72$$

이고, 이 가설의 의미는 "약을 복용한 남성의 평균 맥박수는 그렇지 아니한 남성들의 평균 맥박수와 다르다."이다.

**단계 2. 단순통계량의 계산**

$$\overline{Y} = 68, \quad \sigma / \sqrt{n} = 10 / \sqrt{25} = 2.0, \quad n = 25$$

여기서 표준편차 $\sigma$는 10으로 알려져 있음을 유의하라.

**단계 3. 검정통계량의 계산** : 표준편차 $\sigma$가 알려져 있고 정규모집단이므로 $z$ 검정을 사용한다. $z$ 통계량은

$$z = \frac{\overline{Y} - \mu}{\sigma / \sqrt{n}} = \frac{68 - 72}{2.0} = -2.0$$

**단계 4. 기각역의 결정** : 유의수준이 $\alpha = 0.05$이므로 부록의 표준정규분포표에서 임계값은 $z_{0.025} = 1.96$이다.

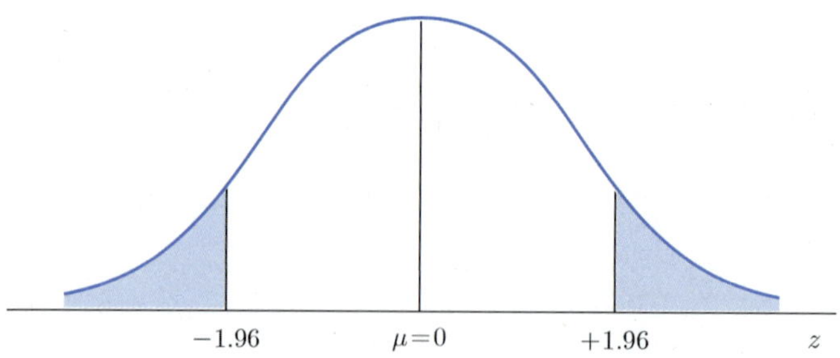


**단계 5. 결론** : 단계 3에서의 $z$ 값이 단계 4에서의 기각역인 빗금친 부분에 해당되므로 표본평균($\overline{Y} = 68$)과 귀무가설에서의 평균($\mu = 72$)의 차이가 우연에 의한 것이라고 보기 힘들다. 따라서 귀무가설은 유의수준 5%에서 기각되고 약을 복용한 남성의 맥박수와 약을 복용하지 않은 남성의 맥박수가 서로 같지 않다고 결론짓는다.

**※ 평균에 관한 신뢰구간**

약을 복용한 남성의 평균 맥박수의 95% 신뢰구간은 다음과 같다.

$$\begin{aligned} CI_{\mu} &= \overline{Y} \pm 1.96\sigma / \sqrt{n} \\ &= 68 \pm 1.96 \cdot 10 / \sqrt{25} \\ &= [64.1, \ 71.9] \end{aligned}$$

**해석** : 구간 [64.1, 71.9]이 약을 복용한 남성의 평균 맥박수를 포함하고 이에 대한 신뢰도는 95%이다.

```
# Ex 4-1
z<-(68-72)/(10/sqrt(25)) ; z      # 가설검정을 위한 z 통계량

[1] -2
round(qnorm(0.025),2)           # 기각역결정을 위한 임계값
[1] -1.96
round(qnorm(0.975),2)
[1] 1.96
```

## 4.2.2 $t$ 검정

표본이 추출된 모집단의 분포가 정규분포를 따른다고 가정해도 무리가 없고 소표본($n \leq 30$)이며 모표준편차 $\sigma$를 모를 경우에 $t$ 검정을 사용한다. 이때, 모르는 $\sigma$ 대신 표본으로부터 계산한 표본표준편차 $s$를 사용하여 검정한다. 이때 사용하는 $t$ 통계량은 다음과 같다.

$$t = \frac{\overline{Y} - \mu}{s / \sqrt{n}}$$

표본평균 $\overline{Y}$와 모평균 $\mu$ 간의 차이가 유의한가에 대한 **임계값**(cut-off value)도 $t$ 분포에서 결정하여야 한다. 유의수준 0.05에 대한 $t$ 값이 그림 4.2의 빗금친 부분에 대응되어 나타나 있다.

그림 4.2 $t$ 분포에서 유의수준 5%의 기각역

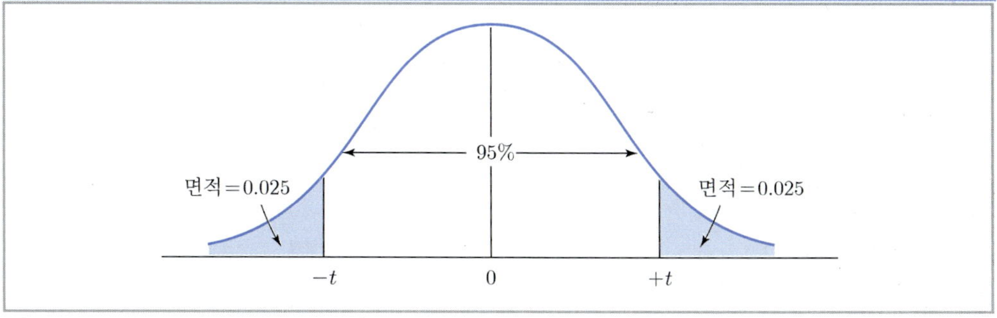

```
# Fig 4-2
qt(0.025,9) ; qt(0.975,9)          # 임계값: 자유도 9인 t 분포에서 우측확률이 0.025가 되는 t 값; 좌측확률이 0.025가 되는 t 값
[1] -2.262157
[1] 2.262157
```

부록의 표 2의 $t$ 분포표에서 임계값은 자유도(df$= n-1$)에 따라 달라진다. $\alpha = 0.05$에서 원하는 $t$ 값을 찾기 위해서는 부록의 표 2에서 해당 자유도의 $t_{0.025}$ 값을 읽으면 된다. 예를 들어, $n = 10$일 때 $t_{0.025}$ 값은 2.262이다. 여기서 $t$ 값이 $z$ 값인 1.96보다 더 큼을 주목할 필요가 있다. 이는 표준편차 $\sigma$를 모르므로 불확실도가 증가하기 때문이다.

### 예 4.2

어떤 병이 혈장 칼륨 농도에 영향을 미치는지 알아보기 위하여 이 병에 걸린 10명을 조사하였다. 그 결과 이들의 평균 혈장 칼륨 농도가 3.4mEq/l이었고 표준편차는 0.5mEq/l이었다. 정상인의 평균 혈장 칼륨 농도는 4.5mEq/l이다. 유의수준 0.01에서 환자들의 혈장 칼륨 농도가 정상인의 혈장 칼륨 농도와 다르다고 할 수 있는가? 단, 표본이 추출된 모집단의 분포가 정규분포를 따른다고 보아도 무방하다고 한다.

[풀이]

단계 1. 가설의 수립 : 귀무가설은 "환자의 혈장 칼륨 농도는 정상인의 혈장 칼륨 농도와 같다."이다. 즉 "혈장 칼륨 농도는 이 병에 의해 좌우되지 않는다."이다. 기호로 나타내면

$$H_0 : \mu = 4.5$$

이다. 대립가설은

$$H_1 : \mu \neq 4.5$$

단계 2. 단순통계량의 계산

$$\overline{Y} = 3.4, \quad s = 0.50, \quad n = 10, \quad \frac{s}{\sqrt{n}} = \frac{0.50}{\sqrt{10}} = 0.16$$

단계 3. 검정통계량의 계산 : 모표준편차 $\sigma$가 주어지지 않았기 때문에 $t$ 검정을 사용한다.

$$t = \frac{\overline{Y} - \mu}{s/\sqrt{n}} = \frac{3.4 - 4.5}{0.16} = -6.9$$

단계 4. 기각역의 결정 : 유의수준 $\alpha = 0.01$, 자유도 $df = 9$일 때 $t$의 임계값은 $t_{0.005} = 3.25$이다.

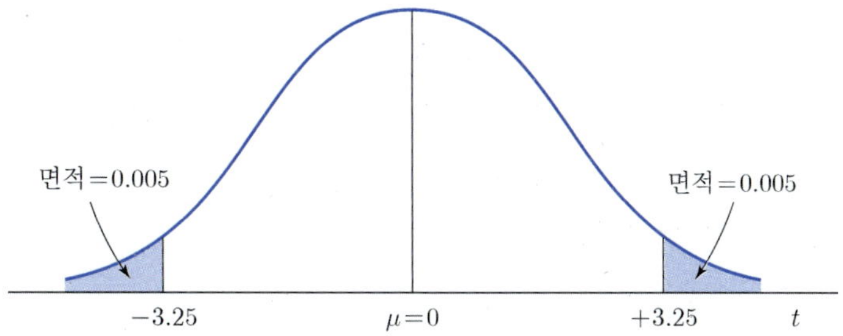


단계 5. 결론 : 자료에서의 $t$ 값은 빗금친 부분인 기각역에 해당되므로 표본평균($\overline{Y} = 3.4$)과 귀무가설 평균($\mu = 4.5$) 간의 차이는 우연한 것이라 보기 힘들다. 따라서 유의수준 0.01에서 귀무가설은 기각되어 이 병에 걸린 환자의 혈장 칼륨 농도는 정상인의 혈장 칼륨 농도와 다르다고 결론짓는다.

※ 평균에 관한 신뢰구간

환자의 평균 혈장 칼륨 농도의 99% 신뢰구간은 다음과 같다.

$$
\begin{aligned}
CI_{\mu} &= \overline{Y} \pm t_{0.005}(9) s / \sqrt{n} \\
&= 3.4 \pm 3.25 \cdot 0.50 / \sqrt{10} \\
&= [2.9,\ 3.9]
\end{aligned}
$$

해석 : 구간 [2.9, 3.9]가 환자 평균 혈장 칼륨 농도를 99%의 신뢰도로 포함한다.

```
# Ex 4-2
t<-(3.4-4.5)/(0.5/sqrt(10)) ; t                # 가설검정을 위한 t 통계량
[1] -6.957011
round(qt(0.005,9),2) ; round(qt(0.995,9),2)    # 기각역결정을 위한 t의 임계값
[1] -3.25
[1] 3.25
```

## SECTION 4.3 두 그룹 간 평균 비교 : $z$ 검정

제4.2절에서의 검정 방법은 한 개의 모집단만을 다루기 때문에 단일표본에서의 검정이라고 한다. 만일 다이어트 그룹과 일반인 그룹을 비교한다면 모집단은 두 개의 그룹이 된다. 이때 주된 관심사는 두 그룹의 모평균이 서로 같은지 다른지이다. 두 모집단의 평균이 같은 것을 수식으로 나타내면 $\mu_1 = \mu_2$가 된다.

이에 대한 검정은 두 모집단, 즉 다이어트 그룹과 일반인 그룹에서 각각 $n_1$개 크기와 $n_2$개 크기의 랜덤표본을 추출하여 계산한 각각의 표본평균 $\overline{Y_1}$와 $\overline{Y_2}$의 차이 $\overline{Y_1} - \overline{Y_2}$를 기초로 한다. 이 차이가 크면 두 모평균 $\mu_1$과 $\mu_2$도 서로 다를 가능성이 크고, 이들 간의 차이가 작으면 두 모평균이 서로 다를 가능성은 작을 것이다. 즉 $\overline{Y_1} - \overline{Y_2}$의 차이가 클 경우 두 모평균이 서로 다를 것으로 판단되며 우연히 $\overline{Y_1} - \overline{Y_2}$가 크게 나올 가능성은 희박할 것이다. 표본평균의 차이 $\overline{Y_1} - \overline{Y_2}$가 작다면 이 차이는 주로 오차에 기인할 것이다. 이 경우에 데이터는 두 모집단이 서로 다르다고 결론을 내릴 수 있을 만큼 충분한 정보를 제공하여 주지 못하는 것이다.

표본평균의 차 $\overline{Y_1} - \overline{Y_2}$가 큰가 작은가의 판단기준은 앞 절에서와 마찬가지로 $\overline{Y_1} - \overline{Y_2}$의 표준오차이다. 정규 모집단의 경우에 $\overline{Y_1}$는 평균 $\mu_1$, 표준오차 $\sigma_1/\sqrt{n_1}$인 정규분포를 따른다. 마찬가지로 $\overline{Y_2}$는 평균 $\mu_2$, 표준오차 $\sigma_2/\sqrt{n_2}$인 정규분포를 따른다. 만일 두 표본을 독립적으로 추출하였다면 $\overline{Y_1}$와 $\overline{Y_2}$는 서로 독립이고, $\overline{Y_1} - \overline{Y_2}$는 평균 $\mu_1 - \mu_2$, 분산 $\sigma_1^2/n_1 + \sigma_2^2/n_2$인 정규분포를 따른다. 따라서 $\overline{Y_1} - \overline{Y_2}$의 표준오차는 다음과 같다.

$$\sqrt{\frac{\sigma_1^2}{n_1} + \frac{\sigma_2^2}{n_2}}$$

두 표본평균의 차이에 대한 $z$ 값은

$$z = \frac{(\overline{Y_1} - \overline{Y_2}) - (\mu_1 - \mu_2)}{\sqrt{\frac{\sigma_1^2}{n_1} + \frac{\sigma_2^2}{n_2}}}$$

이다. 특히 두 모집단의 분산이 동일한 $\sigma_1^2 = \sigma_2^2 = \sigma^2$인 경우에 $z$ 값은 다음과 같이 쓸 수 있다.

$$z = \frac{(\overline{Y_1} - \overline{Y_2}) - (\mu_1 - \mu_2)}{\sigma \sqrt{\dfrac{1}{n_1} + \dfrac{1}{n_2}}}$$

특히, 귀무가설이 $\mu_1 = \mu_2$인 경우에 $\sigma_1 = \sigma_2 = \sigma$를 가정하면, $z$ 값은 다음과 같이 더욱 간단하게 된다.

$$z = \frac{\overline{Y_1} - \overline{Y_2}}{\sigma \sqrt{\dfrac{1}{n_1} + \dfrac{1}{n_2}}}$$

다이어트 그룹과 일반인 그룹 간의 비교 문제에서 $z$ 값이 ±1.96 이내에 있으면 표본평균의 차 $\overline{Y_1} - \overline{Y_2}$는 우연 변동에 의한 것이고, 두 모평균은 서로 다르다고 할 수 없다고 결론지으며, 유의수준 $\alpha = 0.05$에서 두 모평균이 서로 같다는 귀무가설을 기각하지 못한다. 그러나 $z$ 값이 ±1.96 밖에 위치하면 표본평균의 차는 우연 변동에 의한 것만은 아니고 모평균이 서로 다름에 기인한다고 결론짓는다. 이때 표본평균 차이가 유의하다고 하고 두 모평균이 서로 같다는 귀무가설은 기각한다.

### $z$를 사용한 신뢰구간

모평균 차이 $\mu_1 - \mu_2$에 대한 검정 대신 이 차이를 추정하고 이에 대한 신뢰의 정도를 부여하고자 할 때 모평균 차이에 대한 신뢰구간을 사용하기도 한다. 모평균 차이 $\mu_1 - \mu_2$에 대한 추정치는 $\overline{Y_1} - \overline{Y_2}$이고 표준오차는

$$\sqrt{\frac{\sigma_1^2}{n_1} + \frac{\sigma_2^2}{n_2}}$$

이므로, 단일 표본에서와 마찬가지로 모평균 차이에 대한 신뢰구간은 다음과 같다.

$$CI_{\mu_1 - \mu_2} = (\overline{Y_1} - \overline{Y_2}) \pm z_{\alpha/2}\, \sigma \sqrt{\frac{1}{n_1} + \frac{1}{n_2}}$$

일반적으로 신뢰구간은 다음 형식으로 정의된다.

$$(\text{평균}) \pm z_{\alpha/2} \times (\text{평균의 표준오차})$$

### 예 4.3

운동이 어떤 물질 $p$의 체내합성에 영향을 미치는가를 알아보기 위하여 20~35세 사이의 200명의 정상 남성을 대상으로 실험을 행하였다. 이 중 랜덤하게 100명의 처리집단을 골라 운동을 시키고, 나머지 100명은 비교집단으로서 전혀 운동을 시키지 않았다. 처리집단의 남자들은 운동기구를 이용하여 한 시간 동안 10분 운동, 5분 휴식을 반복하였다. 그 후 체내에서 합성된 $p$의 양을 측정하였다. 처리집단의 평균 생성량은 0.58ng/ml이고 비교집단의 평균 생성량은 0.53ng/ml이었다. 표준편차는 $\sigma_1 = \sigma_2 = 0.28$이다. 두 집단의 체내 $p$ 생성량이 다르다고 할 수 있는가? $\alpha = 0.05$에서 검정하라. 이때 어떤 검정을 사용하는 것이 적절한가?

**[풀이]**

단계 0. 두 집단의 표본이 100, 100으로 충분히 크므로 이 표본은 $z$-검증이 적절하다.

단계 1. 가설의 수립 : 귀무가설은 "운동은 체내의 $p$의 평균수준에 영향을 미치지 않는다." 이다. 즉

$$H_0 : \mu_1 = \mu_2 \text{ 또는 } \mu_1 - \mu_2 = 0$$

대립가설은

$$H_1 : \mu_1 \neq \mu_2 \quad \text{또는} \quad \mu_1 - \mu_2 \neq 0$$

단계 2. 단순통계량의 계산

| 운동집단 | 비교집단 |
|---|---|
| $n_1 = 100$ | $n_2 = 100$ |
| $\overline{Y_1} = 0.58$ | $\overline{Y_2} = 0.53$ |

단계 3. 검정통계량의 계산 : 이 예에서는 모표준편차가 알려져 있기 때문에 $z$ 검정을 사용한다.

$$z = \frac{\overline{Y_1} - \overline{Y_2}}{\sigma\sqrt{\frac{1}{n_1} + \frac{1}{n_2}}} = \frac{0.58 - 0.53}{0.28\sqrt{\frac{1}{100} + \frac{1}{100}}} = 1.26$$

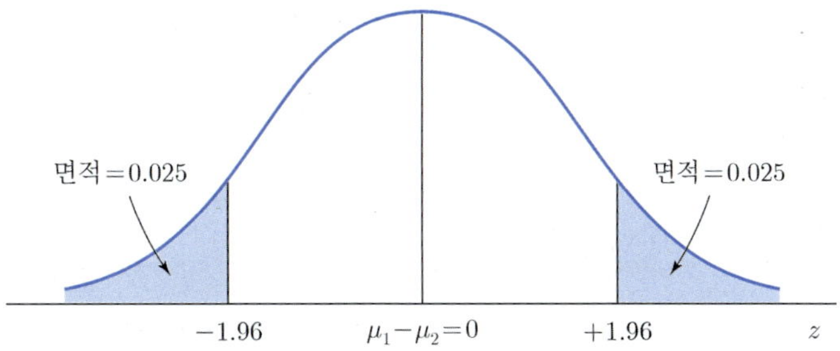


단계 4. 기각역의 결정 : 유의수준 $\alpha = 0.05$에서 임계값은 $z_{0.025} = 1.96$이다.

단계 5. 결론 : 자료에서 $z$ 값(단계 3)은 기각역에 해당되지 않으므로 우연(즉 표본오차)에 의해 처리집단과 비교집단의 평균차이가 발생했다고 여겨진다. 따라서 귀무가설을 기각할 만한 충분한 증거가 없다고 결론 내린다. 자료는 운동한 집단과 그렇지 아니한 집단 간의 체내 $p$ 생산에 있어서 차이가 있음을 보여주지 못한다.

※ 모평균차에 관한 신뢰구간

운동집단과 비운동집단의 평균 $p$ 생산수준의 차이에 관한 95% 신뢰구간은

$$
\begin{aligned}
CI_{\mu_1 - \mu_2} &= (\overline{Y_1} - \overline{Y_2}) \pm z_{0.025}\, \sigma \sqrt{\frac{1}{n_1} + \frac{1}{n_2}} \\
&= (0.58 - 0.53) \pm 1.96(0.039) \\
&= [-0.026,\ 0.126]
\end{aligned}
$$

해석 : $[-0.026,\ 0.126]$은 운동집단과 비운동집단의 평균 $p$의 생산수준의 차를 신뢰도 95%로 포함한다.

```
# Ex 4-3
z<-(0.58-0.53)/(0.28*sqrt(1/100+1/100)) ; z  # 가설검정을 위한 z 통계량
[1] 1.262691
round(qnorm(0.025),2) ; round(qnorm(0.975),2) # 기각역결정을 위한 임계값
[1] -1.96
[1] 1.96
```

## SECTION 4.4 두 모집단의 비교 : $t$ 검정

두 평균을 비교할 때 사용되는 $t$ 검정에는 합동 $t$ 검정과 대응비교 $t$ 검정이 있다. 어느 $t$ 검정을 사용할지는 표본을 추출하는 방법에 의하여 결정된다.

### 4.4.1 합동 $t$ 검정

모표준편차 $\sigma$를 모르고 표본을 각 정규모집단으로부터 독립적으로 추출한 경우에는 합동 $t$ 검정(pooled $t$-test)을 사용한다. 예를 들어, 새로 개발된 약의 효능을 실험하기 위해 두 집단의 피험자들을 랜덤하게 정한 다음, 한 집단의 사람들에게는 신약을 복용하게 하고 다른 집단의 사람들에게는 아무 약도 복용하지 않게 한다. 이 경우에 개개인에서 얻어지는 데이터는 서로 독립이 된다. 이때 합동 $t$ 검정을 사용한다. 각 집단의 표본 수는 서로 같을 필요가 없다. 신약의 효능이 없다는 귀무가설이 옳다면 두 집단의 평균은 차이가 없을 것이다.

합동 $t$ 검정 통계량은 앞에서 설명한 $z$ 검정과 유사하게 다음과 같이 정의된다.

$$t = \frac{(\overline{Y_1} - \overline{Y_2})}{s_p \sqrt{\frac{1}{n_1} + \frac{1}{n_2}}}$$

여기서 $s_p$는 합동 표준편차이다.

표본평균 차이의 표준오차를 결정하려면 먼저 두 모집단의 표준편차를 추정하여야 한다. 두 모집단의 표준편차가 서로 같다고 가정하였기 때문에 각 표본 분산 $s_1^2$과 $s_2^2$의 추정치들을 병합하여 다음과 같이 표준편차를 추정한다.

$$s_p = \sqrt{\frac{(n_1 - 1)s_1^2 + (n_2 - 1)s_2^2}{n_1 + n_2 - 2}}$$

여기서 $s_1^2$, $s_2^2$, $n_1$, $n_2$는 각 모집단에서의 표본분산 및 표본크기이다. 검정을 위한 $t_{\alpha/2}$의 값은 부록의 표 2에서 얻어지고, 자유도는 $n_1 + n_2 - 2$이다.

### 예 4.4

정상인과 고혈압 환자 사이의 혈장 Na 농도의 차이가 있는지 알아보기 위하여 조사를 한 결과, 다음과 같은 자료를 얻었다. 유의수준 $\alpha = 0.10$에서 두 집단의 혈장 Na 농도에 차이가 있다고 말할 수 있는가? 단, 두 모집단의 분포는 정규분포를 따른다고 해도 무방하다고 한다.

| | $n$ | 평균 | 표본표준편차 |
|---|---|---|---|
| 정상인 | 15 | 144 | 6.2 |
| 고혈압 환자 | 12 | 160 | 3.9 |

[풀이]

단계 1. 가설의 수립 : 귀무가설은 "정상인과 고혈압 환자의 혈장 Na 농도는 같다."이다.

$$H_0 : \mu_1 = \mu_2 \text{ 또는 } \mu_1 - \mu_2 = 0$$
$$H_1 : \mu_1 \neq \mu_2 \text{ 또는 } \mu_1 - \mu_2 \neq 0$$

단계 2. 단순통계량의 계산

| 고혈압 환자 | 정상인 |
|---|---|
| $n_1 = 12$ | $n_2 = 15$ |
| $\overline{Y_1} = 160$ | $\overline{Y_2} = 144$ |
| $s_1 = 3.9$ | $s_2 = 6.2$ |

$$s_p = \sqrt{\frac{11(3.9)^2 + 14(6.2)^2}{12 + 15 - 2}} = 5.3$$

$$s_p\sqrt{\frac{1}{n_1} + \frac{1}{n_2}} = 5.3\sqrt{\frac{1}{12} + \frac{1}{15}} = 2.05$$

단계 3. 검정통계량의 계산 : 모표본편차 $\sigma$가 알려져 있지 않고 두 정규모집단이기 때문에 $t$ 검정을 사용한다. 두 집단으로부터 독립적으로 표본을 채취하였기 때문에 합동 $t$ 검정을 사용한다.

$$t = \frac{\overline{Y_1} - \overline{Y_2}}{s_p\sqrt{\frac{1}{n_1} + \frac{1}{n_2}}} = \frac{160 - 144}{2.05} = 7.80$$

단계 4. 기각역의 결정. $\alpha = 0.10$에서의 기각역의 결정 : 부록의 표 2에서 유의수준 $\alpha = 0.10$ 자유도 $n_1 + n_2 - 2 = 25$인 임계 $t$ 값은 $t_{0.05} = 1.708$이다.

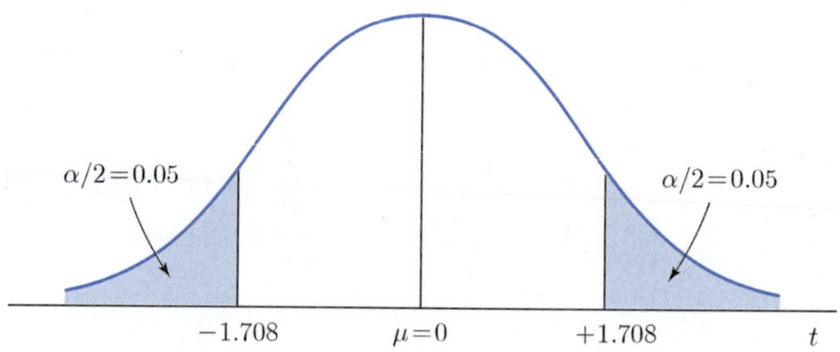


단계 5. 결론 : 단계 3에서 계산한 $t$ 값이 기각역에 해당된다. 따라서 관찰된 정상인과 고혈압 환자의 Na 농도의 차이는 우연한 것이라고 여겨지지 않는다. 유의수준 $\alpha = 0.10$에서 귀무가설은 기각되며 두 집단 사이에 Na 농도는 차이가 있다고 본다.

```
# Ex 4-4
sp<-sqrt((11*(3.9^2)+14*(6.2^2))/(12+15-2)) ; sp   # 합동 표준편차
[1] 5.312137
t<-(160-144)/(sp*sqrt(1/12+1/15)) ; t              # 가설검정을 위한 t 통계량
[1] 7.776874
round(qt(0.05,25),3) ; round(qt(0.95,25),3)        # 기각역결정을 위한 t의 임계값
[1] -1.708
[1] 1.708
```

## 4.4.2 대응비교 $t$ 검정

대응이 있는 경우에는 한 모집단에서 여러 개의 대응쌍을 랜덤 추출하고 두 개의 처리를 각 쌍 내에서 역시 랜덤으로 배치하는 형식으로 실험이 진행된다. 귀무가설은 대응쌍의 차이가 없다는 것이다. 이 경우에는 각 대응쌍에서의 차이를 단일 표본으로 간주하여 분석한다.

대응비교의 대표적인 예가 일란성 쌍둥이를 사용하는 것이다. 쌍둥이 중 하나에는 처리 $A$가 적용되고 다른 하나에는 처리 $B$가 적용된다. 처리 이외에 반응값에 영향을 주는 요인들은 환경, 유전 등 수없이 많으나 일란성 쌍둥이의 경우에는 이런 요인들이 거의 같기 때문에 반응값의 차이는 주로 처리의 차이에 기인한다고 볼 수 있다.

대응비교의 또 다른 전형적인 예는 동일인에 대한 사전측정 및 사후측정이다. 동일인에 대하여 처리를 적용하기 전에 측정한 값과 처리를 적용한 후에 측정한 값은 대

응비교를 이루게 된다.

이러한 대응비교에서는 처리 이외의 다른 요인들은 거의 비슷하여 유전환경 등 제3의 요인들은 실험결과에 영향을 주지 않게 된다. 그렇기 때문에 실험 설계 시 대응비교를 택했다면 대응되는 쌍은 최대한 비슷하여야 한다.

| 표본 1 | 표본 2 | 차이 |
|---|---|---|
| $a_1$ | $a_2$ | $a_1 - a_2 = d_1$ |
| $b_1$ | $b_2$ | $b_1 - b_2 = d_2$ |
| $c_1$ | $c_2$ | $c_1 - c_2 = d_3$ |
| $\vdots$ | $\vdots$ | $\vdots$ |
| | | $\bar{d} = \dfrac{\Sigma d_1}{n}$ |

이 경우에 각 관측에 대응이 있기 때문에 대응이 있는 쌍에서 차이를 계산할 수 있다. 따라서 대응비교를 할 때에는 귀무가설을 $H_0 : D = \mu_1 - \mu_2 = 0$로 놓는다. 모집단 평균 간의 차이 $D$의 가장 좋은 추정치는 대응쌍의 차이로부터 계산한 $\bar{d}$이다. 단일표본 $t$ 검정에서와 같이 $t$ 값은 다음 식으로 결정한다.

$$t = \frac{\bar{d} - D}{s_d / \sqrt{n}}, \text{ 여기서 } s_d^2 = \frac{\Sigma d_i^2 - \dfrac{(\Sigma d_i)^2}{n}}{n-1}$$

대응표본의 경우, 대응쌍의 차이 $d_i$를 계산한 후에는 단일표본에 대한 $t$ 검정(제 4.2.2절)과 마찬가지가 된다. 따라서 자유도는 $n-1$이다. 또한, 귀무가설 $H_0 : D = 0$에 대한 검정 통계량은

$$t = \frac{\bar{d}}{s_d / \sqrt{n}}$$

이고, 부록의 표 2와 비교하여 검정을 할 수 있다.

### 예 4.5

어떤 아연 황화물로 이루어진 약이 노인성 치매 환자의 생리적, 심리적 치료에 어떤 효과가 있는가를 알아보기 위하여 5명의 치매 환자에게 매회 200mg의 약을 하루 3회 10주 동안 복용하게 하였다. 약 복용을 시작하기 전 환자의 체중을 측정하였고 10주 후 체중을 측정하였다. 유의수준 $\alpha = 0.05$에서 아연 황화물이 환자의 체중에 영향을 미쳤는지 알아보고자 한다.

단, 체중 차이는 정규분포를 따른다고 가정한다.

| 환자 | 전 체중 | 후 체중 | 차이 |
|---|---|---|---|
| 1 | 140 | 143 | +3 |
| 2 | 138 | 136 | −2 |
| 3 | 142 | 138 | −4 |
| 4 | 130 | 125 | −5 |
| 5 | 152 | 150 | −2 |
| $\sum d_i = -10$, $\sum d_i^2 = 58$ | | | |

**[풀이]**

**단계 1. 가설의 수립** : 귀무가설은 "아연 황화물은 치매 환자의 체중에 영향을 미치지 않는다. 즉, 약 복용 전의 체중과 복용 후의 체중에는 차이가 없다"이다. 기호로 나타내면

$$H_0 : D = 0$$

여기서 $D$는 약 복용 후의 체중과 복용 전의 체중 차이의 모평균이다. 대립가설은 "약 복용에 따라 체중의 변화가 있다"이다.

$$H_1 : D \neq 0$$

**단계 2. 단순통계량의 계산**

$$\bar{d} = -2.0$$

$$s_d = 3.08, \quad \frac{s_d}{\sqrt{n}} = \frac{3.08}{\sqrt{5}} = 1.38$$

**단계 3. 검정통계량의 계산**

$$t = \frac{\bar{d} - D}{s_d / \sqrt{n}} = -\frac{2.0}{1.38} = -1.45$$

**단계 4. 기각역의 결정** : $\alpha = 0.05$, 자유도=4의 $t$ 값은 부록의 표 2로부터 $t_{0.025} = 2.776$이다.

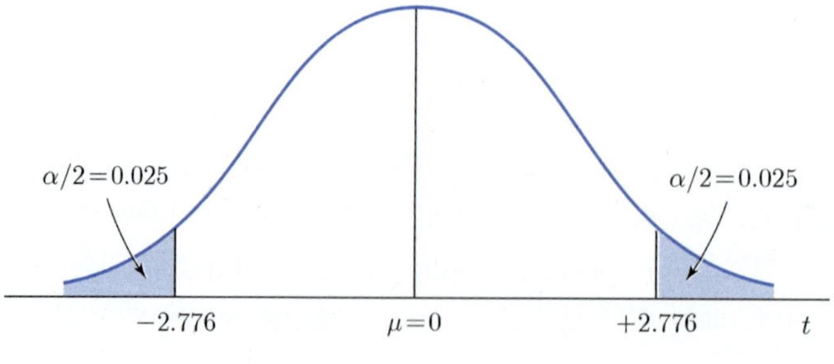

단계 5. 결론 : 자료로부터의 $t$ 값($-1.45$)은 기각역에 해당되지 않으며 약 복용 전후의 체중 차이는 우연한 것이라고 여겨진다. 유의수준 $\alpha = 0.05$에 의해 체중 수준에 차이가 없다는 귀무가설은 기각되지 않는다. 따라서 자료는 아연 황화물 처방에 따른 유의한 증거를 제시하지 못한다.

```
# Ex 4-5
sample1<-c(143,136,138,125,150) ; sample2<-c(140,138,142,130,152)
t.test(sample1,sample2,paired=T)     # 대응비교 t 검정

        Paired t-test


data:  sample1 and sample2
t = -1.451, df = 4, p-value = 0.2204
alternative hypothesis: true difference in means is not equal to 0
95 percent confidence interval:
 -5.827065  1.827065
sample estimates:
mean of the differences
                     -2

round(qt(0.025,4),3) ; round(qt(0.975,4),3)   # 기각역 결정을 위한 t의 임계값

[1] -2.776
[1] 2.776
```

## SECTION 4.5 두 모평균 차이에 대한 신뢰구간

대응이 없는 독립인 경우 : 두 모평균 차이 $\mu_1 - \mu_2$에 대한 신뢰구간은

$$CI_{\mu_1 - \mu_2} = (\overline{Y_1} - \overline{Y_2}) \pm t_{\alpha/2}(n_1 + n_2 - 2)\, s_p \sqrt{\frac{1}{n_1} + \frac{1}{n_2}}$$

이고 여기서 $t$의 자유도는 $n_1 + n_2 - 2$이다.

### 예 4.6

예 4.4에서 정상인과 고혈압 환자 사이의 평균 Na 수준 차이에 관한 90% 신뢰구간은?

[풀이]

$$CI_{\mu_1-\mu_2} = (\overline{Y_1} - \overline{Y_2}) \pm t_{0.05}(25)\, s_p \sqrt{\frac{1}{n_1} + \frac{1}{n_2}}$$
$$= (160 - 144) \pm 1.708(2.05)$$
$$= [12.5,\ 19.5]$$

해석 : 구간 [12.5, 19.5]는 두 집단간의 평균 Na 수준의 차이를 90%의 신뢰도로 포함한다. 즉 고혈압 환자 집단은 신뢰도 90%로 정상인보다 Na 수준이 최소한 12.5mEq/l 높다.

```
# Ex 4-6
lower.CI<-round((160-144)+qt(0.05,25)*sp*sqrt(1/12+1/15),1)    # 90% 신뢰구간
의 하한값
upper.CI<-round((160-144)-qt(0.05,25)*sp*sqrt(1/12+1/15),1)    # 90% 신뢰구간
의 상한값
CI<-cbind(lower.CI, upper.CI) ; CI
```

```
     lower.CI upper.CI
[1,]     12.5     19.5
```

대응이 있는 경우 : 두 모평균 차이 $\mu_1 - \mu_2$에 대한 신뢰구간은

$$CI_{\mu_1-\mu_2} = \bar{d} \pm t_{\alpha/2}(n-1)\frac{s_d}{\sqrt{n}}$$

이고, 여기서 $t$의 자유도는 $n-1$이다.

### 예 4.7

예 4.5에서 참 평균차 $D$에 관한 99% 신뢰구간은?

[풀이]

$$\bar{d} \pm t_{0.005}\, s_d / \sqrt{n} = -2.0 \pm 4.604(1.38) = [-8.4,\ 4.4]$$

해석 : 구간 [−8.4, 4.4]는 아연 황화물 복용 전과 후의 체중 차의 참평균을 신뢰도 95%로 포함한다.

```
# Ex 4-7
lower.CI<-round(-2+round(qt(0.005,4),3)*round(sd/sqrt(5),2),1) # 99% 신뢰구간의 하한값
upper.CI<-round(-2-round(qt(0.005,4),3)*round(sd/sqrt(5),2),1) # 99% 신뢰구간의 상한값
CI<-cbind(lower.CI, upper.CI) ; CI
```

```
     lower.CI upper.CI
[1,]     -8.4      4.4
```

## SECTION 4.6 단측검정

지금까지의 가설검정에서는 귀무가설이 $H_0 : \mu_1 = \mu_2$이었고 대립가설이 $\mu_1 \neq \mu_2$이었다. 이러한 검정을 **양측검정**이라고 한다. 여기서 우리가 관심 있는 것은 두 모평균이 서로 같은지 다른지이다. 양측검정 시 기각역을 결정하기 위해서는 검정통계량($t$ 또는 $z$)의 분포의 상위 $\alpha/2$ 영역 또는 하위 $\alpha/2$ 영역에 대응하는 임계값을 사용하였다. 그림 4.3을 보라.

때로 두 모평균이 서로 다른가를 알아보는 것보다 어느 한 모평균이 다른 모평균보다 더 큰지 알아보는 것이 더 중요하다. 예를 들면 다이어트 그룹의 평균 체중이 비교그룹의 평균 체중보다 작은지 알아보는 경우가 이에 해당된다. 이때의 귀무가설은 $H_0 : \mu_D = \mu_C$이고 대립가설은 $H_1 : \mu_D - \mu_C < 0$이 된다. 이와 같은 검정을 **단측검정**이라 한다. 기각역은 그림 4.4와 같이 검정 통계량 분포의 아래 $\alpha$ 영역에 대응하는 점이다. 이와 같이 평균의 감소를 알아보고자 하는 경우에 기각역은 하위 $\alpha$ 영역에 대응하는 점이 된다. 그러나 이와 반대로 평균의 증가를 알아보고자 하는 경우에 기각역은 분포의 상위 $\alpha$에 해당하는 점이 된다.

양측검정과 단측검정에서 검정 통계량의 계산은 동일하다. 그러나 기각역의 결정방법과 검정 결과 해석은 서로 다르다. 단측검정과 양측검정 중 어느 것을 사용할 것인가는 연구의 목표에 따라 결정된다.

그림 4.3 양측검정의 기각역

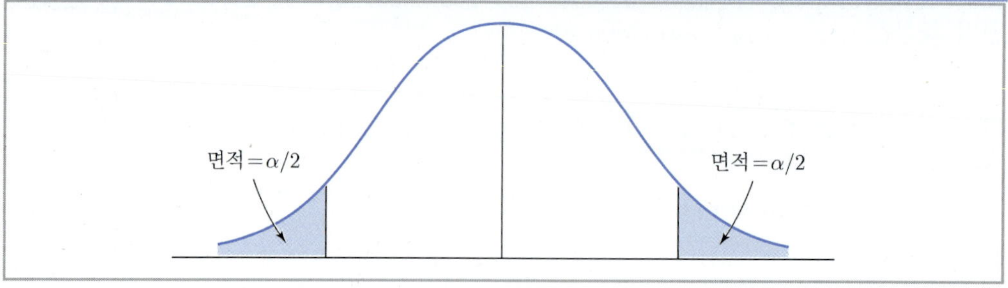


그림 4.4 단측검정의 기각역

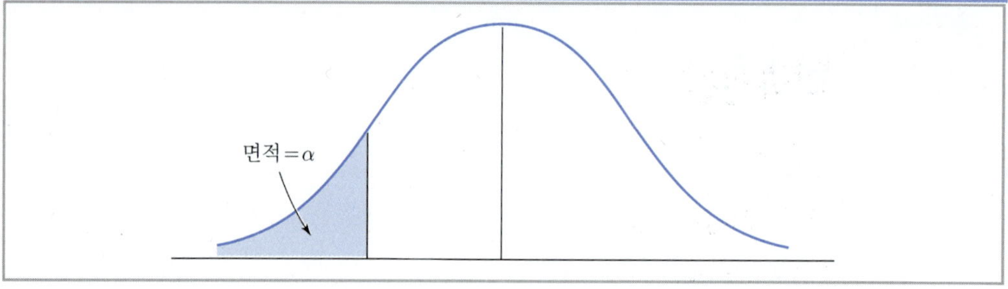


### 예 4.8

예 4.2의 단일표본 $t$ 검정의 예를 다시 한 번 생각해 보자. 여기서 "환자의 혈장 칼륨농도가 정상인의 농도보다 낮은가"를 알고 싶다고 가정하자.

[풀이]

앞의 단측검정에 대한 설명에서처럼 단측검정과 양측검정의 경우에 계산은 모두 동일하다. 이 예에서 가설은 다음과 같다.

$$H_0 : \mu = 4.5$$

$$H_1 : \mu < 4.5$$

여기서 대립가설은 "환자들의 평균 혈장 농도가 4.5보다 작다"임을 유의하라. 이 예에서 $\alpha = 0.01$로 놓으면 기각역은 다음 그림에서 색칠된 부분에 해당된다. 부록의 표 2로부터 $\alpha = 0.01$, df=9인 경우에 $t_{0.01} = -2.821$을 읽을 수 있다. 여기서 $t$ 값의 부호가 음수임을 주목하라. 이는 대립가설이 "4.5보다 작다"이기 때문에 $t$ 분포의 좌측 꼬리 부분을 사용함에 기인한다. 단계 3에서 얻어진 $t$ 값이 $-6.9$로 기각역에 해당되기 때문에 유의수준 $\alpha = 0.01$로 환자들의 혈장 칼륨 농도는 정상인보다 낮다고 결론지을 수 있다.

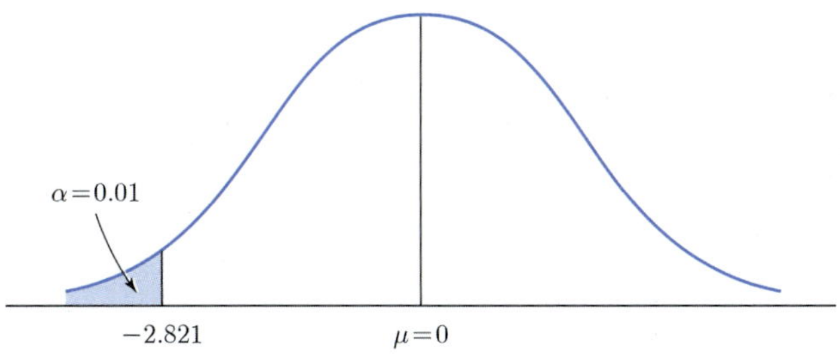


```
# Ex 4-8
qt(0.01,9)            # 단측검정의 기각역결정을 위한 t의 임계값
[1] -2.821438
```

### 예 4.9

예 4.4를 다시 생각해 보자. 여기서 고혈압 환자의 혈장 Na 농도가 정상인의 Na 농도보다 높은가를 검정해 보자.

[풀이]

단계 1. 가설의 수립

$$H_0 : \mu_1 - \mu_2 = 0$$
$$H_1 : \mu_1 - \mu_2 > 0$$

단계 2. 전과 동일

단계 3. 전과 동일

단계 4. 기각역의 결정 : 이 예에서 유의수준 $\alpha = 0.10$에 해당하는 기각역은 다음 그림에서 색칠된 부분이다. df=25이고, 유의수준 $\alpha = 0.10$일 때 $t$ 값은 $t_{0.90} = 1.316$이다.

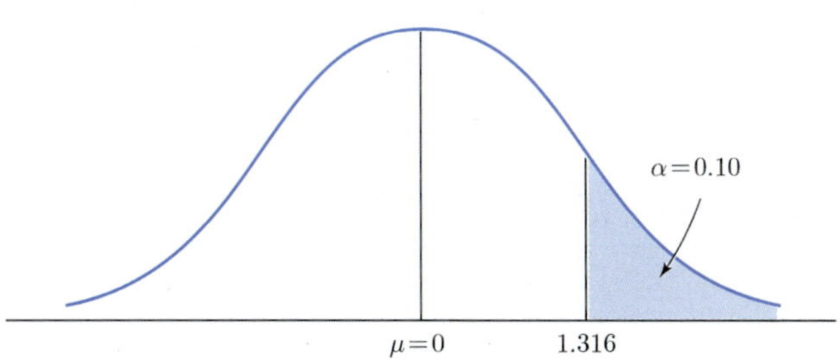


단계 5. 결론 : 단계 3에서 얻어진 $t$ 값이 7.80으로 기각역에 해당되기 때문에 유의수준 $\alpha = 0.10$으로 고혈압 환자들의 혈장 Na 농도는 정상인의 혈장 Na 농도보다 높다고 결론짓는다.

```
# Ex 4-9
qt(0.9,25)                 # 단측검정의 기각역결정을 위한 t의 임계값
[1] 1.316345
```

## SECTION 4.7 통계적 의사결정

지금까지는 $\alpha$가 미리 주어진 상황만을 가정하였다. 그러나 실제 통계적 의사결정 상황에서는 의사 결정자가 $\alpha$를 선택할 수 있다. 이때 $\alpha$의 의미를 정확히 이해할 필요가 있다. 유의수준 $\alpha$는 관측치들이 실제로는 귀무가설하에서 추출된 표본인데 그것을 대립가설에서 추출된 표본이라고 결정하는 빈도를 나타낸다. 예컨대 $\alpha$가 5%인 경우, 귀무가설이 참인데 그것을 기각할 빈도가 100번 중 5번이 된다. 즉 다음과 같은 가설을 생각하여 보자.

$$H_0 : \mu = \mu_0$$
$$H_1 : \mu > \mu_0$$

여기서 $\mu$를 어떤 정규분포 모집단의 평균이라 하자. 모분산 $\sigma^2$의 값은 알고 있다. 이 가설에 대한 유의수준 $\alpha = 0.05$의 의사결정 규칙은

$$Z = \frac{\overline{Y} - \mu_0}{\sigma / \sqrt{n}}$$

이 1.65보다 클 때(그림 4.5) 귀무가설 $H_0$을 기각하는 것이다.

$H_0$가 참일 때($\mu = \mu_0$)에도 5%의 표본평균 $\overline{Y}$(따라서 5%의 검정통계량들의 값)이 그림 4.5의 색칠된 부분인 기각역에 떨어지게 된다. 즉 $H_0$가 실제로 참인데도 $H_0$를 기각할 빈도가 5%가 되는 것이다. 이와 같이 $H_0$가 참인데 이를 기각하는 잘못된 결정을 **제1종 오류**(type I error)라 부르고, 제1종 오류를 범할 확률이 유의수준 $\alpha$이다. 즉,

$$P(H_0\text{를 기각} \mid H_0\text{가 참}) = P(\text{제1종 오류}) = \alpha$$

그림 4.5 유의수준 $\alpha = 0.05$의 기각역

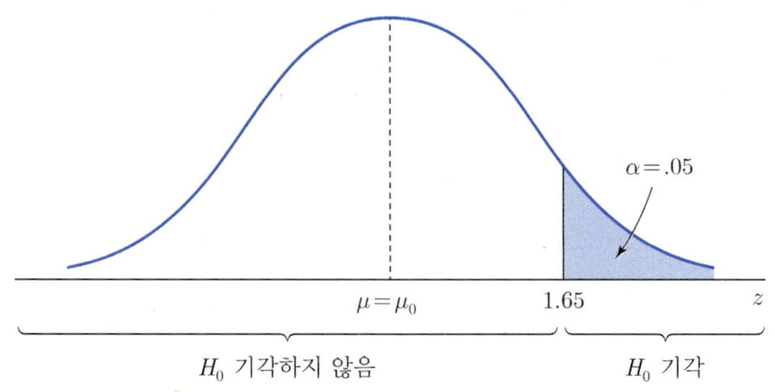


이 확률을 '$H_0$가 참인데 $H_0$를 기각할 확률'이라고 하고 이 값이 $\alpha$이다. 중요한 사실은 $H_0$가 참인지 거짓인지를 절대로 알 수 없다는 사실이다. 그렇기 때문에 '$H_0$가 참인 경우'에도 그것을 기각할 위험이 확률 $\alpha$로 존재하게 된다.

참평균 $\mu$가 $\mu_0$가 아니고 다른 값, 즉 $\mu_1$일 때에도 $H_0$를 기각하지 아니하는 잘못된 결정을 내릴 가능성이 있다. 이를 **제2종 오류**(type II error)라고 한다. 표 4.1을 보라. 여기서 잘못된 귀무가설을 기각하지 아니하는 확률이 $\beta$로 나타나 있다.

$$P(H_0\text{를 기각하지 않음} \mid H_0\text{가 거짓}) = P(\text{제2종 오류}) = \beta$$

표 4.1 통계적 의사 결정

| 통계적 의사 결정 | 모집단에서 추출한 자료 | |
|---|---|---|
| | $H_0$ 참 | $H_0$ 거짓 |
| $H_0$를 기각하지 않음 | 올바른 결정 | 잘못된 결정 (제2종 오류) 확률 $\beta$ |
| $H_0$를 기각함 | 잘못된 결정(제1종 오류) 확률 $\alpha$ | 올바른 결정 |

이 확률이 그림 4.6(b)에 나타나 있다. 귀무가설이 참인 경우에는 모평균이 $\mu_0$인 모집단으로부터 표본을 취하게 된다. $H_0$가 참인데 $H_0$를 기각할 확률이 $\alpha$이며 그림 4.6(a)의 색칠된 부분에 나타나 있다. 귀무가설이 거짓인 경우에는 모평균이 $\mu_0$가 아닌 모집단으로부터 표본을 취하게 된다.

검정통계량이 그림 4.6(a)의 색칠된 기각역에 위치하면 귀무가설이 기각된다. 만일 검정통계량이 비기각역(그림 4.6(a)에서 색칠되지 않은 부분)에 위치하게 되면 $H_0$를

**그림 4.6** $\alpha$와 $\beta$

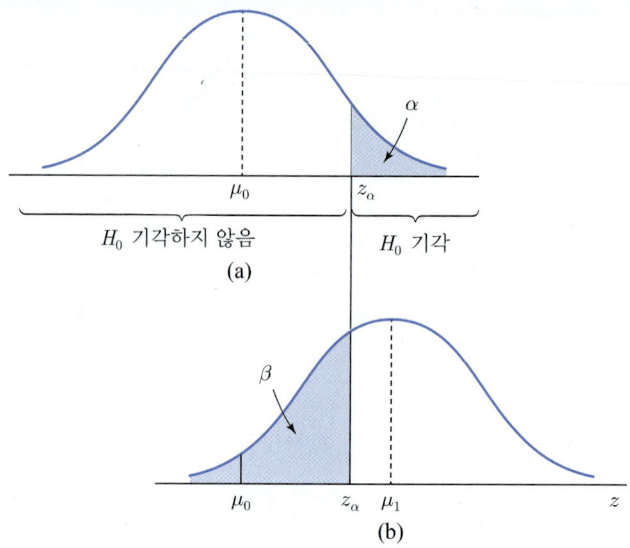


기각하지 않는다. $H_0$가 참인데 $H_0$를 기각하지 않을 확률은 그림 4.6(a)의 색칠되지 않은 부분에 해당된다. 그런데 $H_0$가 참이 아니기 때문에 모집단의 평균은 $\mu_0$가 아닌 어떤 값 $\mu_1$이 되고 이때 $H_0$를 기각하지 아니할 확률이 그림 4.6(b)에 색칠된 부분으로 나타나 있다.

만일 대립가설 $H_1$의 정확한 값을 지정할 수 있으면 주어진 $\alpha$ 수준에서 제 2 종 오류의 확률인 $\beta$ 값을 계산할 수 있다. 그러나 실제로 가설은 다음과 같은 형태가 되고

$$H_0 : \mu = \mu_0$$

$$H_1 : \mu > \mu_0 \text{ 또는 } H_1 : \mu \neq \mu_0 \text{ 또는 } H_1 : \mu < \mu_0$$

$H_1$하에서 $\mu$의 정확한 값은 지정되지 않는다. 이때 우리는 $\beta$의 정확한 값을 결정할 수 없게 된다. 그러나 다음과 같은 사실들을 알 수 있다.

① 주어진 표본 크기 $n$에서, $\alpha$가 작아짐에 따라 $\beta$는 커진다. 그림 4.7에 $\alpha$가 0.05에서 0.01로 감소될 때 $\beta$의 변화가 나타나 있다. 유의수준 $\alpha$가 감소하면 기각역의 경계치가 그림 4.7(a)에서와 같이 우측으로 이동하게 된다. 이에 따라 그림 4.7(b)의 색칠된 영역인 $\beta$는 증가된다.

② 두 평균 $\mu_0$와 $\mu_1$의 차가 커질수록 $\beta$는 작아진다.(그림 4.8)

③ 주어진 $\alpha$에서 표본의 크기가 커질수록 $\beta$는 감소한다. 왜냐하면 $n$이 커짐에 따라 표준 오차 $\sigma/\sqrt{n}$이 감소하기 때문에 기각역의 경계치가 좌측으로 이동하게 된다. 이에 따라 $\beta$는 감소한다.

그림 4.7　0.05에서 0.01로 감소하는 경우의 $\alpha$와 $\beta$(단측검정)

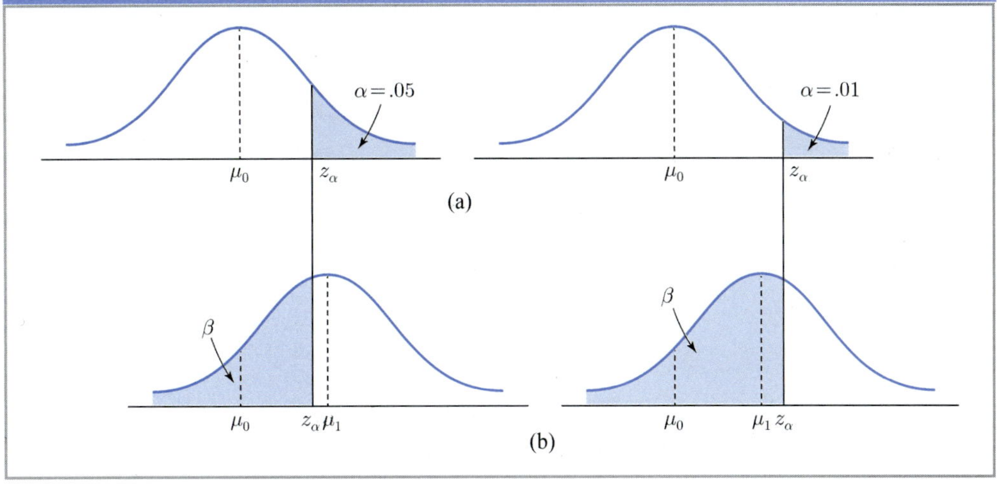


그림 4.8　$\mu_1$이 증가하는 경우의 $\alpha$와 $\beta$

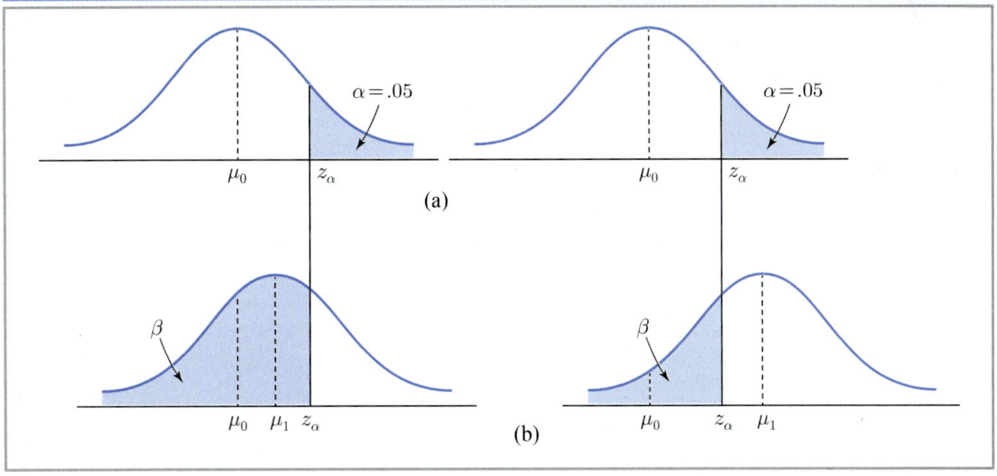

## SECTION 4.8 검정력

앞에서 우리는 통계적 의사결정 시 범할 수 있는 두 가지의 오류와 이에 대응하는 확률을 살펴보았다. 즉,

$$P(H_0\text{를 기각} \mid H_0\text{가 참}) = \alpha$$
$$P(H_0\text{를 기각하지 않음} \mid H_0\text{가 거짓}) = \beta$$

이에 관련된 개념으로 **검정력**(power of test)이 있다. 검정력은 $H_0$가 거짓일 때 귀무가설을 기각하는 확률로 정의된다.

$$\text{검정력} = P(H_0\text{를 기각} \mid H_0\text{가 거짓}) = 1-\beta$$

즉, 검정력 $= 1-$(제2종 오류의 확률)이다. 다음의 예를 살펴보자.

어떤 임상실험에서 과거의 경험에 의하면 특정 모집단의 어떤 임상변수의 모평균은 50, 모표준편차 $\sigma$는 15라 한다. 임상실험자는 새로운 치료방법이 이 모집단에 적용되었을 때의 효과에 대하여 알고자 한다. 또한 이 치료방법이 평균을 5만큼 증가시킨 경우에만 이를 임상적으로 의미 있는 결과로 해석된다고 한다. 이는 다음과 같은 가설 $H_0 : \mu = 50$ 대 $H_1 : \mu = 55$를 검정하는 것과 같다. 치료방법이 실제로 효과가 있을 때 표본의 크기 선택이 이러한 효과를 탐지하는 데 어떠한 영향을 주는지 살펴볼 필요가 있다. 효과를 탐지한다는 것은 통계적 용어로는 "대립가설이 옳은데 귀무가설을 기각한다."가 된다. 검정력이란 이 효과를 탐지할 확률을 의미한다.

이 임상실험자가 $n = 9$의 표본을 취하여 표본평균 $\overline{Y} = 56$을 얻었다고 하자. 이때 검정통계량은

$$z = \frac{\overline{Y} - \mu_0}{\sigma/\sqrt{n}} = \frac{56-50}{15/\sqrt{9}} = 1.2$$

이 검정의 기각역은 그림 4.9에 나타나 있다. 여기서 임계값 2.33은 $\overline{Y}$의 값 61.65에 해당됨을 주목하라.

그림 4.9　$\alpha = 0.01$일 때의 기각역

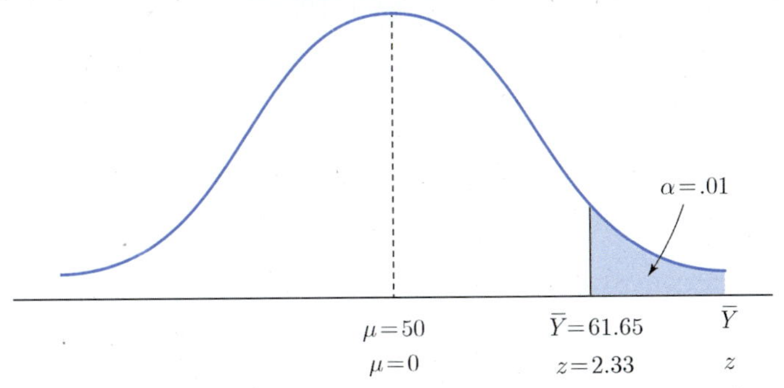


$$\overline{Y} = z(\sigma/\sqrt{n}) + \mu_0 = 2.33(15/\sqrt{9}) + 50 = 61.65$$

따라서 $z$가 2.33보다 클 때 $H_0$를 기각하는 검정은, $\overline{Y}$가 61.65보다 클 때 $H_0$를 기각하는 것과 같다. 이 예에서 검정통계량(또는 $\overline{Y}$)은 기각역에 해당되지 않아 $H_0$를 기각하지 않고 $\mu = 55$이 아니라고 결론 내린다.

여기서 검정력은 다음과 같이 계산된다.

$$\begin{aligned}\beta &= P(\overline{Y} \le 61.65 \mid \mu = 55) \\ &= P\left(\frac{\overline{Y} - \mu}{\sigma/\sqrt{n}} \le \frac{61.65 - 55}{15/\sqrt{9}}\right) \\ &= P(z \le 1.33) = 0.9082\end{aligned}$$

$$\text{검정력} = 1 - \beta = 0.0918$$

따라서, 표본크기가 $n = 9$일 때, 잘못된 귀무가설을 기각할 가능성은 9.18%밖에 되지 않는다. 즉, 두 평균의 차이가 5인데 검정을 통해 이러한 차이를 탐지할 확률이 9.18%밖에 되지 않는 것이다.

만일 $n = 9$ 대신 $n = 100$으로 하여 위와 같은 분석을 행하였을 경우에 유의수준 $\alpha = 0.01$에서의 기각역은 $\overline{Y}$가 53.495보다 클 때이다. 이때

$$\begin{aligned}\beta &= P(\overline{Y} \le 53.495 \mid \mu = 55) \\ &= P\left(z \le \frac{53.495 - 55}{15/\sqrt{100}}\right) \\ &= P(z \le -1.00) = 0.1587\end{aligned}$$

이고, 검정력은 $1-\beta=0.8413$이다.

표본의 크기가 $n=9$에서 $n=100$으로 증가함에 따라, 검정력은 9.18%에서 84.13%로 증가하였다. 모평균의 차 5를 탐지할($H_1$이 참인데 $H_0$를 기각하고 $H_1$을 받아들일) 확률이 84%로 늘어난 것이다.

이상의 논의는 통계적 검정의 해석에 있어서 매우 중요한 개념을 보여 준다. '통계적으로 유의하지 않음'이란 무엇을 의미하는가? 우리의 예에서 최소한 5 단위의 차이가 탐지된다면 실험자는 이를 임상적으로 의미 있다고 받아들인다고 가정했다. 5보다 작은 차이는 임상실험에서 실제적 의미가 없는 것으로 간주된 것이다. 따라서 만약 5단위 또는 그 이상의 차이가 실제로 존재할 때 이를 적절한 확률로 탐지해 낼 수 있는 통계적 검정을 구축하는 것이 바람직하다. 처음의 예에서 $H_1: \mu=55$가 참이라고 가정하자. 즉, 5단위의 모평균 차이가 존재하는 것이다. 그러나 우리의 데이터는 귀무가설 $H_0: \mu=50$을 기각하지 못한다. 왜냐하면 $z=1.2$가 임계값 2.33보다 작기 때문이다. 이러한 부정적인 결과를 어떻게 해석할 것인가? 많은 사람들이 통계적으로 유의하지 않은 결과를 귀무가설이 '참'인 것으로 해석하는 경향이 있다. 그래서 5단위의 차이가 존재하지 않는다고 선언한다. 그러나 $n=9$일 때 검정력이 0.098이었음을 상기하면 실제 5단위의 차이가 존재하지 않는다고 결론 내리는 것은 잘못되었다.

이 예에서 표본의 크기가 $n=100$으로 증가하면 검정력은 84%로 증가함을 이미 살펴보았다. 우리는 5단위의 차이가 존재할 때 100개의 표본에 근거한 검정절차가 이를 탐지할 확률이 84%이다. 이 상황에서는 실험자가 통계적으로 유의하지 않은 결과는 실제로 5단위의 차이가 모집단에 존재하지 않는다고 더욱 믿을 수 있다.

검정력과 관계된 중요한 응용은 표본의 크기의 결정이다. 실험에 앞서 주어진 검정력을 확보하려면 어느 정도 크기의 표본이 필요한가를 결정할 수 있다. 그러려면 다음과 같은 항목들이 지정되어야 한다.

① 임상적으로 탐지 가능의 의미가 있는 효과의 차이
② 옳은 귀무가설을 기각할 확률($\alpha$)
③ 거짓 귀무가설을 기각하지 못할 확률($\beta$)
④ 모집단의 표준편차

## SECTION 4.9 $p$ 값

귀무가설이 사실일 때 현재 관찰된 통계량보다 더욱 극단적인 값을 가질 확률을 **유의확률**, 또는 $p$ 값($p$-value)이라고 한다.

예 4.1을 생각해 보자. 여기서 관측된 표본평균은 68이고 귀무가설에서의 모평균은 $\mu = 72$이었음을 기억하라. 모평균이 72일 때 표본평균이 68보다 작은 경우가 앞의 그림의 색칠된 부분에 나타나 있다.

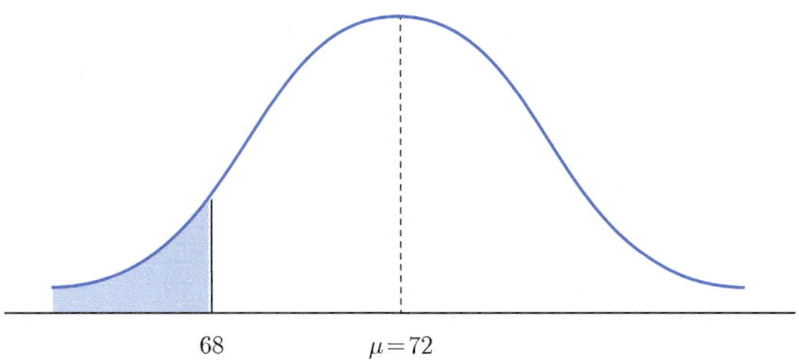


이 그림에서

$$P(\overline{Y} \leq 68 \mid \mu = 72)$$

는 모평균이 72일 때 표본평균이 68보다 작거나 같을 확률이고, 계산을 하면

$$\begin{aligned} P(\overline{Y} \leq 68 \mid \mu = 72) &= P\left(\frac{\overline{Y} - \mu}{\sigma / \sqrt{n}} \leq \frac{68 - 72}{2}\right) \\ &= P(z \leq -2) \\ &= 0.5 - 0.4772 \\ &= 0.0228 \\ &= p \end{aligned}$$

이다. 즉 귀무가설 $\mu = 72$가 참일 때 표본평균 $\overline{Y} = 68$에 대응하는 $z = -2$보다 작을 확률이 0.0228인 것이다. 단측검정에서는 위와 같이, $p$ 값을 구하나 대립가설이 $\mu \neq 72$인 양측검정에서는 위와 같이 구한 $p$ 값을 2배 하여 $2 \times 0.0228 = 0.0456$의 $p$ 값을 구

한다. $p$ 값이 유의수준보다 작으면 귀무가설을 기각한다.

보통 정규분포 이외에는 확률표로부터 정확한 $p$ 값을 구할 수는 없다. 그러나 대략 $p$ 값이 어느 위치인지를 알 수 있는 경우가 많다. 예 4.4의 $t$ 검정에서 귀무가설은 $H_0 : \mu_1 = \mu_2$이었고, 관찰된 $t$ 값은 $t = 7.8$이고 자유도는 25였다. 부록의 표 2로부터 자유도가 25인 경우에 $t$ 값이 2.7874보다 클 확률은 $\alpha = 0.005$임을 알 수 있다. 따라서 $t$ 값이 7.8보다 클 확률은 0.005보다 작을 것이다. 단측검정의 경우에 $p$ 값은 0.005보다 작고 양측검정의 경우에 $p$ 값은 0.01보다 작다는 것을 알 수 있다. 또 다른 예에서, 자료로부터 $t = 2.3$이고, 자유도가 25였다면 단측검정의 경우는 $p$ 값이 0.05보다 작음을 부록의 표 2로부터 알 수 있다. $p$ 값은 귀무가설이 기각될 수 있는 최소의 값이다.

# 연습문제

1. 정상적인 유아의 오줌 속의 염소농도는 210mEq이고, 표준편차는 20mEq이다. 미숙아 25명을 조사한 결과, 염소농도의 평균이 170mEq이었다. 미숙아의 오줌 속 염소농도가 정상아의 농도보다 작은가를 유의수준 $\alpha = 0.01$에서 검정하라.

2. 위 문제에서 미숙아의 오줌 속 염소 농도의 참값에 대한 99% 신뢰구간을 구하라.

3. 헤로인 복용 마약사범 9명을 조사한 결과, 혈액 속의 글루코스 농도가 $450/10^9$세포이고 표준편차가 $63.5/10^9$세포였다. 정상인의 농도는 $375/10^9$세포이다. 헤로인 복용자의 글루코스 농도가 정상인과 다르다고 할 수 있는가?($\alpha = 0.05$)

4. 문제 3에서 헤로인 복용자의 글루코스 농도의 참값에 대한 95% 신뢰구간을 구하라. 신뢰구간의 의미는 무엇인가?

5. 혈액 표본 분석기기 구입을 검토하고 있다. 분석기기는 하루에 최소한 100개의 표본을 분석할 수 있어야 한다고 한다. 어떤 분석기기를 5일간 사용하여 본 결과, 다음의 자료를 얻었다. 이 분석기기를 구입할 것인가?($\alpha = 0.05$)

| 날짜 | 분석 표본수 |
|---|---|
| 1 | 101 |
| 2 | 90 |
| 3 | 94 |
| 4 | 98 |
| 5 | 102 |

6. 다음 표에 환자 12명과 정상인 11명의 발한제 복용 후 체중감소(g)에 관한 결과가 요약되어 있다. 정상인과 환자의 체중감소가 서로 다른가?($\alpha = 0.05$)

| | $n$ | 체중감소(g) | 표준편차 |
|---|---|---|---|
| 환자 | 12 | 120 | 10.0 |
| 정상인 | 11 | 70 | 8.0 |

7. 문제 6에서 환자와 정상인이 체중감소 차이의 참값에 대한 95% 신뢰구간을 구하라.

8. 아홉 명의 건강한 성인 남자에게 어떤 약(A)을 주사한 후 4시간과 8시간 후 다이옥신 농도를 측정하여 다음의 표를 얻었다. 4시간 후의 다이옥신 농도와 8시간 후의 다이옥신 농도가 서로 다른가?($\alpha = 0.05$)

| 남자 | 다이옥신 농도 | |
|---|---|---|
| | 4시간 후 | 8시간 후 |
| 1 | 1.0 | 1.0 |
| 2 | 1.3 | 1.3 |
| 3 | 0.9 | 0.7 |
| 4 | 1.0 | 1.0 |
| 5 | 1.0 | 1.0 |
| 6 | 0.9 | 0.8 |
| 7 | 1.3 | 1.2 |
| 8 | 1.1 | 1.0 |
| 9 | 1.0 | 1.0 |

9. 문제 8에서 4시간 후 다이옥신 농도와 8시간 후의 다이옥신 농도의 차이에 관한 95% 신뢰구간을 구하라.

10. 문제 8의 상황에서 또 다른 11명의 성인 남자에 대해 다른 약(B)을 주사한 8시간 후 다이옥신 농도를 측정한 결과, 평균 0.95ng/ml, 표준편차 0.2ng/ml를 얻었다. 약 B가 약 A보다 8시간 후 다이옥신 농도를 더 높이는가?($\alpha = 0.01$)

11. 문제 10에서 두 약에 따른 8시간 후 다이옥신 농도의 차이에 대한 99% 신뢰구간을 구하라.

12. 어떤 병에 걸린 50명의 환자들의 혈액 중 평균 칼륨 농도가 3.35mEq/l이었고, 표준편차가 0.5mEq/l이었다. 정상인의 평균 농도는 4.6mEq/l이다. 환자의 농도는 정상인의 농도보다 낮은가?($\alpha = 0.05$)

13. 문제 12에서 환자의 칼륨 농도의 95% 신뢰구간을 구하라.

※ 실습문제 (14~15번)

14. SAT-scores.csv 자료는 총 $n=162$명의 학생들의 SAT시험의 어학점수(Verbal), 수학점수(Math), 및 성별(Sex)을 조사한 자료이다. (단위: 인치)

(1) 학생의 성별로 어학점수 및 수학점수의 평균 및 표준편차를 각각 구하라.

(2) 남녀 간 수학점수 평균들의 차이에 대한 95% 신뢰구간을 각각 구하라.

(3) 남녀별 어학점수의 평균의 동일하다는 가설을 유의수준 5%에서 검정하라.

(4) 남녀별 수학점수의 평균이 동일하다는 가설을 유의수준 5%에서 검정하라.

15. Galton.csv 자료는 총 $n=898$쌍의 부모의 키, 자녀의 성별 및 키를 조사한 자료이다. (단위: 인치)

(1) 자녀의 성별로 평균 및 표준편차를 각각 구하라.

(2) 남녀의 평균키의 차이 대한 95% 신뢰구간을 구하라.

(3) 남자의 평균키가 여자의 평균키보다 크다는 가설을 유의수준 5%에서 검정하라.

# CHAPTER 05 회귀와 상관

많은 분야에서 두 변수의 관계로부터 한 변수의 값이 주어질 때 나머지 변수의 값을 예측하는 것이 주관심사일 경우가 많다. 예를 들어, 의사가 심장병 환자의 나이로부터 심장발작 후 생존기간을 예측하고자 하는 경우나 진정제의 투여량으로부터 환자의 혈압을 예측하고자 하는 경우 등이다.

또한 관심 있는 두 변수 간에 서로 관련성이 있는지, 있다면 어느 정도인지를 수리적으로 측정하는 것이 통계학의 주된 관심사가 될 수 있다. 예를 들면 흡연과 폐암의 관계나 동물성 지방의 섭취량과 심장병의 관계, 그리고 교육의 정도와 특정 정당 선호도와의 관계 등이다.

위의 두 가지 관심사가 바로 회귀와 상관에서 다루는 문제이다. 이 장에서는 한 변수로부터 다른 변수를 예측하는 데 사용하는 회귀직선식을 구하는 방법(회귀분석)을 제시하고, 두 변수 간의 관련성을 측정하는 방법(상관분석)에 대해 기술한다.

이 장에서 다룰 내용은 다음과 같다.

- 산점도
- 회귀직선식
- 회귀직선의 기울기에 대한 가설 검정
- 회귀직선의 기울기에 대한 신뢰구간
- 상관계수
- 회귀분석과 상관분석 시 주의점

지금까지는 하나의 변수 $Y$가 주어진 경우만을 다루었다. 이 장에서는 두 변수 $X$와 $Y$의 관측값이 쌍으로 주어진 경우를 생각하여 보자. 예를 들면 소비자는 중고차의 나이와 가격에 관심이 있을 것이다. 이때 자료는 $(X_i, Y_i)$ 쌍들로 주어지는데, $X_i$는 $i$번째 중고차의 나이를 나타내고 $Y_i$는 $i$번째 중고차의 가격을 나타낸다.

| 중고차 | 나이 | 가격 |
|---|---|---|
| 1 | $X_1$ | $Y_1$ |
| 2 | $X_2$ | $Y_2$ |
| ⋮ | ⋮ | ⋮ |
| $n$ | $X_n$ | $Y_n$ |

위와 같은 자료가 주어지면 이들 자료가 주는 정보를 이용하여 독립변수 $X$로부터 종속변수 $Y$를 예측하는 데 사용할 수 있는 수리적인 관계식을 얻는 것이 회귀분석의 핵심이다. 단, 자료는 통계적으로 얻어진 자료이기 때문에 변동성이 존재하여, 모든 자료가 정확히 관계식을 만족시키는 것이 아니라 자료의 대략적인 형태가 관계식과 유사하면 된다.

## SECTION 5.1 산점도

관계식을 유도하기 전에 먼저 결정할 일은 관계식의 함수형태가 직선식인지 이차식인지, 아니면 지수함수식인지 등을 결정하는 일이다. 이러한 관계식의 함수형태는 자료에 대한 이론적 토대, 경험, 혹은 산점도에 의해 결정될 수 있다. 이 중 특히 산점도는 자료의 대략적인 형태를 한눈에 보여주기 때문에 관계식의 함수형태를 결정하는 데 가장 손쉽게 사용될 수 있다.

산점도란 $n$쌍의 관측값 $(X_i,\ Y_i)$를 이차원 평면에 점으로 표시한 것이다. 보통 독립변수 $X$를 수평축에, 종속변수 $Y$를 수직축에 표시한다.

### 예 5.1

표 5.1은 어느 지역에 있는 극장의 수와 그 지역 내에서 발생하는 성 관련 범죄의 수를 조사한 자료이다. 그림 5.1은 이에 대한 산점도이다.

표 5.1 극장의 수와 성 관련 범죄의 수에 관한 자료

| 극장의 수<br>$X$ | 성 관련 범죄의 수<br>$Y$ |
|---|---|
| 15 | 175 |
| 20 | 220 |
| 10 | 120 |
| 12 | 152 |
| 16 | 181 |

```
Table5.1 = data.frame(X=c(15,20,10,12,16), Y=c(175,220,120,152,181)) # 데이터 입력

Table5.1

   X   Y
1 15 175
2 20 220
3 10 120
4 12 152
5 16 181

plot(Table5.1, pch=19)  # 산점도 그리기
```

그림 5.1의 산점도로부터 극장의 수와 성 관련 범죄의 수 간의 관계식은 대략 직선식인 것을 알 수 있다.

**그림 5.1 극장의 수와 성 관련 범죄의 수에 대한 산점도**

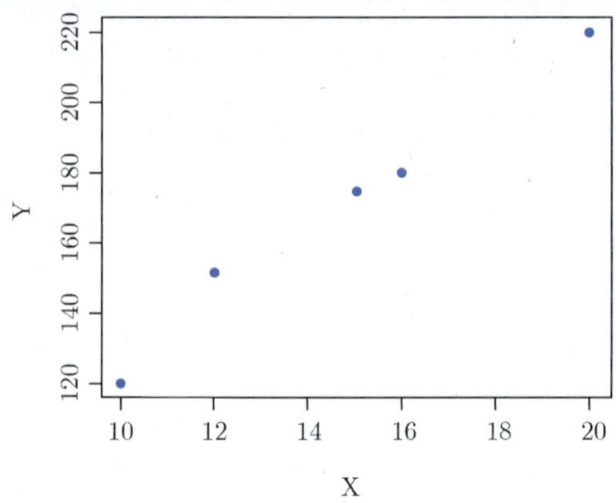


그림 5.2는 여러 가지 형태의 산점도이다. 산점도 (a)는 변수 간에 양의 직선관계를 나타내며, 산점도 (b)는 변수 간에 곡선관계를 나타내주고, 산점도 (c)는 두 변수 간에 관련이 없음을 나타낸다.

```
Data5.2.1 = data.frame(X=c(4,5,6,9,10,11,16,17), Y=c(6,10,8,18,17,16,20,18))
Data5.2.2 = data.frame(X=c(4,5,6,12,13,14,17,18), Y=c(1,2,6,12,15,15,18,18))
Data5.2.3 = data.frame(X=c(4,6,7,12,13,14,19,20), Y=c(11,2,12,10,11,12,10,18))
```

```
par(mfrow=c(1,3))

plot(Data5.2.1,  xlab="(a)",  ylab="",  pch=19,  ylim=c(0,20),xlim=c(0,20),
cex.lab=1.3, cex.axis=1.2)
♡plot(Data5.2.2,  xlab="(b)",  ylab="",  pch=19,  ylim=c(0,20),xlim=c(0,20),
cex.lab=1.3, cex.axis=1.2)
♡plot(Data5.2.3,  xlab="(c)",  ylab="",  pch=19,  ylim=c(0,20),xlim=c(0,20),
cex.lab=1.3, cex.axis=1.2)
```

그림 5.2 산점도의 예

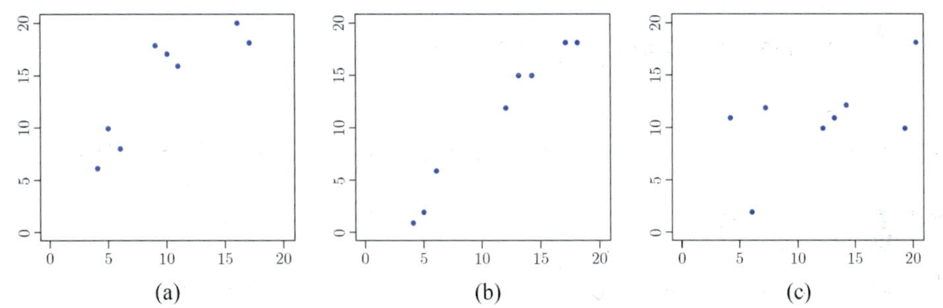

## SECTION 5.2 단순회귀

종속변수의 예측에 사용되는 독립변수가 하나인 경우를 단순회귀라 하고 독립변수가 여러 개인 경우를 다중회귀라 부른다. 이 절에서는 단순회귀에 대해서 다루기로 한다.

설명을 쉽게 하기 위하여 예 5.1의 자료를 생각하여 보자. 그림 5.1의 산점도를 보면 관계식의 함수꼴이 기울기가 양인 직선식인 것을 알 수 있다. 따라서 관계식을

$$Y = aX + b$$

로 놓는다. 여기에서 상수 $a$는 기울기를 나타내고 상수 $b$는 절편을 나타낸다.

그런데 산점도를 살펴보면 관측값이 정확히 직선의 관계에 있지 않기 때문에 모든 관측값을 통과하는 직선의 관계식을 찾기란 불가능하다. 그렇다면 관측값을 가능한 한 최대로 잘 적합시키는 직선식을 찾아보기로 하자. 즉, 모든 관측값을 정확히 통과

하지는 않지만 대략적으로 산점도를 가장 잘 적합시키는 직선을 찾는 것이다. 적합될 직선식을

$$\widehat{Y} = \beta_0 + \beta_1 X$$

라 하자. 독립변수 $X$의 값이 $X_i$로 주어질 때 적합된 직선상에서 종속변수 $Y$의 값은 $\widehat{Y}_i$이다. 이 적합된 값과 실제 관측된 $Y_i$ 간의 차이를 $d_i$라 하면

$$d_i = Y_i - \widehat{Y}_i$$

이고 이를 각 관측값에 대하여 그림 5.3에 표시하였다.

```
Data5.3=data.frame(X=seq(1,4), Y=c(0.8,3,2,4.5))          # 데이터 생성
plot(Data5.3, ylim=c(0,5), xlim=c(0,5), pch=19)           # 산점도 그리기
lm.5.3=lm(Y~X, data=Data5.3)                         # 회귀분석
abline(lm5.3, col=2)                                 # 회귀 적합선 그리기
```

그림 5.3에서 보는 바와 같이 이상적인 적합직선은 이들 $|d_i|$들을 최소화하는 것이다. 그런데 거리를 최소화할 때 음이나 양의 방향은 상관이 없으므로 부호의 영향을 피하고 계산을 쉽게 하기 위하여 $d_i$를 제곱한 $d_i^2$을 고려하기로 한다. 그런데 모든 $d_i^2$들을 동시에 최소화하는 직선식은 존재하지 않으므로 $d_i^2$들의 합인

**그림 5.3 실제 관측값과 적합된 값의 차이**

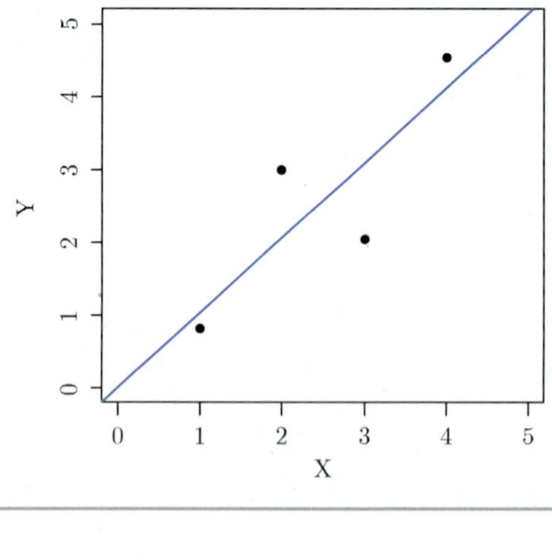

$$\sum_{i=1}^{n} d_i^2 = \sum_{i=1}^{n} (Y_i - \widehat{Y}_i)^2$$

를 최소화하는 직선식을 찾는다.

위와 같은 과정을 통하여 적합직선을 얻는 방법을 '최소제곱법'이라 하고 얻어진 적합직선을 '최소제곱 회귀직선'이라 부른다. 적합된 회귀직선을 찾는 방법은 여러 가지가 있을 수 있는데 그중 최소제곱법이 가장 보편적으로 쓰이기 때문에 최소제곱 회귀직선을 단순히 '회귀직선'이라 부르기도 한다.

구체적으로 최소제곱 회귀직선을 얻는 방법을 살펴보기로 하자. 이를 위하여 다음과 같이 기호를 정의하기로 한다.

$$\overline{X} = \sum_{i=1}^{n} X_i / n \qquad \overline{Y} = \sum_{i=1}^{n} Y_i / n$$

$$S_{xx} = \sum_{i=1}^{n} (X_i - \overline{X})^2 = \sum_{i=1}^{n} X_i^2 - n(\overline{X})^2$$

$$S_{yy} = \sum_{i=1}^{n} (Y_i - \overline{Y})^2 = \sum_{i=1}^{n} Y_i^2 - n(\overline{Y})^2$$

$$S_{xy} = \sum_{i=1}^{n} (X_i - \overline{X})(Y_i - \overline{Y}) = \sum_{i=1}^{n} X_i Y_i - n(\overline{X})(\overline{Y})$$

그리고 $\sum_{i=1}^{n} d_i^2$를 적합직선의 기울기 $\beta_1$와 절편 $\beta_0$에 대해 최소화하는 방법으로 각각에 대한 미분값을 0으로 놓고 풀면,

$$\beta_1 = \frac{S_{xy}}{S_{xx}}, \qquad \beta_0 = \overline{Y} - \frac{S_{xy}}{S_{xx}} \overline{X}$$

일 때 $\sum_{i=1}^{n} d_i^2$가 최소가 되는 것을 알 수 있다. 이때의 $\beta_1$과 $\beta_0$의 값을 각각 $\hat{\beta}_1$와 $\hat{\beta}_0$라 하면 최소제곱 회귀직선은 $\widehat{Y} = \hat{\beta}_0 + \hat{\beta}_1 X$이다. $\hat{\beta}_0$은 $\overline{Y} - \hat{\beta}_1 \overline{X}$으로부터 구할 수도 있다.

### 예 5.2

앞의 예에서 최소제곱 회귀직선을 찾아보자.

**표 5.2** 극장의 수와 성 관련 범죄 수에 관한 자료

| | $X$ | $Y$ | $X^2$ | $Y^2$ | $XY$ |
|---|---|---|---|---|---|
| | 15 | 175 | 225 | 30625 | 2625 |
| | 20 | 220 | 400 | 48400 | 4400 |
| | 10 | 120 | 100 | 14400 | 1200 |
| | 12 | 152 | 144 | 23104 | 1824 |
| | 16 | 181 | 256 | 32761 | 2896 |
| 합계 : | 73 | 848 | 1125 | 149290 | 12945 |

표 5.2로부터

$$\overline{Y} = 848/5 = 169.6, \quad \overline{X} = 73/5 = 14.6$$
$$S_{xx} = 1125 - 5(14.6)(14.6) = 59.2$$
$$S_{yy} = 149290 - 5(169.6)(169.6) = 5469.2$$
$$S_{xy} = 12945 - 5(14.6)(169.6) = 564.199$$

이므로

$$\hat{\beta}_1 = \frac{564.199}{59.2} = 9.53, \quad \hat{\beta}_0 = 169.6 - 9.53(14.6) = 30.5$$

이다. 따라서 회귀직선은

$$\widehat{Y} = 30.5 + 9.53X$$

이다.

---

위와 같이 얻어진 회귀직선을 이용하여 주어진 $X$값으로부터 $Y$의 값을 예측할 수 있다. 이때의 예측값 $\widehat{Y}$는 $X$의 값이 주어진 값으로 고정되어 있을 때 가능한 모든 $Y$값들의 평균이다. 그리고 최소제곱 회귀직선으로부터 얻어진 $\widehat{Y}_i$($X = X_i$일 때 $Y$의 예측값, 또는 $X = X_i$일 때 $Y$의 적합된 값)과 실제 관측값 $Y_i$ 간의 차이의 합, 즉 $\sum_{i=1}^{n} d_i$은 항상 0이 된다. 이는 최소제곱 회귀직선이 대략적으로 산점도의 중심을 지남을 의미한다. 예 5.2의 경우, 각 관측된 $X$값에서 $Y$의 예측값, 그리고 예측값과 실제 관측값과의 차이를 표 5.3에 나타냈고 그림 5.4에 산점도와 회귀직선을 제시하였다.

```
Table5.2 = data.frame(X=X, Y=Y, X.sq=X^2, Y.sq=Y^2, XY=X*Y)
Table5.2

apply(Table5.2, 2, sum)  # 행렬에서 열에 대한 합계 계산하기
```

```
   X   Y X.sq  Y.sq   XY
1 15 175  225 30625 2625
2 20 220  400 48400 4400
3 10 120  100 14400 1200
4 12 152  144 23104 1824
5 16 181  256 32761 2896
```

```
lm5.2 = lm(Y~X)                    # 회귀분석

plot(X, Y, pch=19)                         # 산점도 그리기

abline(lm5.2, col=2)             # 회귀 적합선 그리기
```

**표 5.3** 범죄발생수에 대한 예측값

| $X$ | 관측값 $Y$ | 예측값 $\hat{Y}$ | $Y$와 $\hat{Y}$ 간의 차이 |
|---|---|---|---|
| 15 | 175 | 173.45 | 1.55 |
| 20 | 220 | 221.10 | −1.10 |
| 10 | 120 | 125.80 | −5.80 |
| 12 | 152 | 144.86 | 7.14 |
| 16 | 181 | 182.98 | −1.98 |

**그림 5.4** 극장의 수와 성 관련 범죄 수의 산점도와 회귀직선

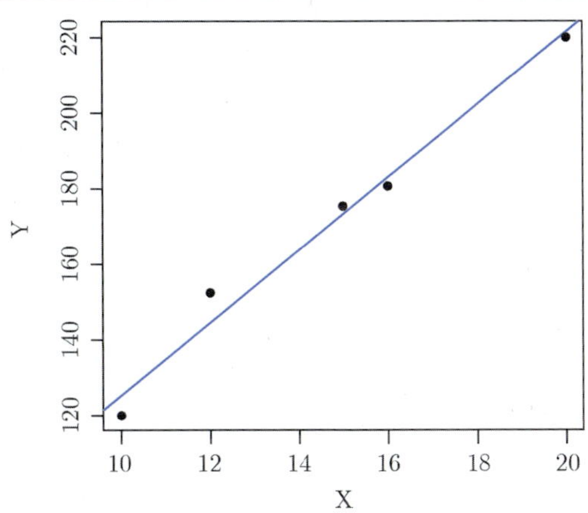

통계 패키지 R을 이용하면 회귀직선식을 간단히 구할 수 있다. 다음은 예 5.2의 자료에 대한 회귀직선을 R을 이용하여 구하는 과정과 출력결과이다.

```
X = c(15,20,10,12,16) Y = c(175,220,120,152,181)  # 자료입력
lm5.2 = lm(Y~X)                                  # 회귀분석
summary(lm5.2)      # 회귀분석 요약 (회귀계수, R-squared, F 검정값 등 출력)

Call:
lm(formula = Y ~ X)
Residuals:
     1      2      3      4      5
 1.588 -1.064 -5.760  7.179 -1.943

Coefficients:
            Estimate Std. Error t value Pr(>|t|)
(Intercept)  30.4561    10.8045   2.819 0.066303 .
X             9.5304     0.7203  13.231 0.000933
---
Signif. codes:  0 '***' 0.001 '**' 0.01 '*' 0.05 '.' 0.1 ' ' 1

Residual standard error: 5.542 on 3 degrees of freedom
Multiple R-squared:  0.9832,    Adjusted R-squared:  0.9775
F-statistic: 175.1 on 1 and 3 DF,  p-value: 0.0009329

anova(lm5.2)                                # 적합된 회귀식에 대한 F 검정

Analysis of Variance Table
Response: Y
          Df Sum Sq Mean Sq F value    Pr(>F)
X          1 5377.1  5377.1  175.06 0.0009329 ***
Residuals  3   92.1    30.7
---
Signif. codes:  0 '***' 0.001 '**' 0.01 '*' 0.05 '.' 0.1 ' ' 1

n = length(X)                          # 데이터 개수
beta = lm5.2$coef["X"]                 # 적합된 회귀식에서의 회귀계수
Syy = sum((Y-mean(Y))^2)               # X에 대한 편차 제곱합
Sxy = sum((X-mean(X))*(Y-mean(Y)))     # X에 대한 편차와 Y에 대한 편차 곱

Sxx = sum((X-mean(X))^2)               # Y에 대한 편차 제곱합
SSE = Syy-beta*Sxy                     # 잔차 제곱합
```

```
Syx = sqrt(SSE/(n-2))                         # 추정된 회귀계수의 표준오차
t=round(beta/round((Syx/sqrt(Sxx)),3),2)   # t 통계량
CI.lower = beta+qt(0.025, df=n-2)*Syx/sqrt(Sxx)
CI.upper = beta+qt(0.975, df=n-2)*Syx/sqrt(Sxx)
round(c(CI.lower, CI.upper),2)               # 추정된 회귀계수의 95% 신뢰구간
```

```
   X     X
7.24 11.82
```

## SECTION 5.3 오차분석

우리가 전체 모집단을 정확히 알고 있다면 이 모집단의 자료로부터 얻어진 회귀직선은 정확한 것이다. 그러나 자료가 모집단의 일부인 표본으로부터 얻어진 것이라면 이로부터 산출된 회귀직선은 실제 회귀직선의 추정치이다. 그렇다면 일차원에서 표본평균으로 모집단의 평균을 추정하였을 때 오차가 존재하는 것과 마찬가지로 표본을 이용하여 얻은 회귀직선으로 모집단의 회귀직선을 추정하였을 때도 오차가 존재한다. 일차원에서 오차를 표준편차로 추정하는데 회귀분석에서도 마찬가지이다. 단, 회귀분석에서는 이를 표준오차($se$ : standard error)라 부르고

$$s_{y|x} = \sqrt{\frac{\text{SSE}}{n-2}}$$

로 주어진다. 여기서 $n$은 쌍으로 구성된 관측값의 개수이고

$$\text{SSE} = \sum_{i=1}^{n}(Y_i - \widehat{Y}_i)^2$$

는 오차제곱합(sum of squares of errors)이다. 여기에서 $\widehat{Y}_i$는 일차원에서 표본 평균에 해당하고 $s_{y|x}$는 일차원에서의 표준편차에 해당한다. 단, 회귀분석에서는 미지의 모수가 기울기와 절편으로 두 개이므로 자유도가 $(n-2)$가 된 것이다.

한편, 변수 $X$의 값이 $x$로 주어질 때 $Y$의 예측값 $\widehat{Y}$의 표준오차는 다음과 같다.

$$se(\widehat{Y}) = s_{y|x}\sqrt{\frac{1}{n} + \frac{(x-\overline{X})^2}{S_{xx}}}$$

예 5.2의 경우를 살펴보면 표 5.3으로부터

$$\text{SSE} = \sum_{i=1}^{n}(Y_i - \widehat{Y}_i)^2 = 92.1$$

$$s_{y|x} = \sqrt{\frac{92.1}{5-2}} = 5.542$$

이다. SSE를 계산하기에 좀더 편리한 식으로

$$\text{SSE} = S_{yy} - \hat{\beta}_1 S_{xy}$$

가 있다. 이 식으로부터 $\hat{\beta}_1 = 0$이면 SSE$= S_{yy}$임을 알 수 있는데 이는 $Y$의 예측에 미치는 $X$의 영향이 없을 때는 회귀직선을 이용한 예측값의 오차가 $Y$ 자체의 오차와 같아짐을 보여준다. 또한, $\hat{\beta} \neq 0$면 SSE로 측정되는 회귀직선의 변동이 $S_{yy}$로 측정되는 변수 $Y$의 변동보다 작다. 이는 $X$와 $Y$ 간에 선형관계가 존재할 때 회귀직선을 사용하여 $Y$를 예측하는 것이 오차를 줄일 수 있음을 보여주는 것이다.

## SECTION 5.4 기울기에 대한 가설검정

앞서 언급한 바와 같이 모집단의 실제 회귀직선은

$$Y = \beta_0 + \beta_1 X$$

이고 표본을 사용하여 이를 추정한 것이

$$\widehat{Y} = \hat{\beta}_0 + \hat{\beta}_1 X$$

이다. 그런데 회귀직선에서 가장 주된 관심은 회귀직선의 기울기 $\beta_1$이 0과 유의하게 다른가 하는 것이다. 만약 기울기가 0이라면 $X$와 $Y$ 간에 전혀 아무런 선형관계가 없음을 의미하고 따라서 $X$값을 $Y$의 예측에 사용하는 것이 무의미하기 때문이다.

제4장에서 공부한 모집단의 평균 $\mu$에 대한 가설검정에서와 마찬가지로, $\beta_1$에 대한 가설검정에서도 추정치 $\hat{\beta}_1$을 사용하는데 $\hat{\beta}_1$은 표본으로부터 얻은 추정치이기 때문에 오차를 고려해야 한다. 자세한 증명은 생략하고 $\hat{\beta}_1$의 오차는

$$se(\hat{\beta}_1) = \frac{s_{y|x}}{\sqrt{S_{xx}}}$$

이다.

$\beta_1$에 대한 가설검정 절차는 다음과 같다.

1. 귀무가설과 대립가설을 설정한다.

$$H_0 : \beta_1 = \beta_{10}(\text{보통 } 0) \quad \text{vs} \quad H_1 : \beta_1 \neq \beta_{10}$$

2. $\hat{\beta}_1$과 $se(\hat{\beta}_1)$을 계산한다.
3. 검정통계량을 다음과 같이 계산한다.

① $n > 30$(대표본)일 때는 $z = \dfrac{\hat{\beta}_1 - \beta_{10}}{s_{y|x}/\sqrt{S_{xx}}}$

② $n \leq 30$(소표본)일 때는 $t = \dfrac{\hat{\beta}_1 - \beta_{10}}{s_{y|x}/\sqrt{S_{xx}}}$

4. 기각역을 결정한다.

① $n > 30$(대표본)일 때는 $|z| > z_{\alpha/2}$이면 $H_0$ 기각

② $n \leq 30$(소표본)일 때는 $|t| > t_{\alpha/2}(n-2)$이면 $H_0$ 기각

5. 표값과 검정통계량을 비교하여 귀무가설의 기각 여부를 결정한다.

또한 기울기 $\beta_1$에 대한 신뢰구간은 다음과 같다.

$$CI(\beta_1) = \hat{\beta}_1 \pm \theta_{\alpha/2}\, s_{y|x}/\sqrt{S_{xx}}$$

여기에서 상수 $\theta_{\alpha/2}$는 가설검정의 단계 3에서와 같이 표본의 크기에 따라 $z$ 또는 $t_{n-2}$가 된다.

### 예 5.4

예 5.2의 경우에 표 5.2로부터

$$\hat{\beta}_1 = 9.53 \qquad s_{y|x}/\sqrt{S_{xx}} = \frac{5.542}{\sqrt{59.2}} = 0.720, \quad n = 5$$

이므로 귀무가설 $H_0 : \beta_1 = 0$의 검정에서 검정통계량은

$$t = \frac{9.53}{0.720} = 13.24$$

이다. 유의수준 $\alpha = 0.05$를 사용하면 $t$ 분포표에서 $t_{0.025}(3) = 3.18$이므로 귀무가설을 기각하고 극장의 수와 성 관련 범죄 수는 서로 유의한 양의 선형관계를 가진다고 결론짓는다. 또한 $\beta_1$에 대한 95% 신뢰구간은

$$9.53 \pm 3.18(0.720) = (7.24,\ 11.82)$$

이다.

## SECTION 5.5 상관계수

통계 분석에서 종종 두 변수의 연관성(상관관계)의 측정이 주된 관심인 경우가 발생한다. 예를 들면, 책의 두께와 가격이 서로 연관이 있다면 어느 정도인지, 동물성 지방의 섭취와 유방암의 발병률이 연관이 있다면 어느 정도 강한 연관이 있는지, 교육의 정도와 월수입의 연관성은 어느 정도인지 등이다. 이러한 두 변수의 연관성의 정도를 측정할 때에 가장 널리 쓰이는 것이 다음 식으로 주어지는 상관계수이다.

$$r = \frac{S_{xy}}{\sqrt{S_{xx}S_{yy}}}$$

상관계수 $r$은 $-1 \le r \le 1$을 만족하며 $X$와 $Y$ 간에 음의 상관관계, 즉 $X$가 증가하면 $Y$는 감소하고 $X$가 감소하면 $Y$는 증가하는 경향이 있으면 음의 값을 가지고, 반대로 양의 상관관계, 즉 $X$와 $Y$가 동시에 증가 혹은 감소하는 경향이 있으면 양의

값을 가진다. 또한 $r$의 절대값이 크면 강한 연관성 또는 상관관계를 나타낸다.

앞의 $\hat{\beta}_1 = S_{xy}/S_{xx}$로부터

$$r = \hat{\beta}_1 \sqrt{\frac{S_{xx}}{S_{yy}}}$$

이 성립함을 알 수 있다. 따라서 $r$과 $\hat{\beta}_1$은 항상 같은 부호를 가지며 양의 상관관계가 있는 경우에 회귀직선의 기울기는 양수이고 음의 상관관계가 있는 경우에 회귀직선의 기울기는 음수이다. $r=1$은 $X$와 $Y$가 완벽한 양의 선형관계에 있음을, 즉 $X$와 $Y$의 자료가 모두 기울기가 양수인 직선 위에 존재함을 나타내며 마찬가지로 $r=-1$은 $X$와 $Y$가 완벽한 음의 선형관계에 있음을 나타낸다. 그리고 $r=0$은 추정된 회귀직선의 기울기가 0임을, 즉 $X$와 $Y$ 간에 선형관계가 전혀 없음을 나타낸다.

$\hat{\beta}_1$과 마찬가지로 $r$도 모집단에서의 실제 상관관계의 척도인 $\rho$의 추정치이다. 따라서 모집단에서의 상관계수 $\rho$가 0인지에 대한 가설검정에 관심이 있을 수 있을 것이다. 참고로 $\rho=0$은 실제 모집단에서 $X$와 $Y$ 간에 선형관계가 전혀 없음을 의미한다. 귀무가설 $H_0 : \rho=0$, 대립가설 $H_1 : \rho \neq 0$에 대한 검정통계량은

$$t = r\sqrt{\frac{n-2}{1-r^2}}$$

이고 $|t| > t_{\alpha/2}(n-2)$일 때 유의수준 $\alpha$에서 귀무가설을 기각한다. 귀무가설을 기각함은 $X$와 $Y$가 서로 유의한 선형관계에 있음을 의미한다.

## SECTION 5.6 회귀분석과 상관분석 시 주의점

회귀분석과 상관분석에서 주의할 점은 다음과 같다.

첫째, 회귀분석과 상관분석에서는 두 변수의 선형관계만을 고려한다는 점이다. 따라서 $r=0(\hat{\beta}_1=0)$은 단지 선형관계가 없음을 의미하는 것이지 다른 형태의 관계도 없음을 의미하는 것은 아니다. 두 변수 간에 비선형 관계는 존재하나 선형 관계는 존재하지 않을 경우에도 $r=0$이다. 그림 5.5에 $r=0$인 경우의 산점도를 나열해 보았다.

**그림 5.5 상관계수가 0인 경우의 산점도**

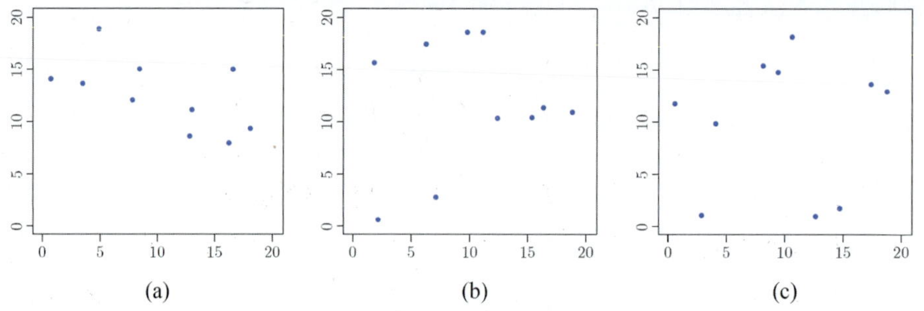

```
Data5.5.1 = data.frame(X=runif(10, min=0, max=20), Y=runif(10, min=0, max=20))
Data5.5.2 = data.frame(X=runif(10, min=0, max=20), Y=runif(10, min=0, max=20))
Data5.5.3 = data.frame(X=runif(10, min=0, max=20), Y=runif(10, min=0, max=20))

par(mfrow=c(1,3))

plot(Data5.5.1, xlab="", ylab="", pch=19, xlim=c(0,20), ylim=c(0,20), cex.lab=1.3, cex.axis=1.2)
plot(Data5.5.2, xlab="", ylab="", pch=19, xlim=c(0,20), ylim=c(0,20), cex.lab=1.3, cex.axis=1.2)
plot(Data5.5.3, xlab="", ylab="", pch=19, xlim=c(0,20), ylim=c(0,20), cex.lab=1.3, cex.axis=1.2)
```

그림 5.5(a)는 두 변수가 전혀 아무런 관계가 없이 독립인 경우이고, (b)의 경우에는 이차곡선의 관계가 존재하는 경우, (c)는 로그곡선의 관계가 존재하는 경우이다. 참고로 두 변수 간에 비선형 관계가 존재하는 경우에는 변수변환을 통하여 새로운 변수 간에 선형 관계를 갖도록 한 다음 회귀직선이나 상관계수를 통한 분석을 하는 것이 좋다. 비선형 관계에 비하여 선형 관계의 측정이나 해석이 훨씬 쉽기 때문이다. 예를 들면 그림 5.5(c)의 경우에는 $X$변수에 로그를 취하면 새로운 $X$ 변수와 $Y$ 변수는 선형관계를 갖게 된다.

둘째, 관측값의 범위 밖에서의 추론은 매우 주의해야 한다는 점이다. 예를 들어 다음의 월수입과 식비의 자료를 살펴보자.

**표 5.4** 월수입과 식비에 대한 자료

| 월수입(만 원) | 식비(만 원) |
|---|---|
| 176 | 56 |
| 256 | 64 |
| 128 | 40 |
| 296 | 80 |
| 96 | 32 |
| 216 | 48 |
| 136 | 48 |

이 자료에 대한 산점도와 회귀직선을 그려보면 그림 5.6과 같다.

**그림 5.6** 월수입과 식비에 대한 산점도와 회귀직선

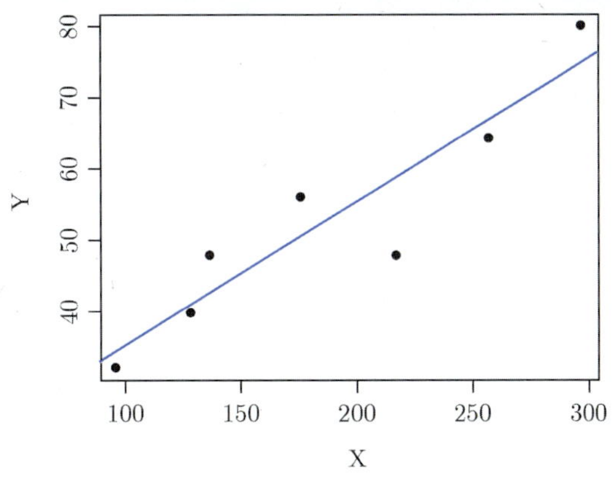


```
Table5.4 = data.frame("월수입(만 원)"=c(176,256,128,296,96,216,136),
                      "식비(만 원)"=c(56,64,40,80,32,48,48))        # 자료입력
Table5.4
```

```
  월수입 식비
1    176   56
2    256   64
3    128   40
4    296   80
5     96   32
6    216   48
7    136   48
```

```
X=Table5.4[,1]; Y=Table5.4[,2]

plot(Table5.4, xlab="X", ylab="Y", pch=19)      # 산점도 그리기
lm.5.4 = lm(Y~X)                                # 회귀분석
abline(lm.5.4, col=2)                           # 회귀 적합선 그리기
```

추정된 회귀직선식은 $\hat{Y} = 15.0 + 0.202X$이다. 이 회귀직선식으로부터 월수입($X$)이 0일 때 식비($Y$)가 15만 원이라는 추론은 타당할까? 위 자료에서 월수입의 관측범위는 96만 원에서 296만 원까지이다. 따라서 월수입이 전혀 없는 경우는 관측되지 않았기 때문에 이 부분에서 자료가 어떻게 변할지는 예측이 어렵다. 관측된 범위의 자료와 같은 형태일 수도 있고 그렇지 않을 수도 있기 때문이다. 월수입이 전혀 없더라도 기본적인 최저식비는 필요할 것이므로 식비의 감소 속도가 느리게 변할 수 있다.

셋째, 분석결과 두 변수가 관련이 있다고 해서 반드시 한 변수가 다른 변수의 유발요인임을 의미하는 것은 아니라는 점이다. 예를 들면 뇌염과 콜라의 판매량은 강한 양의 상관관계가 있다. 그러나 이러한 양의 상관관계로부터 콜라가 뇌염을 유발하는 요인이라고 결론지어서는 안 된다. 이 경우에는 여름철의 더운 기온이라는 제삼의 변수가 뇌염 모기의 적절한 생존요건이 되어주어 뇌염을 유발하고 동시에 콜라의 소비량도 증가시키는 유발요인이 된 것이다. 한 변수가 다른 변수의 유발요인인지 밝히는 문제는 상당히 어려운 것으로 고도의 통계적 실험계획이 요구되는 경우가 많다.

## SECTION 5.7 요약

1. 회귀직선 : $\hat{Y} = \hat{\beta}_0 + \hat{\beta}_1 X$
2. $\beta_0$와 $\beta_1$의 추정치

$$\hat{\beta}_1 = \frac{S_{xy}}{S_{xx}}$$

$$\hat{\beta}_0 = \overline{Y} - \hat{\beta}_1 \overline{X}$$

$$S_{xx} = \sum_{i=1}^{n} (X_i - \overline{X})^2 = \sum_{i=1}^{n} X_i^2 - n(\overline{X})^2$$

$$S_{yy} = \sum_{i=1}^{n}(Y_i - \overline{Y})^2 = \sum_{i=1}^{n} Y_i^2 - n(\overline{Y})^2$$

$$S_{xy} = \sum_{i=1}^{n}(X_i - \overline{X})(Y_i - \overline{Y}) = \sum_{i=1}^{n} X_i Y_i - n(\overline{X})(\overline{Y})$$

3. 회귀직선의 변동에 대한 측도

$$s_{y|x} = \sqrt{\frac{S_{yy} - \hat{\beta}_1 S_{xy}}{n-2}}$$

4. $\beta_1$에 대한 가설검정 ($H_0$ : $\beta_1 = \beta_{10}$)

$$n\text{이 클 때} : z = \frac{\hat{\beta}_1 - \beta_{10}}{s_{y|x}/\sqrt{S_{xx}}}$$

$$n\text{이 작을 때} : t = \frac{\hat{\beta}_1 - \beta_{10}}{s_{y|x}/\sqrt{S_{xx}}}$$

5. $\beta_1$에 대한 신뢰구간 : $\hat{\beta}_1 \pm \theta_{\alpha/2} s_{y|x}/\sqrt{S_{xx}}$, $\theta_{\alpha/2}$는 $z_{\alpha/2}$(대표본) 또는 $t_{\alpha/2}(n-2)$ (소표본)

6. 상관계수

$$r = \frac{S_{xy}}{\sqrt{S_{xx} S_{yy}}}$$

7. $\rho$에 대한 검정통계량

$$t = r\sqrt{\frac{n-2}{1-r^2}}$$

## SECTION 5.8 실례

대학 입학처의 가장 주된 관심 중의 하나는 입학시험 성적으로부터 1학년 평균평점을 예측하는 일이다. 이를 위한 첫 단계는 전체 1학년 학생들로 구성된 모집단으로부터 $n$명의 학생을 랜덤표본으로 추출하여 이들의 입학성적($X$)과 1학년 평균평점($Y$)을 조사하는 일이다. 그 다음, 이 자료로부터 최소제곱법 회귀직선을 구한다. 그리고 구하여진 회귀직선을 이용하여 다음에 입학할 학생들의 1학년 평균평점을 예측하는 것이다.

**표 5.5** 입학성적과 1학년 평균평점에 관한 자료

| 입학성적 $X$ | 1학년 평균평점 $Y$ |
|---|---|
| 24 | 1.5 |
| 61 | 3.5 |
| 30 | 1.7 |
| 48 | 2.7 |
| 60 | 3.4 |
| 32 | 1.6 |
| 19 | 1.2 |
| 22 | 1.3 |
| 41 | 2.2 |
| 46 | 2.7 |

```
Table5.5 = data.frame(X=c(24,61, 30, 48, 60, 32, 19, 22, 41, 46),
                      Y=c(1.5, 3.5, 1.7, 2.7, 3.4, 1.6, 1.2, 1.3, 2.2, 2.7))
#자료입력

Table5.5

    X   Y
1  24 1.5
2  61 3.5
3  30 1.7
4  48 2.7
5  60 3.4
6  32 1.6
7  19 1.2
8  22 1.3
9  41 2.2
10 46 2.7

plot(Table5.5, pch=19)            # 산점도 그리기

lm.5.5 = lm(Y~X, Table5.5)        # 회귀분석

abline(lm.5.5, col=2)             # 회귀 적합선 그리기

summary(lm5.5)  # 회귀분석 결과 요약

anova(lm5.5)              # 적합된 회귀식에 대한 F검정
```

그림 5.7 입학성적과 1학년 평균평점에 대한 산점도

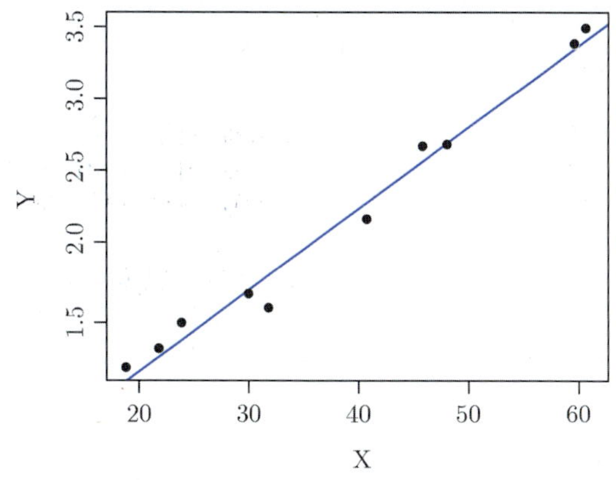


```
Call:
lm(formula = Y ~ X, data = Table5.5)
Residuals:
     Min       1Q   Median       3Q      Max
-0.23120 -0.01962  0.02052  0.08221  0.11171
Coefficients:
            Estimate Std. Error t value Pr(>|t|)
(Intercept)  0.05954    0.10235   0.582    0.577
X            0.05536    0.00250  22.149 1.82e-08 ***
---
Signif. codes:  0 '***' 0.001 '**' 0.01 '*' 0.05 '.' 0.1 ' ' 1

Residual standard error: 0.1145 on 8 degrees of freedom
Multiple R-squared:  0.984,     Adjusted R-squared: 0.9819
F-statistic: 490.6 on 1 and 8 DF,  p-value: 1.824e-08

Analysis of Variance Table

Response: Y
          Df Sum Sq Mean Sq F value Pr(>F)
X          1 6.4311  6.4311  490.53 1.824e-08 ***
Residuals  8 0.1049  0.0131
---
Signif. codes:  0 '***' 0.001 '**' 0.01 '*' 0.05 '.' 0.1 ' ' 1
```

```
attach(Table5.5)

n = nrow(Table5.5)                     # 데이터 개수
beta = round(lm.5.5$coef["X"],4)       # 추정된 회귀계수

Syy = sum((Y-mean(Y))^2)               # X에 대한 편차 제곱합
Sxy = sum((X-mean(X))*(Y-mean(Y)))     # X에 대한 편차와 Y에 대한 편차 곱
Sxx = sum((X-mean(X))^2)               # Y에 대한 편차 제곱합

SSE = Syy-beta*Sxy                     # 잔차 제곱합
Syx = sqrt(SSE/(n-2))                  # 추정된 회귀계수의 표준오차
t=beta/(Syx/sqrt(Sxx))                 # t 통계량

CI.lower = beta+qt(0.025, df=8)*Syx/sqrt(Sxx)
CI.upper = beta+qt(0.975, df=8)*Syx/sqrt(Sxx)

c(CI.lower, CI.upper)                   # 추정된 회귀계수의 95% 신뢰구간
```

```
        X         X
0.0497507 0.0610493
```

```
predict(lm.5.5, newdata=data.frame(X=40) # 추정된 회귀식으로 새로운 데이터 예측
```

```
       1
2.274119
```

표 5.5에 주어진 자료와 그림 5.7에 주어진 산점도를 살펴보자. 산점도를 보면 $X$가 증가함에 따라 $Y$도 증가하는 직선의 형태를 보인다. 따라서 직선으로 자료를 적합시킴이 타당하고, 자료로부터 최소제곱 회귀직선

$$\hat{Y} = 0.0595 + 0.0554X$$

을 얻는다.

다음, $\hat{\beta}_1$이 0과 유의학 다른지, 즉 실제 $\beta_1$값은 0인데 추정치가 가지는 변동성으로 인하여 $\hat{\beta}_1 = 0.0554$가 얻어졌는지 검정하여 보자. 만약 $\hat{\beta}_1$이 0과 유의하게 다르지 않다면 $X$와 $Y$는 유의한 선형관계에 있지 않다는 것을 의미한다. 가설검정을 위하여 회귀직선의 변동성의 측도를 계산한다.

$$\text{SSE} = S_{yy} - \hat{\beta}_1 S_{xy} = 6.536 - (0.0554)(116.16) = 0.1007$$

$$s_{y|x} = \sqrt{\frac{\text{SSE}}{n-2}} = \sqrt{\frac{0.1007}{8}} = 0.1122$$

여기에서는 $n$이 작으므로 검정통계량으로 $t$를 사용한다.

단계 1 : $H_0 : \beta_1 = 0$

단계 2 : $\hat{\beta}_1 = 0.0554$

단계 3 : $t = \dfrac{\hat{\beta}_1 - 0}{s_{y|x}/\sqrt{S_{xx}}} = \dfrac{0.0554}{0.1122/\sqrt{2098.1}} = \dfrac{0.0554}{0.0024} = 22.61$

단계 4 : 자유도가 8이므로 유의수준 5%에서 $t_{0.025}(8) = 2.306$이다.

단계 5 : 단계 3의 통계량의 절대값이 단계 4의 기각값보다 크므로 두 변수 간에 유의한 선형관계가 없다는 귀무가설을 기각한다. 즉, 유의수준 5%로 $\hat{\beta}_1 = 0.0554$가 0과 유의하게 다르다고 결론짓는다.

$\hat{\beta}_1$은 표본으로부터 얻어진 추정량이기 때문에 실제 모집단에서의 값 $\beta_1$이 속할 구간(95% 신뢰수준으로)을 구하여 보자.

$$\begin{aligned} CI(\beta_1) &= \hat{\beta}_1 \pm t_{\alpha/2}(n-2)\frac{s_{y|x}}{\sqrt{S_{xx}}} = 0.0554 \pm 2.306\frac{0.1122}{\sqrt{2098.1}} \\ &= [0.050,\ 0.061] \end{aligned}$$

**회귀직선의 용도** : 회귀직선식을 사용하여 $X$값이 주어질 때 $Y$값을 예측할 수 있다. 예를 들어 한 학생의 입학성적이 40점이었다면 이 학생의 1학년 평균평점은

$$\widehat{Y} = 0.0595 + 0.0554(40) = 2.27$$

로 예측할 수 있다.

**상관계수** : 위의 두 변수 간에 얼마나 강한 상관성이 있는지는 다음의 상관계수 $r$에 의하여 측정된다.

$$r = \frac{S_{xy}}{\sqrt{S-xxS_{yy}}} = \frac{116.16}{\sqrt{(2098.1)(6.536)}} = 0.99$$

이 경우, 변수 $X$와 $Y$ 간에 강한 선형의 상관성이 있음을 알 수 있다.

귀무가설 $H_0 : \rho = 0$의 검정통계량을 계산하여 보면

$$t = r\sqrt{\frac{n-2}{1-r^2}} = 0.99\sqrt{\frac{8}{1-0.99^2}} = 19.85$$

이다. 유의수준 0.05에서 기각값은 2.306이므로 귀무가설을 기각하고 $X$와 $Y$ 간에 유의한 선형관계가 존재하며 따라서 $X$를 사용하여 $Y$를 예측함이 유용하다고 결론짓는다.

## SECTION 5.9 다중회귀

단순회귀에서는 종속변수의 예측에 사용되는 독립변수가 하나였다. 그러나 실제 상황에서는 종속변수의 예측에 영향을 미치는 변수가 둘 이상으로 많을 수 있다. 이렇게 독립변수가 둘 이상인 경우에 종속변수의 예측에 사용되는 회귀직선을 구하는 등의 분석을 다중회귀라 한다. 예를 들면, 유방암의 발병률을 종속변수라 했을 때 이와 관련 있는 독립변수로 유전적 요인, 동물성 지방의 섭취량, 나이 등을 들 수 있다. 또한 중고차의 가격을 종속변수라 했을 때 관련 있는 독립변수로 나이, 운행거리, 차의 종류에 따른 등급 등을 들 수 있다.

이 장에서는 다중회귀에 대해 간단히 소개하기로 한다.

$k$개의 독립변수 $X_1, X_2, \cdots, X_k$와 종속변수 $Y$가 있을 때 자료는 독립변수와 종속변수의 쌍 $(X_{1i}, \cdots, X_{ki}, Y_i)$로 주어진다. 예를 들어 중고차의 가격에 대한 자료는 각 중고차의 나이, 운행거리, 차종, 가격으로 구성된다.

| 중고차 | 나이 | 운행거리 | 차종 | 가격 |
|---|---|---|---|---|
| 1 | $X_{11}$ | $X_{21}$ | $X_{31}$ | $Y_1$ |
| 2 | $X_{12}$ | $X_{22}$ | $X_{32}$ | $Y_2$ |
| ⋮ | ⋮ | ⋮ | ⋮ | ⋮ |
| $n$ | $X_{1n}$ | $X_{2n}$ | $X_{3n}$ | $Y_n$ |

## SECTION 5.10 다중선형회귀모형

만약 각 독립변수가 종속변수에 미치는 영향이 선형적이라면 이를 직선식

$$Y = \beta_0 + \beta_1 X_1 + \beta_2 X_2 + \cdots + \beta_k X_k$$

으로 나타낼 수 있다. 표본으로부터 위의 직선식을 추정하는데 단순회귀에서와 같이 최소제곱법을 사용한다. R을 이용하면 최소제곱 회귀직선의 절편과 계수의 추정치를 쉽게 구할 수 있다. 다음 예를 통하여 살펴보자.

### 예 5.5

다음 자료는 거의 같은 키의 남자들로 구성된 모집단에서 13명의 표본을 랜덤추출하여 각 표본의 몸무게와 나이, 그리고 혈압을 조사한 것이다.

표 5.6 몸무게, 나이, 혈압에 관한 자료

| 몸무게 $X_1$ | 나이 $X_2$ | 혈압 $Y$ |
|---|---|---|
| 76 | 50 | 120 |
| 91 | 20 | 141 |
| 85 | 20 | 124 |
| 83 | 30 | 126 |
| 79 | 30 | 117 |
| 80 | 50 | 129 |
| 74 | 60 | 123 |
| 79 | 50 | 125 |
| 85 | 40 | 132 |
| 77 | 55 | 123 |
| 82 | 40 | 132 |
| 95 | 40 | 155 |
| 92 | 20 | 147 |

위의 자료로부터 직선식 $Y = \beta_0 + \beta_1 X_1 + \beta_2 X_2$를 추정하는 R 수행결과는 다음과 같다.

```
Table5.6=data.frame ( X1 = c(76,91,85,83,79,80,74,79,85,77,82,95,92),
                      X2 = c(50,20,20,30,30,50,60,50,40,55,40,40,20),
                      Y = c(120,141,124,126,117,129,123,125,132,123,132,155,147))
                                                          # 자료입력
Table5.6

   X1 X2   Y
1  76 50 120
2  91 20 141
3  85 20 124
4  83 30 126
5  79 30 117
6  80 50 129
7  74 60 123
8  79 50 125
9  85 40 132
10 77 55 123
11 82 40 132
12 95 40 155
13 92 20 147

n=nrow(Table5.6)                       # 전체 데이터 수

lm5.6 = lm(Y~X1+X2, data=Table5.6)     # 회귀분석

summary(lm5.6)                         # 회귀분석 결과 요약



anova(lm5.6)                           # 적합된 회귀식에 대한 F검정

Analysis of Variance Table

Response: Y
          Df  Sum Sq Mean Sq F value    Pr(>F)
X1         1 1208.93 1208.93 162.351 1.659e-07 ***
X2         1  203.32  203.32  27.304 0.0003869 ***
Residuals 10   74.47    7.45
---

beta = lm5.6$coef["X1"]             # 추정된 회귀계수

CI.lower = beta + qt(0.025, df=n-2-1) * summary(lm5.6)$coef["X1","Std.
Error"]
```

```
CI.upper = beta + qt(0.975, df=n-2-1) * summary(lm5.6)$coef["X1","Std.
Error"]

c(CI.lower, CI.upper)          # 추정된 회귀계수의 95% 신뢰구간

      X1       X1
1.785468 2.539024
```

위의 결과로부터 추정된 회귀직선은 $\widehat{Y}=-65.0+2.16X_1+0.413X_2$임을 알 수 있다. 또한 절편과 각 계수의 추정치와 표준오차가 주어져 있는데, 예를 들면 $\hat{\beta}_0=-65.05$이고 $se(\hat{\beta}_0)=16.33$이다. 또한 회귀직선의 변동성의 측도는 $s$값으로 주어지며 이 경우에는 2.729이다. 각 계수가 0과 유의하게 다른가에 대한 검정에서 검정통계량은

$$\frac{\hat{\beta}_i}{se(\beta_i)}$$

로 $n$이 클 경우에는 $z$로, $n$이 작을 경우에는 $t$를 사용한다. 단, $t$를 사용하면 자유도는

$$\text{자유도}=n-\text{독립변수의 수}-1$$

이다. 예를 들어 $H_0: \beta_1=0$를 검정할 때 검정통계량은

$$t=2.16/0.17=12.71$$

로 여기에서 자유도 10은 $13-2-1=10$으로부터 얻어진 것이다. 마찬가지로 각 계수에 대한 신뢰구간은

$$\hat{\beta}_1 \pm \theta_{\alpha/2}\, se(\hat{\beta}_i)$$

로 $\theta_{\alpha/2}$는 $n$에 따라 $z$ 또는 $t$가 된다. 예를 들어 $\beta_1$에 대한 95% 신뢰구간은

$$2.16 \pm 2.23(0.17)=(1.78,\ 2.54)$$

이다.

# 연습문제

1. 다음은 어떤 약의 투여량이 수면시간에 미치는 영향을 조사하기 위하여 얻은 자료이다.

| 투여량(M//kg) $X$ | 수면시간 $Y$ |
|---|---|
| 3 | 4 |
| 3 | 6 |
| 3 | 5 |
| 10 | 9 |
| 10 | 8 |
| 10 | 7 |
| 15 | 13 |
| 15 | 11 |
| 15 | 9 |
| 합계=84 | 합계=72 |

$$\sum_{i=1}^{n} X_i^2 = 1002, \quad \sum_{i=1}^{n} Y_i^2 = 642, \quad \sum_{i=1}^{n} X_i Y_i = 780$$

(1) 산점도를 그려라.

(2) 투여량을 독립변수 $X$로 수면시간을 종속변수 $Y$로 하는 회귀직선을 구하라.

(3) $\beta_1$에 대한 95% 신뢰구간을 구하라.

(4) 두 변수 간에 선형관계가 없다는 가설을 유의수준 5%로 검정하라.

(5) 투여량이 $12\mu M$/kg일 때 수면시간을 예측하라.

2. 다음은 각 나라별로 1930년에 소비한 1인당 담배의 개비수와 1950년에 폐암으로 인해 사망한 남자의 수를 조사한 것이다. 1930년에는 여자 흡연자가 거의 없었고 흡연의 영향으로 인한 사망률을 조사하기 위해서는 상당한 기간을 두어야 한다. 다음 질문에 답하라.

| 나라 | 담배소비량 | 사망률(백만명당) |
|---|---|---|
| 오스트레일리아 | 480 | 180 |
| 캐나다 | 500 | 150 |
| 덴마크 | 380 | 170 |
| 핀란드 | 1100 | 350 |
| 영국 | 1100 | 460 |
| 네덜란드 | 490 | 240 |
| 아이슬랜드 | 230 | 60 |
| 노르웨이 | 250 | 90 |
| 스웨덴 | 300 | 110 |
| 스위스 | 510 | 250 |
| 미국 | 1300 | 200 |
| 합계 | 6640 | 2260 |

(1) 산점도를 그려라.

(2) 상관계수를 구하라.

(3) 담배소비량과 폐암사망률 간에 유의한 선형관계가 있는지 유의수준 5%로 검정하라.

(4) 담배소비량으로부터 폐암사망률을 예측하는 회귀직선을 구하라.

(5) 담배소비량이 300일 때 폐암사망률을 예측하라.

3. 스트레스가 혈압에 미치는 영향을 조사하기 위하여 9마리의 원숭이를 대상으로 다음 실험을 하였다. 원숭이가 먹이에 가까이 감에 따라 전기충격을 강하게 주고 2분의 스트레스 기간 후에 혈압을 측정하였다. 단, 9마리의 원숭이 모두 실험 직전의 혈압은 동일하였다.

| | 충격 강도 $X$ | 혈압 $Y$ |
|---|---|---|
| | 30 | 125 |
| | 30 | 130 |
| | 30 | 120 |
| | 50 | 150 |
| | 50 | 145 |
| | 50 | 160 |
| | 70 | 175 |
| | 70 | 180 |
| | 70 | 180 |
| 합계 : | 450 | 1365 |

$$\sum_{i=1}^{n} X_i^2 = 24900, \quad \sum_{i=1}^{n} Y_i^2 = 211475, \quad \sum_{i=1}^{n} X_i Y_i = 71450$$

(1) 산점도를 그려라.

(2) 충격강도로부터 혈압을 예측하는 회귀직선을 구하라.

(3) 기울기 $\beta_1$에 대한 95% 신뢰구간을 구하라.

(4) 충격강도와 혈압 간에 선형관계가 없다는 가설을 유의수준 5%로 검정하라.

(5) 위의 회귀직선을 이용하여 충격강도가 60일 때 혈압을 예측하라.

**4.** 다음은 진정제의 투여량과 혈압에 대한 자료이다.

| | 투여량 | 혈압 |
|---|---|---|
| | 2 | 278 |
| | 3 | 240 |
| | 4 | 198 |
| | 5 | 132 |
| | 6 | 111 |
| 합계 : | 20 | 959 |

(1) 산점도를 그려라.

(2) 투여량과 혈압 간의 상관계수를 구하라.

(3) 두 변수 간의 상관관계가 유의한가? (유의수준 5%)

(4) 투여량으로부터 혈압을 예측하는 회귀직선을 구하라.

(5) 투여량이 5일 때 혈압의 예측값은 얼마인가?

**5.** 어느 학급의 중간고사와 기말고사 성적을 조사하였다. 중간고사 성적을 $X$, 기말고사 성적을 $Y$라 할 때 다음과 같았다.

$$\overline{X} = 70 \quad S_{xx} = 10000$$
$$\overline{Y} = 55 \quad S_{yy} = 20000 \quad r = 0.60$$

(1) 중간고사 성적으로부터 기말고사 성적을 예측하는 회귀직선을 구하라.

(2) 회귀직선의 기울기 $\beta_1$에 대한 99% 신뢰구간을 구하라.

(3) 두 변수 간의 선형관계가 유의한지 1% 신뢰수준으로 검정하라.

(4) 중간고사 성적이 80일 때 기말고사 성적의 예측값은?

6. 만약 모든 남자가 한 살 연하의 여자와 결혼한다면 남편과 아내의 나이의 상관계수는 얼마일까?

7. 다음은 중고 자동차의 나이, 운행거리(km), 가격(100만 원)을 조사한 것이다.

| 나이 | 운행거리 | 가격 |
|---|---|---|
| 1 | 0 | 39.9 |
| 2 | 11 | 32.0 |
| 4 | 14 | 25.0 |
| 5 | 24 | 20.0 |
| 6 | 24 | 16.0 |
| 6 | 31 | 20.0 |
| 10 | 55 | 13.0 |
| 11 | 29 | 13.7 |
| 11 | 56 | 11.0 |
| 12 | 50 | 12.0 |
| 12 | 5 | 20.0 |
| 12 | 60 | 9.0 |
| 13 | 40 | 12.5 |
| 15 | 60 | 7.0 |

(1) 중고차의 나이와 운행거리로부터 가격을 예측하는 회귀직선을 구하라.
(2) 나이가 가격에 미치는 영향이 유의한지 5% 유의수준으로 검정하라.
(3) 회귀직선에서 운행거리의 계수에 대한 95% 신뢰구간을 구하라.

## ※ 실습문제 (8~16번)

8. alligator.csv 자료는 25마리의 악어의 몸무게(파운드)와 길이(인치)를 조사한 자료이다.
(1) 악어의 몸무게($y$)와 길이($x$)의 산점도를 그리고 두변수의 상관계수 값을 구하라.
(2) 악어의 길이를 이용하여 몸무게를 예측하는 최적 회귀모방정식을 구하라.
(3) 위의 모형의 결정계수를 구하고 그 의미를 설명하라.

9. Galton.csv 자료는 총 $n = 898$쌍의 부모의 키, 자녀의 성별 및 키를 조사한 자료이다. (단위: 인치)
(1) 부모의 평균키($\overline{x} = (x_1 + x_2)/2$)와 자녀의 키($y$)의 산점도를 그리고 두 변수의 상관계수 값을 구하라.
(2) 부모의 평균키($\overline{x}$)를 이용하여 자녀의 키($y$)를 예측하는 최적 회귀방정식을 구하

고 해당 모형의 결정계수를 구하라.

(3) 아버지의 키($x_1$), 어머니의 키($x_2$)를 이용하여 자녀의 키를 예측하는 최적 다중회귀방정식 및 해당 모형의 결정계수를 구하라.

(4) 아버지의 키($x_1$), 어머니의 키($x_2$) 및 성별($x_3$)을 이용하여 자녀의 키를 예측하는 최적 다중회귀방정식 및 해당 모형의 결정계수를 구하라.

**10.** shirt-size.csv 자료는 250명의 나이, 키, 몸무게 등 다양한 신체 측정값과 셔츠크기를 측정한 자료이다.

(1) 체중과 셔츠크기의 산점도를 그리고 두 변수 간 상관계수를 구하라.

(2) 위의 자료를 이용하여 셔츠크기를 예측하는 최적 다중회귀방정식을 구하고 해당 모형의 결정계수를 구하라.

**11.** bodyfat.csv 자료는 242명의 나이, 키, 몸무게 등 다양한 신체 측정값과 체지방지수(Pct.BF)를 기록한 자료이다.

(1) 허리둘레와 체지방지수의 산점도를 그리고 두 변수 간 상관계수를 구하라.

(2) 위의 자료를 이용하여 체지방지수를 예측하는 최적 다중회귀방정식을 구하고 해당 모형의 결정계수를 구하라.

**12.** fuel-efficiency.csv 자료는 84대의 자동차의 엔진용량(리터), 실린더개수, 소매가격(MSRP 달러), 시내연비, 고속도로연비, 무게, 유형, 제조국을 조사한 자료이다.

(1) 위의 자료를 이용하여 자동차의 시내연비를 예측하는 최적 다중회귀방정식을 구하고 해당 모형의 결정계수를 구하라.

(2) 위의 자료를 이용하여 자동차의 고속도로연비를 예측하는 최적 다중회귀방정식을 구하고 해당 모형의 결정계수를 구하라.

**13.** Used-BMW.csv 자료는 36대의 BMW 자동차의 제조연도, 주행거리 및 2017년도 중고차가격을 조사한 자료이다.

(1) 위의 자료를 이용하여 주행거리($x_2$)와 BMW 자동차의 중고차가격($y$)의 산점도를 그리고 두 변수 간 상관계수를 구하라.

(2) 주행거리($x_2$)를 이용하여 BMW 자동차의 중고차가격($y$)을 예측하는 최적 회귀방정식을 구하고 해당 모형의 결정계수를 구하라.

(3) 중고차의 나이($x_1$=2017-제조연도) 및 주행거리($x_2$)를 이용하여 중고차가격($y$)을 예측하는 하는 최적 다중회귀방정식을 구하고 해당 모형의 결정계수를 구하라.

14. movies.csv는 2008~2012년 사이에 상영된 609편의 영화의 흥행수입(백만 달러), 제작비(백만 달러), 상영시간(분), 비평가평점(100점 만점)을 조사한 자료이다.

(1) 제작비($x_1$)와 흥행수입($y$)의 산점도를 그리고 두 변수 간 상관계수를 구하라.

(2) 위의 자료를 토대로 제작비($x_1$), 상영시간($x_2$) 및 평점($x_3$)을 이용하여 흥행수입($y$)을 예측하는 최적 회귀방정식을 구하고 해당 모형의 결정계수를 구하라.

(3) 로그제작비($\ln x_1$)와 로그흥행수입($\ln y$)의 산점도를 그리고 상관계수를 구하라.

(4) 위의 자료를 토대로 로그제작비($\ln x_1$), 상영시간($x_2$) 및 평점($x_3$)을 이용하여 로그흥행수입($\ln y$)을 예측하는 최적 회귀방정식을 구하고 해당 모형의 결정계수를 구하라.

(5) (2), (4)에서 구한 두 가지 예측 방법 중 어느 것이 더 좋은지 설명하라.

15. housing-price.csv는 뉴욕지역의 총 1048개의 부동산의 가격(달러), 거실면적, 화장실개수, 침실개수, 벽난로개수, 건축면적, 나이를 조사한 자료이다.

(1) 부동산의 가격($y$)과 거실면적($x_1$) 산점도를 그리고 두 변수 간 상관계수를 구하라.

(2) 위의 자료를 토대로 거실면적, 화장실개수, 침실개수, 벽난로개수, 건축면적, 나이를 이용하여 부동산의 가격을 예측하는 최적 회귀방정식을 구하고 해당 모형의 결정계수를 구하라.

16. SAT-scores.csv 자료는 $n = 162$명의 학생들의 SAT시험의 어학점수(Verbal), 수학점수(Math), 및 성별(Sex)을 조사한 자료이다.

(1) 어학점수($x$)와 수학점수($y$)의 산점도를 그려라.

(2) 어학점수와 수학점수의 상관계수를 구하고 두 변수 간 상관계수가 0이라는 가설을 유의수준 5%에서 검정하라.

(3) 어학점수를 이용하여 수학점수를 예측하는 최적 회귀방정식을 구하고 해당 모형의 결정계수를 구하라.

# CHAPTER 06 실험계획법과 분산분석

제4장에서 다룬 두 모평균의 비교에서 두 개의 독립인 표본에 의한 비교가 가장 간단한 경우의 실험계획법이다. 처리의 수가 2이고, 처리를 받는 대상 또는 실험 환경인 실험 단위가 모두 동질적이어서, 처리의 차이를 제외하고는 나머지 실험 조건들이 거의 똑같은 경우의 실험계획법이다. 여기에서 얻어진 실험 자료가 독립표본이라는 가정을 할 수 있도록 도와주는 가장 중요한 원칙이 실험의 랜덤화이다. 랜덤화에 의해서 얻어진 실험 자료를 가지고 $t$ 검정을 통해서 두 개의 처리에서 반응값의 모평균에 차이가 있는지를 비교하였다. 이 개념을 확장하여, 일원배치 완전랜덤화계획법에서는 세 개 이상의 처리에서 모평균의 차이가 있는가, 즉 처리효과를 비교할 수 있게 해 준다. 동질적인 실험 단위들을 묶어서 블록으로 주어진 경우에는, 짝지어진 표본에 의한 비교를 일반화한 실험계획법인 랜덤화블록계획을 공부한다.

얻어진 실험 자료를 분석하는 방법은 분산분석이다. 모집단 평균의 추정값은 표본평균이다. 따라서 실제 모집단의 평균 차이로 설명될 수 있는 변동은 각 처리에서 실험된 자료 평균들 간의 변동인 처리 간 변동이다. 이 변동이 큰 값이면, 모집단의 평균이 동일하지 않다고 결론을 내릴 수 있을 것이다. 그런데 어느 정도로 큰 값이 얻어져야 할까? 똑같은 처리에서 실험된 자료도 동일한 반응값이 나오지 않는다. 우연히 변할 수 있는, 즉 각 처리 내에서 반응값들과 표본평균 둘레의 변동들의 합을 구하고, 이들을 합한 값을 처리 내 변동이라 하여 각 모집단에서의 불확실성인 산포의 크기 $\sigma^2$의 정보를 제공한다. 여기서 처리 간 변동과 처리 내 변동의 상대적인 크기의 비교에 의한 분석방법이 분산분석이다. 분산분석이란 자료의 총변동을 처리 간의 차이, 블록 간의 차이, 반응값의 측정과 관련된 실험 오차를 포함한 설명할 수 없는 요인에 해당되는 잔차와 같이 실험 자료가 얻어진 실험 계획에 따라서 분류할 수 있는 몇 개의 성분들에 기인하는 변동들의 합으로 표현하여, 총변동을 몇 개의 요인에 의한 변동들로 분할하는 것이다.

이 장에서는 다음 사항들을 중점적으로 공부하게 된다.

- 합리적인 실험계획의 선택과 실험순서의 랜덤화
- 선택된 실험계획에 적합한 분산분석을 실행
- 분석결과의 해석

## SECTION 6.1 실험계획법 개요

### 6.1.1 실험계획이란 무엇인가

거의 모든 분야에서 어떤 특정한 과정, 또는 시스템을 이해하려면 연구자들은 실험을 할 수밖에 없다. 계획된 실험이란 시스템에 대한 입력변수(input variable)를 연구자가 조절하였을 때 출력변수(output variable)가 어떻게 변화하는지를 관찰하고 조사하여 시스템을 보다 더 잘 이해하려는 시도이다.

실험을 진행할 때는 실험 결과의 분석이 타당하고 객관적인 해석이 가능하도록 계획을 세워야 통계 방법들을 쉽게 적용할 수 있다. 아무 실험이나 과학적인 분석이 가능하지 않다. 진정한 실험은 관심 있는 입력변수가 취하는 값을 실험자가 조절을 할 수 있어야 하며, 따라서 이 입력변수가 출력변수에 끼치는 효과(effect)를 통계적으로 정량화할 수 있어야 한다.

예를 들어, 어느 화학 공정에서 산출량을 가능한 한 최대화하고 싶다고 하자. 이 화학 공정에 영향을 줄 수 있는 요인(factor)이 반응 온도, 반응 시간, 압력, 촉매의 양 등 무척 많다고 가정하자. 이 많은 요인들 중 조절 가능하고 가장 관심 있는 요인이 반응 온도라 하자. 현재 이 공정에서는 온도를 100℃로 고정해 놓고 있다. 만일 연구자가 반응 온도로 80℃, 100′C, 120℃의 세 수준(level)을 선택하여 이 세 수준 모두에 대해서 실험을 한다면, 이 경우에 입력 변수는 반응 온도이며, 각 온도 수준마다 관측되는 산출량이 출력변수가 된다. 또한 화학 공정 자체가 시스템이다. 이 경우, 실험자가 임의로 조절하는 온도 요인 이외의 모든 다른 조건들은 동일해야 한다. 이 예는 관심 요인이 하나 있는 경우이다.

이번에는 관심 요인이 두 가지인 경우를 생각해 보자. 위의 화학 공정 예에서 관심 요인이 반응 온도와 반응 시간이라 하자. 현재 공정 조건에서는 온도를 100℃, 반응 시간을 1시간으로 고정해 놓고 있다. 연구자가 반응 온도로 80℃, 100℃, 120℃의 세 수준을 선택하고, 또 반응 시간으로 1시간, 2시간의 두 수준을 선택하였다면, 처리는 모두 여섯 개로 (80℃, 1시간), (80℃, 2시간), (100℃, 1시간), (100℃, 2시간), (120℃, 1시간), (120℃, 2시간)이다. 이렇게 선택된 여섯 가지의 수준 조합 모두에 대해서 실험을 한다면, 이 경우에 입력변수는 조절된 반응 온도와 반응 시간이 되며, 각 수준 조합마다 관측되는 산출량이 출력변수가 된다. 이 같은 실험에서 일반적인 관심사는 산출량에 미치는 반응 온도의 효과, 반응 시간의 효과, 온도와 시간의 상호작용 효과 등이 된다.

실험계획법은 이 같은 실험들을 어떻게 수행해야 최소의 노력으로 최대의 정보를 얻는가를 집중적으로 연구하는 통계학의 한 분야로서, 애초에는 농업 분야에서 작물의 생산량을 최대로 하는 조건에 대한 실험 등에서 비롯되었지만, 현재는 공업 분야에서 더 많이 사용되고 있다.

때로 통계학에서는 입력변수를 **독립변수**(independent variable), 출력변수를 **종속변수**(dependent variable), 또는 **반응변수**(response variable)라 부르기도 한다. 독립변수는 실험계획법 용어로 **요인**(factor)이라 부르는 것이 더 일반적이다. 요인 수준, 또는 요인 수준들의 조합을 **처리**(treatment)라 한다. 또, 계획된 실험을 흔히 **비교실험**(comparative experiment)이라 부르기도 한다. 비교실험에서는 연구하고 싶은 반응에 관여하는 요인들의 수준을 몇 가지 설정하여 각 수준 조합인 처리수준마다 같은 조건하에서 실험을 한 후, 처리 수준에 따라 결과된 반응값들 사이에 통계적으로 유의한 차이가 있는지를 조사한다. 이때 처리를 받는 대상, 또는 실험 환경을 **실험 단위**(experimental unit)라 한다.

상식적인 이야기지만 계획된 실험을 잘 수행해야 분석 결과의 해석도 적절하게 된다. 반복하지만, 여기서 언급되는 실험이란 독립변수들의 수준을 조절한 다음에 조절된 독립변수들의 각 수준, 또는 둘 이상의 독립변수들의 수준 조합에 따라 제각각 측정되는 하나 이상의 반응변수들에 대한 효과를 결정하는 형태의 연구를 의미한다. 독립변수란 연구하고 싶은 시스템에 입력되는 변수들이고 반응변수는 시스템에서 출력되는 변수라 할 수 있다. 이때 실험자가 바라지는 않지만, 측정된 반응변수의 값에는 작든 크든 실험자가 임의로 조절할 수 없는 오차가 포함되게 마련이다. 그러므로, 실험계획의 일차적인 목표는 가능한 한 오차를 줄이면서 판별하고 싶은 독립변수들의 효과들을 잘 걸러내는 실험을 수행하는 데 있다고 할 수 있다.

## 6.1.2 실험계획의 순서

실험을 계획하고 분석하기 위한 통계적인 접근법을 잘 사용하려면 무엇보다도 연구대상이 무엇인지, 자료를 어떻게 얻을 것인지, 어떤 자료분석법을 써야 하는지 등에 대해서 명확한 이해가 선행되어야 한다. 일반적으로 추천되는 절차는 다음과 같다.

### ① 문제에 대한 이해와 진술

이는 다소 뻔한 단계인 듯하지만, 실제 상황에서 실험자가 생각하는 문제점을 명확히 서술하기가 그다지 간단하지 않은 경우가 많다. 따라서 실험을 계획할 때는 실험의 목적을 명확히 진술할 수 있어야 추후 나타나는 현상들을 더 잘 이해할 수 있게 되고 문제에 대한 해를 제대로 해석할 수 있다.

### ② 요인과 수준의 선택

실험에 고려해야 할 요인, 요인의 관심 범위, 관심 범위 중 실제 실험이 진행될 특정 수준 등을 결정한다. 고려하는 수준의 값이 실제로 조절 가능한지 살펴봐야 한다. 이런 유의 문제에서는 반드시 실제적인 경험과 주어진 상황에 대한 이론적 이해가 필수 불가결하다. 초기 단계의 실험에서는 가능한 한 중요하다고 여겨지는 모든 요인들을 고려하되 수준수는 낮게(2개 또는 많아야 3개) 잡는 편이 유리하다.

### ③ 반응변수의 선택

반응값을 재는 측도를 잘 선택해야 한다. 예를 들어, 한 그루 사과나무에서 생산되는 사과 생산량을 잰다고 할 때, 수확되는 사과의 개수를 일일이 셀지, 몇 상자가 생산되는지로 셀지, 수확된 사과의 총무게로 환산할지, 또는 사과의 품질 등급에 따른 무게로 평가할지 등을 결정해야 한다. 어느 경우든 실험 목적에 가장 적합한 측도를 선정해야 한다. 한 개체에 대하여 동시에 측정되는 반응변수의 수가 둘 이상일 때의 자료를 다변량(multivariate) 자료라 부른다.

### ④ 실험계획의 선정

이상의 3단계를 제대로 했다면 구체적 실험계획의 수립은 다소 쉽다. 반복을 얼마로 할지, 랜덤화는 어떻게 해야 할지, 또 블록화를 고려해야 하는지 등을 결정해야 한다. 그러나 주어진 상황에 알맞는 실험계획들은 대체로 통계방법론 책 등에 나와 있기 때문에 새롭게 실험을 디자인해야 하는 경우는 많지 않을 것이다.

### ⑤ 실험 수행

실험을 수행할 때는 모든 것이 애초에 계획된 대로 적절히 진행되는지 살펴보는 것이 중요하다. 이 단계에서 오류를 범하면 실험의 타당성이 파괴된다. 따라서 성공적인 실험을 완수하기 위해서는 치밀한 실험 순서를 결정하고 미리 정해진 단계대로 실험이 진행되는지 모니터링해야 한다.

#### ⑥ 자료분석

실험 결과 얻은 자료는 반드시 실시된 실험계획에 적법한 통계적 방법을 사용해서 분석해야 한다. 실험 실시 순서의 랜덤화에 제약이 있는 경우와 없는 경우의 실험계획은 전혀 다르지만 실험 결과 얻어진 자료의 형태는 같을 수 있기 때문이다. 실험계획에서 주로 사용되는 통계분석 기법은 분산분석(ANOVA : ANalysis Of Variance)이다. 자료분석용으로 우수한 통계 소프트웨어들이 많이 나와 있으므로, 수량화된 분석 결과 및 간단한 그래프 등을 얻기는 쉽다. 잔차 분석, 모형 적합 등이 주요한 분석 기법들이다.

#### ⑦ 결론

일단 자료를 분석하면 분석 결과를 토대로 실제적인 결론을 내리고 시스템의 조건을 수정하든가 하는 행위를 추천할 수 있어야 한다. 그러나 한 번의 실험으로 시스템에 대한 모든 것을 알 수는 없다. 때에 따라 추가 실험이 수행될 수도 있다.

## SECTION 6.2 일원배치 완전랜덤화 계획

### 6.2.1 일원배치법 개요

제4장에서 다룬 두 모평균의 비교에서 두 개의 독립 표본 간의 비교가 가장 간단한 경우의 일원배치법에 의한 실험계획법으로서, 서로 다른 실험 조건에 해당되는 처리의 수가 2이고, 처리를 받는 대상 또는 실험 환경인 실험 단위가 모두 동질적이어서, 처리의 차이를 제외하고는 나머지 실험 조건들이 거의 똑같은 경우의 실험계획법이다. 이 개념이 확장된 일원배치 완전랜덤화계획법에서는 3개 이상의 처리에서 모평균들 간에 차이가 있는가, 즉 처리효과를 비교할 수 있게 해준다.

일원배치 완전랜덤화계획법의 대표적인 경우는 처리가 단일 요인의 수준으로 결정되어서, 반응값에 영향을 주는 요인이 하나이고 실험 단위가 모두 동질적(homogeneous)이어서 처리를 실험 단위에 배치할 때 제한조건이 없는 경우의 실험계획법이다. 이 실험계획법에 대한 분석의 많은 기법은 더 복잡한 실험에도 약간의 변화를 주어 적용될 수 있다.

일원배치법의 예를 들면 철강을 구입하려는 회사에서 제조업체에 따라 철강의 강도에 차이가 있는지를 조사하는 경우이다. 이때 제조업체들이 관심 요인이 된다. 실험자가 페니실린 산출량에 대한 온도의 영향에 관심이 있을 때 관심 요인은 온도이다. 요인의 수준들은 철강의 강도 예에서 각 제조업체들이고, 페니실린 산출량 예에서는 고정된 온도들이다.

또 다른 예로, 엔지니어가 어떤 화학공정의 결과로 얻어진 화공약품의 수율에 관심이 있다고 하자. 엔지니어의 실험 목적은 반응 온도의 변화에 따라서 평균 수율이 달라지는지를 확인하고 싶은 것이다. 이때에 반응 온도를 제외한 다른 조건은 일정하게 해주어야 한다. 즉, 반응 온도 이외에 반응 시간, 반응 압력, 촉매의 양 등과 같은 다른 공정조건은 일정하게 고정해 놓고, 반응 온도만을 미리 정하여진 수준에 따라서 바꿔 가며 실험해야 한다. 이때에 실험에 입력되는 원자재는 동질적이라 가정한다. 이 실험에서 반응값은 수율이고 실험에 고려된 요인은 반응 온도 하나가 된다. 반응 온도 90℃, 120℃에서의 평균 수율의 비교에 관심이 있는 경우에는 2수준 일원배치법 실험이 되고, 반응 온도 90℃, 100℃, 110℃, 120℃에서의 평균 수율의 비교에 관심이 있는 경우에는 4수준 일원배치법 실험이 된다. 이 실험에서는 각각의 반응 온도에서 반복하여 실험해서 얻어지는 공정의 수율들의 값이 모집단이 된다.

일원배치 완전랜덤화계획법은 다음과 같은 경우에 흔히 쓰인다. 첫째로, 많은 요인이 반응값에 영향을 준다고 인정되지만, 우리가 관심이 있는 것은 특정한 한 개 요인만의 영향을 조사하는 경우이다. 물론 이때에 반응값에 영향을 주리라 기대되는 다른 실험 조건들은 가능한 한 동일하게 유지해야만 한다. 둘째로, 반응값에 영향을 주는 여러 요인의 조사가 상당히 진척이 된 상태이고 이들 요인의 정해진 조건에서 나머지 한 요인에 대한 세밀한 영향력을 조사하고자 할 때이다. 즉, 현재에 생산되는 제품의 품질 향상을 실험을 통해서 성취하려는 경우에, 생산현장에서는 여러 요인의 조사가 상당히 진척된 상태이고, 공정조건의 변경이 용이하지 않아서 관심이 있는 특정한 한 개의 요인에 대해서만 수준을 변경하고 나머지 실험 조건들은 동일하게 하는 경우이다.

## 6.2.2 랜덤화의 방법

일원배치법에서는 처리를 제외한 나머지 실험 조건, 즉 실험 단위들이 동질적이다. 따라서 처리를 실험 단위에 배치하는 순서에 아무런 제약 조건이 없다. 일원배치법은 처리를 실험 단위에 배치하는 순서, 또는 실험 실시의 순서가 실험자의 의지에 관계없이 랜덤하게 결정되는 완전랜덤화계획법이다.

예를 들어 4수준, 반복 5회의 실험인 경우에 실험 실시 순서의 랜덤화가 어떻게 이루어지는지 생각해 보자.

**단계 1** : 각 실험 조건에 일련번호를 할당한다.

$A_1$에 1에서 5번, $A_2$에 6에서 10번, $A_3$에 11에서 15, $A_4$에 16에서 20번까지 할당된 표가 표 6.1에 주어져 있다.

**표 6.1** 랜덤화를 위한 번호 부여

| 실험의 반복 | 요인 수준 | | | |
|---|---|---|---|---|
| | $A_1$ | $A_2$ | $A_3$ | $A_4$ |
| 1 | 1 | 6 | 11 | 16 |
| 2 | 2 | 7 ⑤ | 12 | 17 |
| 3 | 3 ① | 8 | 13 | 18 |
| 4 | 4 ② | 9 | 14 ④ | 19 |
| 5 | 5 | 10 | 15 | 20 ③ |

**단계 2** : 난수표를 이용하여 1에서 20 사이의 난수를 생성한다.

1에서 20까지의 20개의 숫자의 모든 가능한 배치방법인 20!개만큼의 숫자의 배열 중에서 우리는 한 배열을 랜덤하게 선택해야만 한다. 즉, 랜덤한 배열을 구해야 한다. 이를 쉽게 할 수 있는 한 가지 방법은 난수표로부터 두 자리수를 택하여 20으로 나누었을 때의 나머지를 계산하는 것이다. 이때 0은 20으로 간주한다. 난수표에서 읽은 난수열이 다음과 같다면,

$$83,\ 84,\ 00,\ 94,\ 54,\ 47,\ 76$$

각 난수를 20으로 나누었을 때의 나머지는

$$3,\ 4,\ 0,\ 14,\ 14,\ 7,\ 16,\ \cdots$$

가 된다. 5번째로 얻어진 14는 앞에서 이미 나왔기 때문에 버린다.

물론 1에서 20 사이의 난수만을 취하고, 나머지 난수를 버릴 수도 있지만, 그렇게 되면 더 많은 난수를 읽어야 하기 때문에 경제성을 고려하여 20으로 나누었을 때의 나머지를 계산한 것이다.

그러나, 요즘에는 난수를 생성하는 통계 소프트웨어를 직접 사용하고 있다.

단계 3 : 실험의 실시 순서는 단계 2에서 만들어진 난수가 나온 순서대로 실험을 실시한다.

표 6.1에서 3번에 해당되는 $A_1$을 첫 번째로 실시하고, 두 번째로 4번에 해당되는 $A_1$, 세 번째로 20번에 해당되는 $A_4$를 실시한다. 이와 같은 방법으로 계속해서 실험 순서를 처리수준별로 정리하면

$$\text{실험 순서} : A_1,\ A_1,\ A_4,\ A_3,\ A_2,\ A_4,\ \cdots$$

가 되고, 표 6.1에 실험의 실시순서가 원형숫자로 표시되어 있다.

단계 2의 1에서 20 사이의 랜덤한 배열을 구하는 또 다른 쉬운 방법은, 20개의 쪽지나 20개의 구슬에 1에서 20까지의 숫자를 각각 적은 다음에, 주머니에 넣어서 충분히 잘 섞고 나서 하나씩 랜덤 추출하여 뽑힌 숫자를 나열하는 방법이다. 이는 현장에서 직접 손쉽게 적용할 수 있는 실용적인 방법이다. 또 다른 방법은 한 벌의 카드에서 스페이드, 클로버, 다이아몬드, 하트를 각각 1에서 5까지 5장씩 뽑아서 잘 섞은 후에, 한 장씩 한 장씩 뒤집어서 스페이드이면 $A_1$, 클로버이면 $A_2$, 다이아몬드이면 $A_3$, 하트이면 $A_4$를 실험하는 규칙을 정하고, 만일 첫 번째 카드가 다이아몬드 4이면 $A_3$에 배치된 4번째 실험 단위를 가지고 실험을 실시하면 된다.

만일 랜덤화를 하지 않고, 표 6.1에서 부여된 번호대로 차례차례 실험을 실시하여 번호 1~5에 해당되는 대한 실험을 5회에 걸쳐 먼저 실시하고, 그 다음에 번호 6~10에 해당되는 $A_2$를 실시하고, 마찬가지로 $A_3$, $A_4$를 5회씩 차례대로 실험을 실시하면, 요인의 수준변경을 최소한으로 하기 때문에 실험자가 실험을 하기는 편할지 모르지만, 요인 $A$의 수준 간 차이와 5회씩 실험을 연속적으로 실시함으로써 생길 수 있는 실험 환경의 차이와 구분을 할 수 없는 경우가 생길 수 있다. 예를 들어 한 개의 원료 로트를 가지고 5회 실험을 실시할 수 있다고 하자. 실험 자료를 분석한 결과, 요인 $A$의

수준간 차이가 있다는 결론을 얻었을 때에, 반응값들의 차이가 실제로 요인 $A$의 수준 간 차이에서 오는 것인지, 아니면 $A$의 수준 간에는 차이가 없는데 실험 환경의 차이에 해당되는 원료 로트들 간의 순도의 차이에서 온 것인지 구분할 수가 없게 된다. 그러나 실험 순서를 완전 랜덤화하면, 원료 로트 간의 차이는 서로 상쇄되어 요인 수준 간의 차이를 명확히 가려낼 수 있다.

### 6.2.3 일원배치법의 자료구조와 모형

요인 $A$의 수준이 $a$개로서, $A_1$, ⋯, $A_a$이고, 각 수준에서 반복수가 똑같이 $r$인 일원배치법의 실험을 완전 랜덤화하여 실시한 결과가 표 6.2에 정리되어 있다. 일원배치법의 자료구조는 행이 처리수준, 열이 반복을 나타낸다. 반응값 $x$의 첨자가 실험 조건을 표시하는데, 첫 번째 첨자가 처리수준을, 두 번째 첨자가 반복을 나타내어, $x_{ij}$는 수준 $A_i$에서 $j$번째 반복 실험된 반응값이다. 예를 들면, $x_{21}$은 수준 $A_2$에서 첫 번째로 산출된 반응값이다. 따라서 표 6.2의 각 행에는 해당 수준에서 실험된 반응값들이 나열되어 있다.

**표 6.2** 일원배치법의 데이터의 구조

| 요인수준 | 실험의 반복 | | | | 합계 | 평균 |
|---|---|---|---|---|---|---|
| $A_1$ | $x_{11}$ | $x_{12}$ | ⋯ | $x_{1r}$ | $T_{1.}$ | $\overline{x}_{1.}$ |
| $A_2$ | $x_{21}$ | $x_{22}$ | ⋯ | $x_{2r}$ | $T_{2.}$ | $\overline{x}_{2.}$ |
| ⋮ | ⋮ | ⋮ | ⋮ | ⋮ | ⋮ | ⋮ |
| $A_a$ | $x_{a1}$ | $x_{a2}$ | ⋯ | $x_{ar}$ | $T_{a.}$ | $\overline{x}_{a.}$ |
| | | | | | $T$ | $\overline{x}$ |

$T_{i.}$와 $\overline{x}_{i.}$는 각각 수준 $A_i$에서 실험된 $r$개 데이터의 합과 평균이다. 그리고 $T$와 $\overline{x}$는 $ar$개의 전체 데이터의 합과 평균이다.

각 행의 $r$개의 반응값은 각각의 모집단에서 얻어진 랜덤표본으로 볼 수 있다. 예를 들어, 1행에 주어진 $r$개의 데이터 $x_{11}$, ⋯, $x_{1r}$은 수준 $A_1$의 모집단에서 얻어진 반응값들의 랜덤표본으로 $N(\mu_1,\ \sigma^2)$를 따른다. 따라서 이 모집단의 대표값은 평균 $\mu_1$이다. $j$번째 반복 실험된 반응값 $x_{1j}$를 식으로 표현하면 실험 전에는 모평균인 $\mu_1$으로

대표할 수 있기에,

$$x_{1j} = \mu_1 + (x_{1j} - \mu_1)$$

이고, 우변의 두 번째 항 $(x_{1j} - \mu_1)$를 $\varepsilon_{1j}$라 하자. 즉,

$$\varepsilon_{1j} = x_{1j} - \mu_1 \tag{6.1}$$

이때, $\varepsilon_{1j}$는 실험 오차에 상당하는 부분으로 평균 0, 분산이 $\sigma^2$인 정규분포를 따르고, 서로 독립이다. 앞에서 이미 설명한 바와 같이, 실험 순서의 랜덤화에 의해서 오차의 독립성을 가정할 수 있다. 그림 6.1에서는 반응값 $x_{1j}$를 모평균 $\mu_1$과 오차 $\varepsilon_{1j}$의 합으로 표시한 다음 관계를 시각적으로 잘 보여준다.

$$x_{1j} = \mu_1 + \varepsilon_{1j}$$

요인 $A$의 다른 수준들 $A_2$, ⋯, $A_a$에서도 수준 $A_1$의 경우와 똑같은 방법으로 설명할 수 있으므로, $a=4$인 경우의 4개의 모집단의 분포를 도시한 것이 그림 6.2와 같이

**그림 6.1 $A_1$에서의 반응값의 분포**

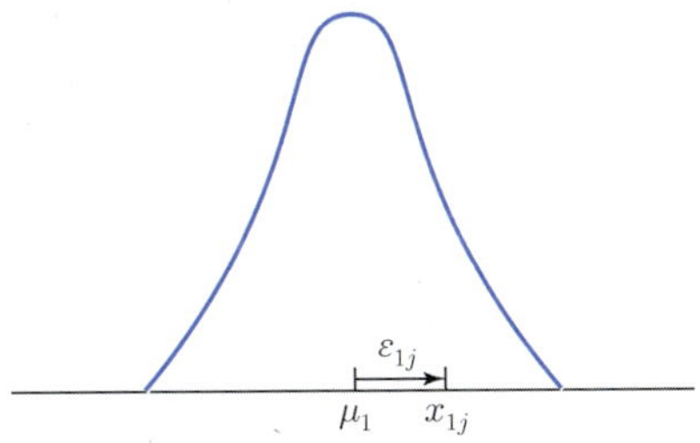


**그림 6.2 수준 $A_i$, $i=1, 2, 3, 4$에서의 모집단 분포**

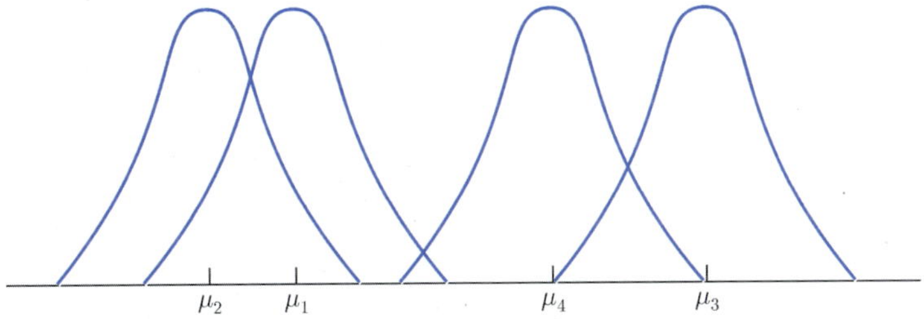

주어진다. 그림 6.2에서 주어진 4개의 분포의 모양은 똑같다. 즉 분포를 평행이동하면 각각의 분포가 정확하게 일치한다.

수준 $A_1$의 경우와 똑같은 방법으로, 수준 $A_i$의 경우에 $j$번째 반복 실험된 반응값 $x_{ij}$를 식으로 표현하면

$$x_{ij} = \mu_i + \varepsilon_{ij} \tag{6.2}$$

이다. 식 (6.2)에서 우리들의 목표는 각 수준에서의 모평균들을 상대적으로 비교하는 것이다. 따라서 각 수준에서의 모평균들을 비교하는 기준값이 필요하고, 기준값으로는 각 수준에서 실험된 반응값 전체의 모평균인

$$\mu = \sum_1^a \frac{\mu_i}{a}$$

를 선택한다. 수준 $A_i$에서의 모평균 $\mu_i$와 수준들을 비교하는 기준값인 전체 모평균 $\mu$ 간의 차이를

$$\alpha_i = \mu_i - \mu \tag{6.3}$$

로 표현하면, $\alpha_i$는 수준 $A_i$에서의 모평균 $\mu_i$가 전체 모평균 $\mu$와 어느 정도의 차이가 나는가를 나타내는 수치로서, 수준 효과 또는 요인 $A$의 주효과(main effect)라고 부른다. 요인 $A$의 주효과를 이용하여 식 (6.2)를 표현하면,

$$\begin{aligned} x_{ij} &= \mu_i + \varepsilon_{ij} \\ &= \mu + (\mu_i - \mu) + \varepsilon_{ij} \\ &= \mu + \alpha_i + \varepsilon_{ij} \end{aligned}$$

가 된다. 여기서 주효과 $\alpha_i$의 합인 $\sum_1^a \alpha_i$는 0이 되는데, 그 이유는 각 수준에서의 모평균 $\mu_i$와 전체 모평균 $\mu$ 간의 편차합은 0이기 때문이다. 또, 오차 $\varepsilon_{ij}$는 평균 0, 분산이 $\sigma^2$인 정규분포를 따르고, 서로 독립이다. 이를 정리하면, 일원배치 데이터의 구조모형은

$$x_{ij} = \mu + \alpha_i + \varepsilon_{ij}, \quad i = 1, \cdots, a\ ;\ j = 1, \cdots, r$$

$$\text{단, } \varepsilon_{ij} \sim N(0, \sigma^2)\text{이며, 서로 독립이고, } \sum_1^a \alpha_i = 0$$

일원배치법 모형에서 오차에 대한 가정을 구체적으로 언급하면 다음 네 가지로 정리할 수 있다.

① 정규성 : 오차의 분포는 정규분포를 따른다.

② 독립성 : 오차들은 서로 독립이다.

③ 불편성 : 오차의 기대값은 0으로, 치우침이 없다.

④ 등분산성 : 오차의 분산은 $\sigma^2$으로, 요인의 수준과 실험의 반복에 관계 없이 일정하다.

## SECTION 6.3 분산분석

분산분석이란 자료의 총변동과 자유도를 원인별로 분할하여 설명하는 통계 기법이다. 여기서는 일원배치법에 대한 분산분석법을 소개한다.

### 6.3.1 총변동의 분할

일원배치실험에 관한 아무런 정보가 주어지지 않고, $ar$개의 반응값들의 값인 $x_{11}$, $\cdots$, $x_{ir}$, $x_{21}$, $\cdots$, $x_{2r}$, $\cdots$, $x_{a1}$, $\cdots$, $x_{ar}$만 주어졌다고 하자. 이때에 반응값 $x_{ij}$를 설명할 수 있는 값은 $ar$개 전체 데이터의 평균인 $\overline{x}$이고, $x_{ij}$와 $\overline{x}$의 차이인 $(x_{ij}-\overline{x})$는 설명할 수 없는 부분으로 총편차라고 부른다.

이제 일원배치법 실험에 관한 정보가 주어졌다고 하자. 반응값 $x_{i1}$, $\cdots$, $x_{ir}$은 수준 $A_i$에서 실험된 자료이어서 수준 $A_i$에서 얻어진 데이터의 평균인 $\overline{x}_{i.}$로 대표된다는 사실을 이용할 때에, 수준 $A_i$에서 $j$번째 반복 실험된 값인 $x_{ij}$의 총편차는 다음 식에 주어진 바와 같이 원인별로 분해할 수 있다.

$$\underset{\text{총편차}}{(x_{ij}-\overline{x})} = \underset{\alpha_i\text{에 기인하는 편차}}{(\overline{x}_{i.}-\overline{x})} + \underset{\text{잔차}}{(x_{ij}-\overline{x}_{i.})} \tag{6.4}$$

식 (6.4)의 우변의 첫 번째 항인 $(\overline{x}_{i.}-\overline{x})$는 수준 $A_i$에서의 자료평균인 $\overline{x}_{i.}$와 총평균 $\overline{x}$의 차이이기 때문에, 수준 간 차이에 기인하는 반응값의 평균들의 차이로 설명할 수 있어서, 수준 효과 $\alpha_i$에 의해 설명될 수 있는 편차이다. 이는 식 (6.3)에 미지의 $\mu_i$와 $\mu$ 대신에 실험 자료로부터 얻은 자료평균 $\overline{x}_{i.}$와 총평균 $\overline{x}$를 대체한 수준 효과 $\alpha_i$의 불편추정값이다. 식 (6.4)의 우변의 두 번째 항인 $(x_{ij}-\overline{x}_{i.})$는 $x_{ij}$에서 자료평균 $\overline{x}_{i.}$와의 차이로, 수준 $A_i$에 의해서 더 이상 설명할 수 없는 부분으로 잔차라 부르는데, 이는 수준 $A_i$ 내에서 얻어진 자료들의 평균 $\overline{x}_{i.}$ 둘레의 편차이다. 잔차는 측정할 때 수반되는 측정 오차와 실험 단위들의 어쩔 수 없는 약간의 차이 등을 반영하고, 일원배치법의 데이터의 구조식에서 오차항에 관한 정보를 제공한다. 식 (6.4)의 양변을 동시에 제곱하여 전체 $ar$개의 데이터의 제곱의 합을 구하면,

$$\sum_i\sum_j(x_{ij}-\overline{x})^2=\sum_i\sum_j(\overline{x}_{i.}-\overline{x})^2+\sum_i\sum_j(x_{ij}-\overline{x}_{i.})^2+2\sum_i\sum_j(\overline{x}_{i.}-\overline{x})(x_{ij}-\overline{x}_{i.})$$

이 되는데, 우변의 세 번째 항은

$$\begin{aligned}\sum_i\sum_j(\overline{x}_{i.}-\overline{x})(x_{ij}-\overline{x}_{i.})&=\sum_i(\overline{x}_{i.}-\overline{x})[\sum_j(x_{ij}-\overline{x}_{i.})]\\&=\sum_i(\overline{x}_{i.}-\overline{x})\cdot 0\\&=0\end{aligned}$$

이 되어, $\alpha_i$에 기인하는 편차와 잔차와의 곱의 합은 0이 됨을 알 수 있다. 따라서 총제곱합은 식 (6.4)의 원인별 편차의 제곱의 합인

$$\sum_i\sum_j(x_{ij}-\overline{x})^2=\sum_i r(\overline{x}_{i.}-\overline{x})^2+\sum_i\sum_j(x_{ij}-\overline{x}_{i.})^2 \tag{6.5}$$

이 성립한다. 여기서 좌변을 총제곱합 또는 총변동이라 부르고 $SS_T$로 표현한다. 식 (6.5)의 우변의 첫 번째 항은 각 수준 효과의 차이에 기인하는 편차들의 제곱합을 합한 값이므로 처리 간 변동 또는 $A$의 변동이라 부르고 $SS_A$로 나타내준다. 우변의 두 번째 항은 각 처리수준 내에서의 편차들의 제곱합이므로 처리 내 변동, 오차 변동 또는 잔차 변동이라 부르고 $SS_E$로 표현한다. 따라서

$$SS_T \quad = \quad SS_A \qquad\qquad + \qquad SS_E$$
$$\text{총변동} = \text{처리 간 변동} + \text{처리 내 변동}$$
$$= A\text{의 변동} \quad + \text{잔차변동}$$

의 관계가 성립하고, 총변동이 요인 $A$에 의한 변동과 잔차 변동으로 분할됨을 보여준다. 일반적으로 제곱합과 변동은 같은 의미로 사용된다.

식 (6.5)에서 볼 수 있듯이 각각의 제곱합은 편차들의 제곱합이기 때문에, 각각의 실험 자료에서 일정한 값 $c$를 빼준 다음에 제곱합을 계산하여도, 원래 자료로부터 계산된 제곱합과 똑같은 결과를 얻는다. 따라서 대부분의 실험 자료가 80 근처인 경우에는 모든 실험 자료에서 80을 일률적으로 빼준 다음에 변동을 계산하면, 원래 자료보다 수치가 상대적으로 작아지기 때문에 원래 자료로부터 변동을 계산할 때보다 계산을 더 간단하게 할 수 있는 이점이 있다.

실제로 데이터로부터 $SS_T$, $SS_A$, $SS_E$를 계산할 때는 일일이 편차들을 계산한 다음에 제곱합을 구하는 것보다, 다음의 간편계산법을 사용하면 간단하다.

간편계산법의 규칙은, 각 변동의 정의에서 평균의 제곱 자리에는 해당 자료의 합의 제곱을 반복수로 나눈 결과를 집어넣는다고 생각하면 된다. 즉, 총 평균 $\overline{x}$의 제곱 자리에는 $T^2/ar$을, $\overline{x}_{i.}$의 제곱 자리에는 $T_{i.}^2/r$을 대체한다. 특히, $T^2/ar$을 총평균에 대한 수정항이라 하며 다음과 같이 표기한다.

$$CT = \frac{T^2}{ar}$$

총변동은 총편차의 제곱의 합인

$$SS_T = \sum_i \sum_j (x_{ij} - \overline{x})^2$$

로 주어진다. 이를 간편계산법의 규칙에 적용하면

$$SS_T = \sum_i \sum_j x_{ij}^2 - CT$$

이 되어서 총변동은 각각의 제곱의 합에서 총평균에 대한 수정항을 빼준 결과라는 것을 알 수 있다. 총변동을 구하는 데 일일이 편차를 구할 필요가 없기 때문에 간편계산법에 의해서 계산하는 방법이 총변동의 정의식에 의한 계산방법보다 간편하다.

$A$의 변동은

$$SS_A = \sum_i r(\overline{x}_{i.} - \overline{x})^2$$

로 정의되기 때문에, 마찬가지로 간편계산법의 규칙을 적용하면

$$SS_A = \sum_i \frac{T_{i.}^2}{r} - CT$$

가 된다.

또한, 총변동은 요인 $A$의 변동과 오차 $E$의 변동의 합이라는 사실로부터, 잔차 변동 $SS_E$는

$$SS_E = SS_T - SS_A$$

로 구한다. 따라서, 잔차의 변동을 구하기 위해서 각 수준 내의 자료평균 둘레의 편차들을 일일이 구하지 않아도 되기 때문에 변동 계산이 훨씬 간편해진다.

### 6.3.2 자유도의 분할

이 절에서는 각 변동의 자유도를 구하고, 특히 총변동의 자유도가 각 변동의 자유도의 합과 같다는 사실을 제시한다. 결국, 분산분석에서는 총변동의 원인별 분할뿐만 아니라, 자유도의 분할도 성립한다.

자유도는 다음과 같이 정의한다.

자유도=제곱을 한 편차들의 개수−편차들 중의 선형 제약조건의 개수

따라서, 자유도는 독립인 편차들의 개수가 된다.

먼저 총제곱합의 자유도를 구해보자. 총제곱합

$$SS_T = \sum_i \sum_j (x_{ij} - \overline{x})^2$$

은 $ar$개의 자료들의 총평균 $\overline{x}$ 둘레의 편차들의 제곱합이기 때문에, $SS_T$에는 편차들의 개수가 $ar$이다. 그런데, 총편차의 합은 0이기 때문에,

$$\sum_i \sum_j (x_{ij} - \overline{x}) = 0$$

이라는 한 개의 제약조건을 갖는다. 따라서 총제곱합의 자유도 $\phi_T$는 (총실험횟수 $-1$)이다. 즉,

$$\phi_T = ar - 1$$

다음으로, 요인 $A$의 제곱합

$$SS_A = \sum_i r(\overline{x}_{i.} - \overline{x})^2$$

는 $a$개의 편차 $\overline{x}_{1.} - \overline{x}$, $\cdots$, $\overline{x}_{a.} - \overline{x}$들의 제곱합이기 때문에 $SS_A$에는 편차들의 개수가 $a$이고, 각 수준에서 실험된 자료들의 평균의 총평균 둘레의 편차의 합은 0이기 때문에

$$\sum_i r(\overline{x}_{1.} - \overline{x}) = 0$$

이라는 제약조건을 갖는다. 역시, 제약조건의 개수가 한 개이어서 $A$의 제곱합의 자유도 $\phi_A$는 (요인 $A$의 수준수 $-1$)이다. 즉,

$$\phi_A = a - 1$$

마지막으로 잔차제곱합의 $SS_E$의 자유도를 구해보자. 잔차제곱합은 각각의 수준에서 실험된 자료평균 둘레의 $r$개의 편차의 제곱합을 수준별로 합한 값인

$$SS_E = \sum_i \sum_j (x_{ij} - \overline{x}_{i.})^2$$

이기 때문에, 각각의 수준 $A_i$에서 편차들은 $x_{i1} - \overline{x}_{i.}$, $\cdots$, $x_{ir} - \overline{x}_{i.}$로 편차들의 개수는 $r$이다. $r$개의 편차들의 합은 0이기 때문에

$$\sum_i (x_{ij} - \overline{x}_{i.}) = 0$$

이라는 한 개의 제약조건을 가져서, 각 수준에서의 자유도는 (반복수 $-1$)인 $(r-1)$이다. 따라서, $a$개의 수준 모두에 대해서 합해 주면 잔차의 자유도 $\phi_E$는

$$\phi_E = a(r-1) = ar - a$$

이다. 그런데 $A$의 자유도 $(a-1)$과 잔차의 자유도 $(ar-a)$를 합하면 총변동의 자유

도인 $(ar-1)$과 같기 때문에, 우리는

$$\phi_T = \phi_A + \phi_E$$

라는 결과를 얻게 되어, 총변동의 원인별 분할과 마찬가지로, 총변동의 자유도가 요인 $A$의 변동의 자유도와 잔차 $E$의 변동의 자유도로 분할됨을 알 수 있다. 이를 자유도의 원인별 또는 요인별 분할이라 한다.

### 6.3.3 평균제곱과 $F$ 검정

평균제곱은 자유도 1개당 제곱합이다. 즉,

$$\text{평균 제곱} = \frac{\text{제곱합}}{\text{자유도}}$$

이다. 잔차 $E$의 평균제곱 $MS_E$는 잔차의 자유도가 $a(r-1)$이기 때문에

$$MS_E = \frac{SS_E}{a(r-1)}$$

이다. 비슷하게, 요인 $A$의 평균제곱 $MS_A$는 $A$의 자유도가 $(a-1)$이기 때문에

$$MS_A = \frac{SS_A}{a-1}$$

이다.

우리의 관심사는 수준이 달라짐에 따라서 모평균이 달라지는가, 즉 수준 효과가 존재하는지를 조사하고 싶기 때문에 귀무가설은

$$H_0 : \mu_1 = \mu_2 = \cdots = \mu_a = \mu$$

이고, 이는

$$H_0 : \alpha_1 = \alpha_2 = \cdots = \alpha_a = 0$$

과 동치이다. 왜냐하면, 수준 효과 $\alpha_i = \mu_i - \mu$이고, $\mu_i$가 모두 같을 경우에는 $\alpha_i$가 모두 0이 되기 때문이다.

그리고,

$$H_0: \alpha_1 = \alpha_2 = \cdots = \alpha_a = 0 (\text{수준 효과 차이가 없다})$$
$$H_1: \alpha_i\text{는 모두 0은 아니다. (수준 효과가 존재한다)}$$

에 대한 검정통계량은 두 평균제곱의 비인

$$F_0 = \frac{MS_A}{MS_E}$$

이다. 귀무가설이 사실일 때 검정통계량 $F_0$는 자유도가 $(\phi_A, \phi_E)$인 $F$ 분포를 따르며, 기각역은 유의수준 $\alpha$에서

$$F_0 > F_\alpha(\phi_A, \phi_E)$$

이다.

이상에서 논의한 제곱합과 자유도의 요인별 분할, 평균제곱, 요인 효과의 차이가 없다는 귀무가설에 대한 검정통계량과 그 기각역을 표 형태로 일목요연하게 나타낸 것이 분산분석표이며, 표 6.3과 같은 형태를 갖는다.

**표 6.3** 분산분석표

| 요인 | 제곱합 | 자유도 | 평균제곱 | $F_0$ | $F_\alpha$ |
|---|---|---|---|---|---|
| $A$ | $SS_A$ | $a-1$ | $MS_A$ | $MS_A/MS_E$ | $F_\alpha(a-1, a(r-1))$ |
| $E$ | $SS_E$ | $a(r-1)$ | $MS_E$ | | |
| $T$ | $SS_T$ | $ar-1$ | | | |

## 6.3.4 직물 마모도 자료에 대한 분석 예

의류회사에서는 제조원이 서로 다른 직물들의 긁힘에 대한 저항력을 측정하기 위해서 마모도 검사기계를 사용한다. 반응변수 $x$는 마모도 검사기계를 일정한 사이클 돌린 후에 직물 무게의 감소를 그램으로 측정한 값이다. 의류제조회사의 관심사는 서로 경쟁을 하고 있는 직물회사들의 제품들 간에 평균 무게 감소의 차이가 있는지를 결정하는 것이다. 여기서 관심이 있는 요인의 수는 직물제조회사 한 개이고, 4수준, 즉 네

개의 직물회사 $A_1$, $A_2$, $A_3$, $A_4$의 제품을 비교하려 한다. 각각의 직물회사의 제품 중에서 네 개를 랜덤하게 선택하여 제6.2.2절에서 공부한 방법에 의해서 총 16개의 표본 직물에 대해서 랜덤하게 실험 실시 순서를 결정하여 실험을 실시한 후 얻은 마모도 검사결과의 자료가 표 6.4에 주어져 있다.

**표 6.4** 마모도 검사 자료

| | | 데이터 | | | | $T_i$ | $\bar{x}_{i.}$ |
|---|---|---|---|---|---|---|---|
| 직물 | $A_1$ | 1.93 | 2.38 | 2.20 | 2.25 | 8.76 | 2.19 |
| | $A_2$ | 2.55 | 2.72 | 2.75 | 2.70 | 10.72 | 2.68 |
| | $A_3$ | 2.40 | 2.68 | 2,32 | 2.28 | 9.68 | 2.42 |
| | $A_4$ | 2.33 | 2.38 | 2.28 | 2.25 | 9.24 | 2.31 |
| $T$=38.40 | | | | | | | $\bar{x}$=2.40 |

그림 6.3은 각 수준에서의 마모도 자료, 자료 평균과 총평균을 시각적으로 잘 보여주고 있다. 그림 6.3을 그리기 위한 R 프로그램은 다음과 같다.

```
library("gplots")          # mean plot 그리기 위한 패키지
plotmeans(y ~ trt, pch=19, connect=TRUE, n.label=FALSE,
bars=TRUE,ylim=c(min(y)-0.2,max(y)+0.2))
points(y~trt,pch=1)      # mean plot 그리기
abline(h=mean(y), col="red")    # 전체 평균 수평선 그리기
legend(3.7,2.9, "mean(x)", lty=1,col = "red")   # 범례 추가
```

그림 6.3에서 보인 각 수준에서의 자료평균과 총평균의 차이가 각 수준에서의 자료들의 자료평균 둘레의 산포와 비교할 때, 실제의 모평균은 똑같은데 우연히 나올 수 있는 차이인가, 아니면 실제로 각 수준에서의 모평균이 달라서 그러한 값이 얻어졌는지 분석해 보자.

$$\text{모형} : x_{ij} = \mu + \alpha_i + \varepsilon_{ij},\ i,\ j = 1,\ 2,\ 3,\ 4$$

**총편차의 분해** : 식 (6.4)에 따라서 표 6.4의 마모도에 관한 데이터의 총편차를 수준 효과 $\alpha_i$에 기인하는 편차와 잔차로 분해한 결과가 다음과 같이 주어진다.

그림 6.3 마모도 검사 자료 그림

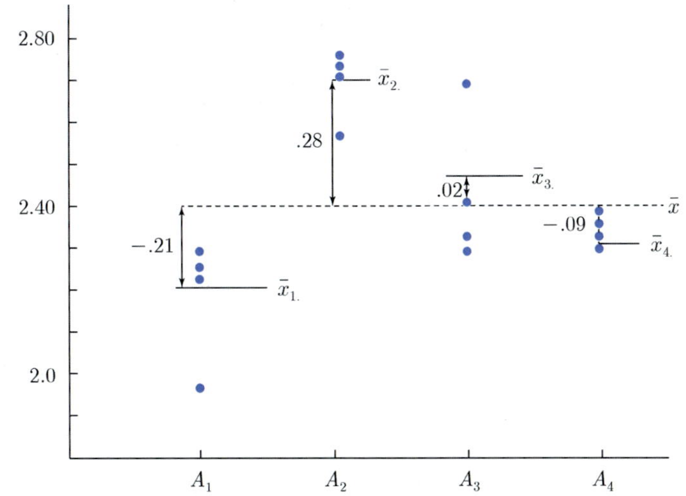


총편차 $\qquad\qquad$ $\alpha_i$에 기인하는 총편차 $\qquad\qquad$ 잔차

$$\begin{pmatrix} -.47 & -.02 & -.20 & -.15 \\ .15 & .32 & .35 & .30 \\ .00 & .28 & -.08 & -.12 \\ -.07 & -.02 & -.12 & -.15 \end{pmatrix} = \begin{pmatrix} -.21 & -.21 & -.21 & -.21 \\ .28 & .28 & .28 & .28 \\ .02 & .02 & .02 & .02 \\ -.09 & -.09 & -.09 & -.09 \end{pmatrix} + \begin{pmatrix} -.26 & .19 & .01 & .06 \\ -.13 & .04 & .07 & .02 \\ -.02 & .26 & -.10 & -.14 \\ .02 & .07 & -.03 & -.06 \end{pmatrix} \tag{6.6}$$

예를 들어, 1행 1열, 즉 $A_1$에서 첫 번째 반복에 해당되는 값은 다음과 같이 계산된다. 식 (6.4)의 총편차의 원인별 분해에서 $i=1,\ j=1$인 경우이므로

$$\begin{aligned} & x_{11} - \bar{x} = (\bar{x}_{1.} - \bar{x}) + (x_{11} - \bar{x}_{1.}) \\ & \Rightarrow\ (1.93 - 2.40) = (2.19 - 2.40) + (1.93 - 2.19) \\ & \Rightarrow\ -0.47 = (-0.21) + (-0.26) \end{aligned}$$

2행 3열, 즉 수준 $A_2$에서 3번째 반복값에 해당되는 총편차의 분해는

$$\begin{aligned} & (2.75 - 2.40) = (2.68 - 2.40) + (2.75 - 2.68) \\ \Rightarrow\ & .35 \qquad\qquad = .28 \qquad\qquad + .07 \end{aligned}$$

**제곱합의 계산** : 총변동을 정의에 의해 식 (6.6)의 좌변에 있는 16개의 총편차 제곱합

으로부터 구하면,

$$SS_T = (-.47)^2 + (-.02)^2 + \cdots + (-.15)^2 = .7626$$

이다. 마찬가지로 $SS_A$, $SS_E$를 식 (6.6)의 우변의 첫 번째, 두 번째의 16개의 편차 제곱합으로 정의에 의해 구해보면,

$$SS_A = 4[(-.21)^2 + (-.28)^2 + (-.02)^2 + (-.09)^2] = .5240$$

$$SS_E = (-.26)^2 + (-.19)^2 + \cdots + (-0.6)^2 = .2386$$

이다. 그런데 $.7626 = .5240 + .2386$이므로,

$$SS_T = SS_A + SS_E$$

임을 확인할 수 있다. 다음에는 간편계산법에 의해 각각의 제곱합을 구해 보자.

### 간편계산법에 의한 제곱합과 자유도의 계산

$$CT = \frac{T^2}{ar} = \frac{38.4^2}{16} \equiv 92.16$$

$$SS_T = \sum_i \sum_j x_{ij}^2 - CT$$

$$= (1.93)^2 + (2.38)^2 + \cdots + (2.25)^2 - 92.16 = .7626$$

$$\phi_T = 16 - 1 = 15$$

$$SS_A = \sum_i \frac{T_i^2}{r} - CT$$

$$= \frac{1}{4}(8.76^2 + 10.72^2 + 9.68^2 + 9.24^2) - 92.16 = .5240$$

$$\phi_A = 4 - 1 = 3$$

$$MS_A = \frac{SS_A}{\phi_A} = \frac{.5240}{3} = .1747$$

$$SS_E = SS_T - SS_A = .7626 - .5240 = .2386$$

$$\phi_E = \phi_T - \phi_A = 12$$

$$MS_E = \frac{SS_E}{\phi_E} = \frac{.2386}{12} = .0199$$

가설 :

$$H_0': \alpha_1 = \alpha_2 = \alpha_3 = \alpha_4 = 0 \text{(직물 마모도의 차이가 없다)}$$

$$H_1: \alpha_i \text{는 모두 0이 아니다. (직물 마모도의 차이가 있다)}$$

검정통계량 : $F_0 = \dfrac{MS_A}{MS_E} = \dfrac{.1747}{.0199} = 8.78$

기각역 : $F_0 > F_{0.01}(3,\ 12) = 5.95$

통계적 결정 : 유의수준 $\alpha = 0.01$에서 $F_0 = 8.78$이 기각역에 속하기 때문에 $H_0$를 기각하여 상표에 따라서 직물 마모도의 차이가 있다고 결론내린다.

분산분석표 작성 : 위의 결과를 일목요연하게 요약한 분산분석표가 표 6.5에 주어진다.

**표 6.5** 직물마모도 자료의 분산분석표

| 요인 | 제곱합 | 자유도 | 평균제곱 | $F_0$ | $F_{0.01}$ |
|---|---|---|---|---|---|
| A | .5240 | 3 | .1747 | 8.78** | 5.95 |
| E | .2386 | 12 | .0199 | | |
| T | .7627 | 15 | | | |

일반적으로 요인 $A$의 수준 효과가 유의수준 $\alpha = 0.05$에서만 유의하면 계산된 $F_0$에 *를, $\alpha = 0.01$에서 유의한 경우에는 **를 붙여서 표시한다. 표 6.5의 분산분석표를 얻기 위한 R 프로그램과 출력결과는 다음과 같다.

```
y.lm<-lm(y~trt)          # model fitting
anova(y.lm)     # anova 검정
```

```
Analysis of Variance Table

Response: y
          Df Sum Sq  Mean Sq F value   Pr(>F)
trt        3 0.5240 0.174667  8.7846 0.002353 **
Residuals 12 0.2386 0.019883
---
Signif. codes:  0 '***' 0.001 '**' 0.01 '*' 0.05 '.' 0.1 ' ' 1
```

## SECTION 6.4 다중비교

다중비교(multiple comparison)는 두 개 이상의 모평균들 간의 차이를 동시에 비교하는 일반적인 비교방법이다. 따라서 다중비교는 실험 결과를 본 후에 계산된 자료평균에 근거하여 비교할 수준이 결정되는 경우의 비교방법에도 유용하게 이용된다.

다중비교 기법으로는 Tukey, SNK, Duncan 등이 만든 방법이 있고, 일반적으로 기각역이 큰 Duncan의 방법이 많이 사용된다. 다중비교의 결과는 대부분의 통계 패키지에서 쉽게 얻을 수가 있다. 다중비교는 수준 차이에 대한 동시비교이기 때문에 요인의 수준들을 동질적인 것, 즉 수준 효과의 차이가 없는 것끼리 그룹화할 수 있도록 도와준다.

## SECTION 6.5 반복수가 같지 않은 실험

지금까지는 각 수준에서 반복수가 일정하게 $r$인 경우의 일원배치법을 공부하였는데, 실제의 일원배치법에서는 여러 가지 사유로 인하여 수준 $A_i$에서 반복수가 $r_i$인, 즉 각 수준마다 반복수가 다른 데이터를 얻게 되는 경우가 있다. 반복수가 같지 않은 실험이 발생하게 되는 대표적인 경우를 설명하면 다음과 같다.

반복수 $r$인 일원배치에서 측정에 실패하거나, 결측치가 생긴 경우이다. 예를 들어서 여러 가지 돼지 사료의 종류를 이용하여 돼지를 일정 기간 사육한 후의 사료의 종류에 따른 체중증가량의 변화를 조사하는 실험에서, 각각의 수준에서 반복수 $r$로 실험을 계획하였지만, 도중에 돼지 몇 마리가 사료와 무관한 갑작스러운 질병으로 죽은 경우의 실험 결과는 각 수준에서 반복수가 다른 일원배치법이 된다.

반복수가 같지 않은 일원배치법의 총실험횟수를 $N$이라고 하면,

$$N = r_1 + r_2 + \cdots + r_a$$

이다. 반복수가 같지 않은 일원배치법의 자료의 구조, 모형과 분산분석은 반복수 $r$ 대

신 각 수준에서의 반복수 $r_i$를 대체한 것을 제외하고는 기본적으로 반복수가 같은 경우와 똑같다. 자료의 구조모형은

$$x_{ij} = \mu + \alpha_i + \varepsilon_{ij}, \qquad i = 1, \cdots, a, \; j = 1, \cdots, r_i$$

이다. 간편계산법에 의한 변동 계산, 자유도 계산, 분산분석표는 다음과 같다.

$$CT = \frac{T^2}{N}$$

$$SS_T = \sum_i \sum_j x_{ij}^2 - CT, \quad \phi_T = N-1$$

$$SS_A = \sum_i \frac{T_{i.}^2}{r_i} - CT, \quad \phi_A = a-1$$

$$SS_E = SS_T - SS_A, \quad \phi_E - \phi_T - \phi_A = N-a$$

**표 6.6 분산분석표**

| 요인 | 제곱합 | 자유도 | 평균제곱 | $F_0$ | $F_\alpha$ |
|---|---|---|---|---|---|
| A | $SS_A$ | $a-1$ | $MS_A$ | $MS_A/MS_E$ | $F_\alpha(a-1, N-a)$ |
| E | $SS_E$ | $N-a$ | $MS_E$ | | |
| T | $SS_T$ | $N-1$ | | | |

### 예 6.1

**혈액응고시간 자료에 대한 분석 예**

(1) 실험 목적 : 네 종류의 식단 $A_1$, $A_2$, $A_3$, $A_4$에 따른 식이요법이 동물의 혈액응고시간에 영향을 주는가?

(2) 실험의 랜덤화

① 실험 단위를 처리에 랜덤하게 배치

단계 1 : 24마리의 동물에 1번에서 24번까지 일련번호 할당.

단계 2 : 1번에서 24번까지 번호가 붙은 카드를 뒤집어 놓고 잘 섞은 다음에, 하나씩 뒤집어서 난수를 생성하여 24개의 번호의 랜덤 순열을 구한다.

단계 3 : 처음 여섯 개의 난수에 해당되는 동물에 $A_1$을 배치하고, 다음 여섯 개의 난수에 해당되는 동물에 $A_2$를, 그 다음 여섯 개의 난수에 해당되는 동물에 $A_3$를, 나머지 여섯 마리에 $A_4$를 배치한다.

② 혈액응고시간 측정 순서

두 달 동안 각각의 식단에 따라서 먹이를 준 다음, 각각의 동물에서 혈액표본을 채취한다. 그런데 $A_1$에 할당된 동물 한 마리가 실험과 관련이 없는 질병으로 3주 만에 죽어서, $A_1$에서의 반복수는 5가 되어, 실험을 계획할 때는 반복수가 같도록 계획하였지만 얻어진 실험 자료는 실험의 반복수가 각각 $r_1 = 5$, $r_2 = 6$, $r_3 = 6$, $r_4 = 6$인 반복수가 다른 실험이 되었다. 이 경우에 혈액 응고시간의 검사 순서 역시 랜덤화해야 한다. 따라서, $A_1$, $A_2$, $A_3$, $A_4$에 배치된 23마리의 동물에 일련번호를 붙인 다음에 1에서 23 사이의 랜덤 순열을 앞의 단계 2에서와 같은 방법으로 구하여, 나온 번호에 해당되는 동물의 혈액 표본의 순서로 검사한다. 네 종류의 식단 $A_1$, $A_2$, $A_3$, $A_4$에 따라서 사육된 23마리의 동물로부터 채취된 혈액표본을 랜덤하게 검사하여 얻어진 실험 자료가 표 6.7에 주어져 있다.

**표 6.7** 혈액응고시간 자료

| 요인 수준 | 자료 | | | | | |
|---|---|---|---|---|---|---|
| $A_1$ | 62 | 60 | 63 | 59 | 61 | |
| $A_2$ | 63 | 67 | 71 | 64 | 65 | 66 |
| $A_3$ | 68 | 66 | 71 | 67 | 68 | 68 |
| $A_4$ | 56 | 62 | 60 | 61 | 63 | 64 |

대부분의 실험 자료가 65 근처이므로 제곱합 계산을 간단하게 하기 위해서 자료 변환

$$y_{ij} = x_{ij} - 65$$

를 하였다. 앞에서 공부한 바와 같이 변환된 자료와 원래 자료의 제곱합은 같다. 변환된 자료가 표 6.8에 주어진다.

**표 6.8** $y_{ij} = x_{ij} - 65$로 변환된 자료

| 요인 수준 | 자료 | | | | | | 합계 |
|---|---|---|---|---|---|---|---|
| $A_1$ | −3 | −5 | −2 | −6 | −4 | | −20 |
| $A_2$ | −2 | +2 | +6 | −1 | 0 | +1 | 6 |
| $A_3$ | +3 | +1 | +6 | +2 | +3 | +3 | 18 |
| $A_4$ | −9 | −3 | −5 | −4 | −2 | −1 | −24 |

(3) 간편계산법에 의한 제곱합, 자유도 계산

$$CT = \frac{T^2}{N} = \frac{(-20)^2}{23} = 17.3913$$

$$SS_T = \sum_i \sum_j y_{ij}^2 - CT$$

$$= (-3)^2 + (-5)^2 + \cdots + (-1)^2 - 17.3913 = 322.6087$$

$$\phi_T = N - 1 = 22$$

$$SS_A = \sum_i T_{i.}^2 - CT$$

$$= \left[ \frac{(-20)^2}{5} + \frac{6^2}{6} + \frac{18^2}{6} + \frac{(-24)^2}{6} \right] - 17.3913 = 218.6087$$

$$\phi_A = a - 1 = 3$$

$$MS_A = \frac{SS_A}{\phi_A} = \frac{218.6087}{3} = 72.8696$$

$$SS_E = SS_T - SS_A$$

$$= 322.6087 - 218.6087 = 104$$

$$\phi_E = \phi_T - \phi_A = 19$$

$$MS_E = \frac{SS_E}{\phi_E} = \frac{104}{19} = 5.4737$$

(4) 가설검정

$H_0$ : $\alpha_1 = \alpha_2 = \alpha_3 = \alpha_4 = 0$ (식이요법에 따라서 혈액응고시간의 차이가 없다)

$H_1$ : $\alpha_i$는 모두 0이 아니다. (식이요법에 따라서 혈액응고시간의 차이가 있다)

검정통계량 : $F_0 = \frac{MS_A}{MS_E} = \frac{72.8696}{5.4737} = 13.31$

기각역 : $F_0 > F_{0.01}(3,\ 19)$

**통계적 결정** : 유의수준 $\alpha = 0.01$에서 $F_0 = 13.31$이 기각역에 속하기 때문에 식이요법에 따라서 혈액응고시간에 차이가 있다고 결론 내린다.

(5) 분산분석표 작성

**표 6.9** 혈액응고자료의 분산분석표

| 요인 | 제곱합 | 자유도 | 평균제곱 | $F_0$ |
|---|---|---|---|---|
| A | 218.6087 | 3 | 72.8696 | 13.31** |
| E | 104.000 | 19 | 5.4737 | |
| T | 322.6087 | 22 | | |

표 6.9에 주어진 혈액응고자료의 분산분석표를 얻기 위한 R 프로그램과 출력결과는 다음과 같다.

```
y<-c(62,60,63,59,61,63,67,71,64,65,66,68,66,71,67,68,68,56,62,60,61,63,64)
# 자료 y 입력
trt<-factor(rep(c("A1", "A2", "A3", "A4"), times=c(5,6,6,6)))   # 요인 입력
y.lm<-lm(y~trt)          # model fitting
anova(y.lm)     # anova 검정
```

```
Analysis of Variance Table

Response: y
          Df Sum Sq Mean Sq F value    Pr(>F)
trt        3 218.61  72.870  13.313 6.491e-05 ***
Residuals 19 104.00   5.474
---
Signif. codes:  0 '***' 0.001 '**' 0.01 '*' 0.05 '.' 0.1 ' ' 1
```

## SECTION 6.6 일원배치 랜덤화 블록계획

네 상표 $A_1$, $A_2$, $A_3$, $A_4$의 타이어에 대한 30,000km 주행 후의 타이어 마모도에 차이가 있는지를 검사하는 문제를 생각해 보자. 자동차의 종류에 따른 엔진, 차체형태 등의 차이와 운전자의 숙련도, 주행지역 등의 차이로 인하여 똑같은 종류의 타이어를 사용해도 30,000km 주행한 후의 타이어의 마모도가 달라진다. 따라서 주행된 자동차의 종류를 무시하고 완전 랜덤화 계획법을 사용할 때 각 타이어의 변동에는 단순히

측정오차뿐만 아니라 자동차 종류 간의 변동도 포함된다. 따라서 오차가 커지게 되고, 실제로 상표에 따른 타이어 마모도의 차이가 있다고 해도 이를 검출할 수 있는 판별력이 작아지게 된다. 더구나 분석 결과 상표에 따른 타이어의 마모도의 차이가 있더라도 완전 랜덤화에 의한 배치 결과를 살펴보아서 주어진 자동차의 바퀴에 네 상표의 타이어가 골고루 장착되지 않은 경우에는, 그 차이가 타이어 상표의 차이에서 오는 것인지 아니면 주행한 자동차의 종류의 차이에서 오는 것인지를 구분할 수 없다. 또한, 실험계획법의 주요 목적의 하나가 오차를 줄이는 것이기 때문에, 좀더 나은 계획법은 차종 간의 변동을 오차 변동에서 제거하는 것이다. 이를 위해서는 한 종류의 자동차에 각 상표의 타이어를 모두 실험하는 계획을 세워야 한다. **일원배치 랜덤화 블록계획법**은 반응값에 영향을 주는 요인은 하나이지만 실험 단위가 모두 균질적이 아닌 경우에 사용한다. 균질적인 실험 단위들을 한데 모아서 하나의 블록을 만들면, 블록 내의 실험 단위는 균질적이지만 블록 간의 실험 단위는 이질적(heterogeneous)일 수도 있다. 이 경우에 랜덤화는 블록 내로 제한된다.

일원배치 랜덤화 블록계획법은 블록 간의 차이에서 오는 변동이 독립적으로 평가되고 오차항으로부터 제거되도록 한다. 이 계획법의 모형은 다음과 같다.

$$x_{ij} = \mu + \alpha_i + \beta_j + \varepsilon_{ij} \tag{6.7}$$

여기서 $x_{ij}$는 요인 $A$의 $i$수준과 $j$번째 블록인 $B_j$에서 실험된 반응값이고, $\alpha_i$는 요인 $A$의 효과, $\beta_j$는 블록효과, $\varepsilon_{ij}$는 오차항을 나타낸다.

이 계획법의 자료의 구조는 표 6.10과 같은 양식으로 표현될 수 있다.

일원배치 완전랜덤화 계획법에서와 같은 방법으로 처리효과과 블록효과를 각각의 수준 자료들의 표본평균과 총 표본평균과의 차로 추정하며, 랜덤화 블록 계획법의 모형인 식 6.7로부터 총편차를 설명하면

$$\begin{array}{llll} x_{ij} - \overline{x} = (\overline{x}_{i.} - \overline{x}) & + (\overline{x}_{.j} - \overline{x}) & + (x_{ij} - \overline{x}_{i.} - \overline{x}_{.j} + \overline{x}) & (6.8) \\ \text{총편차} = A_i\text{에} & + \text{블록 } j\text{에} & + \text{잔차} & \\ \qquad\quad \text{기인하는} & \text{기인하는} & & \\ \qquad\quad \text{편차} & \text{편차} & & \end{array}$$

이다. 위 식의 잔차를 완전 랜덤화 계획법의 식 6.4의 잔차와 비교하면 랜덤화 블록 계획법에서는 식 6.4의 잔차에서 블록 $j$에 기인하는 편차가 분리되었음을 알 수 있다.

식 6.8의 양변을 제곱하고 $i$, $j$에 대해서 합하면, 완전 랜덤화 계획법에서와 같이

**표 6.10** 일원배치 랜덤화 블록계획법의 자료 구조

| | $B_1$ | $B_2$ | $\cdots$ | $B_b$ | 합계 | 평균 |
|---|---|---|---|---|---|---|
| $A_1$ | $x_{11}$ | $x_{12}$ | $\cdots$ | $x_{1b}$ | $T_{1.}$ | $\overline{x}_{1.}$ |
| $A_2$ | $x_{21}$ | $x_{22}$ | $\cdots$ | $x_{2b}$ | $T_{2.}$ | $\overline{x}_{2.}$ |
| $\vdots$ | $\vdots$ | $\vdots$ | $\vdots$ | $\vdots$ | $\vdots$ | $\vdots$ |
| $A_a$ | $x_{a1}$ | $x_{a2}$ | $\cdots$ | $x_{ab}$ | $T_{a.}$ | $\overline{x}_{a.}$ |
| 합계 | $T_{.1}$ | $T_{.2}$ | $\cdots$ | $T_{.b}$ | $T$ | |
| 평균 | $\overline{x}_{.1}$ | $\overline{x}_{.2}$ | $\cdots$ | $\overline{x}_{.b}$ | | $\overline{x}$ |

서로 다른 두 항들의 곱의 합은 모두 0이 되어서 총제곱합이 각각의 요인별 편차들의 제곱합으로 분할되어 다음과 같이 표현된다.

$$SS_T = SS_A + SS_B + SS_E$$

총변동 = 요인 $A$의 변동 + 블록 $B$의 변동 + 잔차변동

각 요인별 제곱합을 간편계산법의 규칙에 적용하여 단계별로 계산하여 보자.

단계 1 : 수정항 $\quad CT = \dfrac{T^2}{ab}$

단계 2 : 총변동 $\quad SS_T = \sum_i \sum_j x_{ij}^2 - CT$

단계 3 : 요인 $A$의 변동 $\quad SS_A = \sum_i \dfrac{T_{i.}^2}{b} - CT$

단계 4 : 블록 요인 $B$의 변동 $\quad SS_B = \sum_j \dfrac{T_{.j}^2}{a} - CT$

단계 5 : 잔차 $E$의 변동 $\quad SS_E = SS_T - SS_A - SS_B$

자유도는 일원배치 완전 랜덤화 계획법에서와 마찬가지로 총변동의 자유도가 각각의 변동의 자유도로 분할된다. 총변동인 $SS_T$의 자유도는 (총실험횟수−1)인 $(ab-1)$, $SS_A$의 자유도는 (요인 $A$의 수준수−1)인 $(a-1)$, 블록 변동 $SS_B$의 자유도는 (블록의 개수−1)인 $(b-1)$이고, 잔차변동 $SS_E$의 자유도는 $SS_T$의 자유도에서 $SS_A$, $SS_B$의 자유도를 뺀 결과인 $(a-1)(b-1)$이다. 랜덤화 볼록계획에 대한 분산분석표는 표 6.11과 같다.

**표 6.11** 랜덤화 블록계획의 분산분석표

| 요인 | 제곱합 | 자유도 | 평균제곱 | $F_0$ | $F_\alpha$ |
|---|---|---|---|---|---|
| 요인 A | $SS_A$ | $a-1$ | $MS_A$ | $\frac{MS_A}{MS_E}$ | $F_\alpha(a-1,\ (a-1)(b-1))$ |
| 블록 B | $SS_B$ | $b-1$ | $MS_B$ | $\frac{MS_B}{MS_E}$ | $F_\alpha(b-1,\ (a-1)(b-1))$ |
| 잔차 E | $SS_E$ | $(a-1)(b-1)$ | $MS_E$ | | |
| T | $SS_T$ | $ab-1$ | | | |

### 예 6.2

네 대의 자동차 $B_1$, $B_2$, $B_3$, $B_4$를 블록으로 하여 각각의 자동차 네 바퀴에 네 상표의 타이어를 랜덤하게 할당하여 30,000km 주행 후의 타이어 마모도를 측정한 결과 표 6.12의 자료를 얻었다.

**표 6.12** 타이어 마모도 실험자료

| 타이어 상표 | 자동차 | | | | 합계 |
|---|---|---|---|---|---|
| | $B_1$ | $B_2$ | $B_3$ | $B_4$ | |
| $A_1$ | 17 | 14 | 13 | 13 | 57 |
| $A_2$ | 14 | 14 | 13 | 8 | 49 |
| $A_3$ | 12 | 12 | 10 | 9 | 43 |
| $A_4$ | 13 | 11 | 10 | 9 | 43 |
| 합계 | 56 | 51 | 46 | 39 | 192 |

간편계산법을 이용하면,

단계 1 : 수정항 계산

$$CT = \frac{T^2}{ab} = \frac{192^2}{16} = 2304$$

단계 2 : 총변동 계산

$$SS_T = \sum_i \sum_j x_{ij}^2 - CT$$
$$= 2388 - 2304 = 84$$

단계 3 : 요인 $A$의 변동 계산

$$SS_A = \sum_i \frac{T_{i.}^2}{b} - CT$$

$$= \frac{57^2 + 49^2 + 43^2 + 43^2}{4} - 2304 = 33$$

단계 4 : 블록요인 $B$의 변동 계산

$$SS_B = \sum_j \frac{T_{.j}^2}{a} - CT$$

$$= \frac{56^2 + 51^2 + 46^2 + 39^2}{4} - 2304 = 39.5$$

단계 5 : 잔차 $E$의 변동 계산

$$SS_E = SS_T - SS_A - SS_B$$

$$= 84 - 33 - 39.5 = 11.5$$

이상을 정리한 분산분석표가 표 6.13에 주어진다.

**표 6.13** 타이어 마모도의 랜덤화 블록계획에 대한 분산분석표

| 요인 | 제곱합 | 자유도 | 평균제곱 | $F_0$ |
|---|---|---|---|---|
| 상표 A | 33 | 3 | 11 | 8.59** |
| 블록 B | 39.5 | 3 | 13.17 | 10.29** |
| 잔차 E | 11.5 | 9 | 1.28 | |
| T | 84 | 15 | | |

'상표에 따른 타이어 마모도의 차이가 없다'라는 귀무가설의 검정을 위해 계산된 검정통계량의 값 $F_0 = MS_A / MS_E = 8.59$은 $F_{0.01}(3,\ 9) = 6.99$보다 크게 되어 유의수준 $\alpha = 0.01$에서 귀무가설을 기각하며, 타이어 상표에 따른 마모도 차이가 있다고 결론을 내린다. 블록 간의 동질성, 즉 '자동차 간에는 변동이 없다'의 검정통계량은 $F_0 = MS_B / MS_E = 10.29$로 $F_{0.01}(3,\ 9)$보다 크게 되어 유의수준 $\alpha = 0.01$에서 블록 간에 동질적이라는 귀무가설을 기각하고 자동차들 간의 타이어 마모도 변동이 존재한다고 결론을 내린다. 즉, 동일한 상표의 타이어를 사용하더라도 주행되는 길의 노면 상태, 운전자의 성격, 숙련도 등에 따라서

제동 상태와 제동 횟수가 자동차에 따라서 달라질 수 있기 때문에 자동차 간의 타이어 마모도의 산포가 존재한다고 생각할 수 있다. 표 6.13의 분산분석표를 얻기 위한 R 프로그램과 출력결과는 다음과 같다.

```
y<-c(17,14,13,13,14,14,13,8,12,12,10,9,13,11,10,9)        # 자료 y 입력
trt<-factor(rep(c("A1", "A2", "A3", "A4"), each=4))      # 요인입력
block<-factor(rep(c("B1", "B2", "B3", "B4"), times=4))   # block data 입력
y.lm<-lm(y~trt+block) # model fitting
anova(y.lm) # anova 검정
```

```
Analysis of Variance Table

Response: y
          Df Sum Sq Mean Sq F value   Pr(>F)
trt        3   33.0 11.0000  8.6087 0.005207   **
block      3   39.5 13.1667 10.3043 0.002867   **
Residuals  9   11.5  1.2778
---
Signif. codes:  0 '***' 0.001 '**' 0.01 '*' 0.05 '.' 0.1 ' ' 1
```

랜덤화블록계획이 적용되는 몇 가지 예를 나열해보면 다음과 같다.

### 예 6.3

세 가지 식단과 관련된 체중의 증가량의 연구에서 참가자의 처음 몸무게가 체중의 증가량에 영향을 줄 수도 있기 때문에 실험의 시작 전에 참가자를 몸무게에 따라서 네 그룹으로 나누어서 각 그룹에 속한 참가자들을 랜덤하게 세 가지 식단에 배치하여서 동일한 식단으로 3개월 동안 식사를 하게 한 후에 3개월 전의 체중과 비교하여 체중 증가량을 기록하였다.

| 블록 | 처리 | | |
|---|---|---|---|
| 최초 몸무게 (파운드) | 식단 1 | 식단 2 | 식단 3 |
| 100 ~ 120 | 10 | 12 | 8 |
| 120 ~ 140 | 8 | 10 | 10 |
| 140 ~ 160 | 5 | 12 | 10 |
| 160 ~ 180 | 10 | 5 | 5 |

예 6.3의 분산분석표를 얻기 위한 R 프로그램과 출력결과는 다음과 같다.

```
y<-c(10,8,5,10,12,10,12,5,8,10,10,5)                    # 자료 y 입력
trt<-factor(rep(c("A1", "A2", "A3"), each=4)) ))         # 요인 입력
block<-factor(rep(c("B1", "B2", "B3", "B4"), times=3))  # block 입력
y.lm<-lm(y~trt+block)   # model fitting
anova(y.lm) # anova 검정
```

```
Analysis of Variance Table

Response: y
          Df Sum Sq Mean Sq F value Pr(>F)
trt        2  6.000  3.0000  0.3803 0.6990
block      3 18.917  6.3056  0.7993 0.5379
Residuals  6 47.333  7.8889
```

처리에 대한 p-value가 0.699로 0.25보다 커서 식단이 체중증가량에 영향을 주지 않는다는 귀무가설을 채택한다.

## 예 6.4

연구자가 병원 응급실의 환자들에 대한 정보를 수집하는 세 가지 방법의 효율성을 비교하기 위해서 정보 수집에 소요된 시간을 비교하는 실험을 하였다. 세 군데 병원의 응급실이 이용되었고, 반응값은 정보를 수집하는 데 소요된 시간을 분 단위로 측정하였다.

| 병원 (블록) | 처리 | | |
|---|---|---|---|
| | 방법 1 | 방법 2 | 방법 3 |
| 1 | 30 | 25 | 20 |
| 2 | 20 | 15 | 20 |
| 3 | 40 | 35 | 25 |

예 6.3의 분산분석표를 얻기 위한 R 프로그램과 출력결과는 다음과 같다.

```
y<-c(30,20,40,25,15,35,20,20,25)          # 자료 y 입력
trt<-factor(rep(c("A1", "A2", "A3"), each=3))   # 요인 입력
block<-factor(rep(c("B1", "B2", "B3"), times=3)) ))      # block 입력
y.lm<-lm(y~trt+block) )          # model fitting
anova(y.lm)     # anova 검정
```

```
Analysis of Variance Table

Response: y
          Df Sum Sq Mean Sq F value  Pr(>F)
trt        2 105.56  52.778  2.7143 0.17998
block      2 338.89 169.444  8.7143 0.03484 *
Residuals  4  77.78  19.444
---
Signif. codes:  0 '***' 0.001 '**' 0.01 '*' 0.05 '.' 0.1 ' ' 1
```

# 연습문제

1. 16명의 병원 환자가 네 명씩 그룹 지어서 네 개의 치료제 그룹에 랜덤하게 할당되었다. 치료한 후에 혈압의 변화량은 다음과 같다.

| 치료제 | | | |
|---|---|---|---|
| A | B | C | D |
| 10 | 12 | 9 | 17 |
| 8 | 14 | 13 | 14 |
| 7 | 11 | 10 | 13 |
| 11 | 15 | 12 | 16 |

(1) 사용된 실험계획법은 무엇인가?

(2) 유의수준 0.05에서 치료제의 효과에 대한 분산분석을 하라.

2. 생화학 실험실들에서 분석한 결과에 대한 신뢰성 연구에서, 실험실들이 유사한 결과를 주는지를 검정하기 위해서 네 종류의 다른 효소들로부터 각각 3단위의 시료를 세 개의 실험실에 보냈다.

| 실험실 | 효소 | | | |
|---|---|---|---|---|
| | 1 | 2 | 3 | 4 |
| A | 4.2 | 6.0 | 3.9 | 8.3 |
| B | 3.9 | 7.3 | 4.0 | 7.2 |
| C | 5.2 | 6.5 | 3.2 | 6.9 |

(1) 사용된 실험계획법은 무엇인가?

(2) 분산분석표를 작성하고, 실험실들이 유사한 결과를 주는지를 유의수준 0.05에서 검정하라.

3. 다음 자료가 주어졌다.

| 처리 그룹 | | |
|---|---|---|
| 1 | 2 | 3 |
| 4 | 3 | 12 |
| 7 | 5 | 8 |
| 6 | 2 | 9 |
| 3 | | 11 |
| 2 | | |

(1) 사용된 실험계획법은 무엇인가?

(2) 분산분석표를 작성하고, 유의수준 0.01에서 처리들이 동일한 효과를 가지고 있는지를 검정하라.

4. 예 6.3에 대한 분산분석을 하라.

5. 예 6.4에 대한 분산분석을 하라.

6. 진통제의 진통효과를 비교하기 위해서 처방을 준 의사와 환자가 모두 어느 약을 투여받았는지를 모른 채로 실험을 실시하는 이중맹검임상연구(double blind clinical study)를 수행하였다. 20명의 환자를 다섯 명씩 네 그룹으로 랜덤하게 나눈 후에 네 개의 처리인 Motrin(400mg), codeine(60mg), codeine(30mg)과 식염수인 플라시보(placebo)를 투여한 지 2시간이 지난 후에 진통 효과를 0~100 사이의 점수로 표현하도록 요구하여 다음 자료를 얻었다.

| Mortin(400mg) | codeine(60mg) | codeine(30mg) | placebo |
|---|---|---|---|
| 82 | 80 | 77 | 65 |
| 89 | 70 | 69 | 75 |
| 77 | 72 | 67 | 67 |
| 72 | 90 | 65 | 55 |
| 92 | 68 | 57 | 63 |

(1) 네 종류의 진통제의 진통효과에 차이가 있는지를 유의수준 0.05에서 검정하라.

(2) 차이가 있다면 어느 쌍의 진통제에 차이가 있는가?

※ 실습문제 (7~8번)

7. tennis-balls.csv 자료는 반응변수가 일정 높이에서 떨어뜨린 테니스공의 바운스 높이이다. 테니스공의 브랜드(3수준)에 따른 바운스 높이가 차이가 나는가에 알기 위해서 반복 6회의 일원배치법 실험을 실시한 자료이다.

(1) 위의 자료에 대한 분산 분석표를 작성하라.

(2) 위 분산 분석표를 이용하여 유의 수준 5%에서 브랜드 효과가 있는지를 검정하라.

8. 전등용 배터리의 수명(분)을 반응변수로 하고 배터리의 브랜드(4수준)에 따른 배터리의 평균수명에 차이가 있는지를 알고 싶다. 그런데 배터리의 수명이 배터리 사용환경에 따라서도 차이가 날수 있어서, 정상적인 가을날의 온도에서 랜덤하게 4 브랜드의 배터리를 사용하여 수명을 측정하고, 그 다음에는 추운 날의 온도에서 랜덤하게 4 브랜드의 배터리를 사용하여 배터리의 수명을 측정한 자료가 batteries.csv에 주어진다.

(1) 위의 자료에 대한 분산 분석표를 작성하라.

(2) 위 분산 분석표를 이용하여 유의 수준 5%에서 배터리의 브랜드에 따른 평균수명에 차이가 있는지를 검정하라.

# CHAPTER 07 범주형 자료분석

SECTION

# 7.1 범주형 자료

변수가 취할 수 있는 값이 범주(category)로 주어지는 경우에 그 변수를 범주형 변수(categorical variable)라고 하며, 범주형 자료(categorical data)란 범주형 변수들로 이루어진 자료이다. 즉 자료 집합이 범주들에 대한 도수(frequency counts)로 구성될 수 있도록 관측값들이 범주에 따라 분류된다. 그러한 자료들은 질적(qualitative) 변수들을 다루는 모든 분야, 특히 사회 과학 분야에서 흔히 나타난다. 종교 선호도의 연구에서 불교, 기독교, 천주교 등으로 분류되고 직장에 대한 만족도 조사에서 고용된 사람들은 만족, 보통, 불만 등으로, 출신지역에서는 서울, 충남, 경기, … 등으로 분류된다. 또한 공장에서 생산된 제조품에 대해서는 합격품, 약간 불량, 불량품 등으로 분류될 수 있다. 이 모든 예에서 각각의 범주는 질적인 특징에 의해 정의된다. 범주들은 또한 수치의 측도를 갖는 관측값들의 어느 특정한 범위에 의해 정의될 수 있다. 가령 월급이 액수에 따라 많음, 보통, 적음으로 분류될 수 있고 강우량이 많음, 적당, 적음으로 분류될 수 있다. 이 생각을 좀더 발전시키면, 계급 구간으로 나누어진 측정값들의 빈도수 분포는 계급 구간들이 범주로 정의된 범주형 자료의 형태로 볼 수 있다.

가장 간단한 범주형 자료의 형태는 어느 특정한 성질의 유무에 따라 정의되는 오직 두 가지의 범주를 갖는다. 이 경우의 자료에 대한 모형으로 이항분포가 갖는 역할과 관련된 추론 과정은 앞 장에서 이미 다루었다. 이 장에서의 우리의 목적은 여러 개의 범주를 갖는 자료를 분석하기 위해서 사용되는 방법을 공부하는 것이다. 대표적인 몇 가지 예를 생각해 보자.

### 예 7.1

소비자 선호도 : 유명회사의 랩톱 컴퓨터가 네 종류의 색으로 팔리고, 시장연구자는 여러 색의 인기도를 조사하려 한다. 표 7.1에는 최근 판매된 랩톱 컴퓨터 중에 랜덤하게 선택된 200대의 랩톱 컴퓨터 색에 따른 도수가 주어져 있다. 첫 번째 단계로 연구자는 모든 네 개의 색의 랩톱 컴퓨터가 똑같이 인기가 있다는 가설을 검정하고 싶을지 모른다.

**표 7.1** 유명회사 랩톱 컴퓨터의 네 가지 색에 대한 판매 자료

| 베이지 | 밤색 | 검정 | 녹색 | 계 |
|---|---|---|---|---|
| 20 | 40 | 65 | 75 | 200 |

### 예 7.2

유전학 모형 : 한 교배 실험의 결과 얻은 식물은 A, B, C라 불리는 세 유전자형 중의 하나일 수 있다. 유전학에서의 이론에 따르면 A, B, C의 비율은 1 : 2 : 1이다. 실제로 실험을 한 결과 표 7.2의 자료를 얻었다. 실험자료가 유전학 이론을 뒷받침하는가?

**표 7.2** 식물의 유전인자형에 따른 분류

| 유전인자형 | | | 계 |
|---|---|---|---|
| A | B | C | |
| 18 | 44 | 28 | 90 |

## SECTION 7.2 다항 모형

앞의 예에서 보여준 자료에 적합한 확률 모형을 만들기 위해서 우리는 베르누이 시행의 모형을 일반화하여 시행의 결과가 여러 범주 중의 하나로 분류될 수 있도록 해야 한다. 그러한 시행을 **다항시행**이라 부른다.

다항시행

(1) 각 시행의 결과는 1, 2, ⋯, $k$ 번호가 붙은 $k$개의 서로 배반인 범주 또는 칸 중 어느 하나에 속한다.

(2) 한 시행의 결과가 $i$번째 칸에 속할 확률은 $p_i$, $i=1, \cdots, k$이고 $\sum_{i=1}^{k} p_i = 1$이다. 이 칸 확률들은 모두 시행에서 항상 똑같다.

(3) 시행들은 모두 독립이다.

$k=2$인 경우에는 다항 시행의 정의는 베르누이 시행과 일치한다.

다항 시행을 $n$번 반복할 때 칸 1, ⋯, $k$의 도수는 $m_1$, ⋯, $n_k$로 각각 표시된다. 시행들이 실제로 실시되기 전에는 이들은 **확률변수** $N_1$, ⋯, $N_k$로서 이 기본 구조가 표 7.3에 주어져 있다.

**표 7.3** 다항 시행 자료의 구조

| 칸 | 1 | 2 | ⋯ | $k$ | 계 |
|---|---|---|---|---|---|
| 확률 | $p_1$ | $p_2$ | ⋯ | $p_k$ | 1 |
| $n$시행 도수 | $N_1$ | $N_2$ | ⋯ | $N_k$ | $n$ |

### 다항분포

$n$다항 시행의 칸 도수($N_1$, ⋯, $N_k$)의 결합 확률 분포는 각각의 칸 확률($p_1$, ⋯, $p_2$)을 모수를 갖는 다항분포라 부른다. 결합확률함수는

$$P(N_1=n_1,\ \cdots,\ N_k=n_k)=\frac{n!}{n_1!\cdots\ n_k!}p_1^{n_1}\cdots\ p_k^{n_k},\quad \sum_{i=1}^{k}n_i=n$$

이다. 모수들은 $p_i \geq 0$이고, $\sum_{i=1}^{k}p_i=1$이다.

기호로는 $(N_1,\ \cdots,\ N_k)\sim m(n,\ p_1,\ \cdots,\ p_k)$.

다항분포의 $k$개의 확률변수 $N_1$, ⋯, $N_k$는 $\sum_{i=1}^{k}N_i=n$에 의해 제약된다. 즉 임의의 $k-1$ 변수들의 값이 결정되면 나머지 한 확률변수의 값은 자동적으로 결정된다. 이 특징은 $N_1$, ⋯, $N_k$의 관련된 자유도가 $k-1$이라는 사실로 이해될 수 있다.

첫 번째 칸을 '성공'으로 지정하고 나머지 칸들을 한데 모아 하나의 칸으로 만들어 '실패'로 지정하면 확률변수 $N_1$은 $n$개의 베르누이 시행에서 성공의 횟수를 뜻하게 되어 확률변수 $N_1$은 이항분포 $(n,p_1)$을 따른다. 따라서 $E(N_1)-np_1$, $\mathrm{Var}(N_1)=np_1(1-p_1)$이다. 똑같은 이론을 $i$번째 칸에 적용하면

$$E(N_1)-np_1,\ \mathrm{Var}(N_1)=np_1(1-p_1),\ i=1,\ \cdots,\ k$$

이다. 첫 번째 결과

$$\text{기대 칸 도수} = n \cdot (\text{칸 확률})$$

는 다음 절에서 논의될 적합도 검정에 중요한 역할을 할 것이다.

모든 칸 도수의 합이 $n$으로 고정되어 있기 때문에, 칸 도수들이 음의 공분산을 갖는 것은 놀랄 만한 사실이 아니다. 공분산은 다음과 같다.

$$\mathrm{Cov}(N_i,\ N_j) = -np_ip_j,\quad i \neq j$$

## SECTION 7.3 피어슨 적합도 검정

자료가 다항시행의 결과로 얻어지고 귀무가설이 미지의 칸 확률의 구조를 지정하는 예 7.1과 예 7.2에서 설명된 종류의 문제를 논의하자. 우리의 주요 목적은 귀무가설에 의하여 주어진 모형이 자료를 잘 적합시키는가를 검정하는 것이고 이것이 **적합도 검정**(test for goodness of fit)이라 불린다. 이 경우에 귀무가설은

$$H_0 : p_1 = p_{10},\ \cdots,\ p_k = p_{k0},\quad \sum_{i=1}^{k} p_{i0} = 1$$

형태이다. 예 7.1에서 모든 네 가지 색의 노트북 PC가 똑같이 인기가 있다는 시장 연구자의 귀무가설은 $H_0 : p_1 = \frac{1}{4},\ \cdots,\ p_4 = \frac{1}{4}$을, 예 7.2에서는 $H_0 : p_1 = \frac{1}{4},\ p_2 = \frac{2}{4},\ p_3 = \frac{1}{4}$의 형태를 가정한다.

귀무가설 $H_0$가 사실일 때에 칸의 기대도수는 표본의 크기 $n$과 칸 확률 $p_{i0}$의 곱인 $n \cdot p_{i0},\ i = 1,\ \cdots,\ k$이다. 관측된 칸 도수와 귀무가설 $H_0$하에서의 기대도수 사이에 차이가 많다면 귀무가설 $H_0$를 의심하게 된다. 이를 결정하는 유용한 측도는

$$\chi^2 = \sum_{i=1}^{k} \frac{(n_i - np_{i0})^2}{np_{i0}} = \sum_{i=1}^{k} \frac{(O_i - E_i)^2}{E_i}$$

로 주어진다. 여기서 $O_i$와 $E_i$는 $i$번째 칸의 관측된 칸 도수와 기대도수를 각각 나타낸다. 귀무가설 $H_0$가 사실이면 $\chi^2$은 자유도가 $k-1$인 카이제곱분포로 근사된다. 귀무가설 $H_0$가 사실이 아니면 $O_i$와 $E_i$ 사이의 차이가 크기를 기대하기 때문에 유의수

준 $\alpha$의 기각역은 $\chi^2 \geq \chi^2_\alpha(k-1)$이다.

**피어슨 적합도 검정**

$H_0$ : $p_1 = p_{i0}, \cdots, p_k = p_{k0}$

$H_1$ : $H_0$가 사실이 아니다.

검정통계량 : $\chi^2 = \sum_{i=1}^{k} \frac{(n_i - np_{i0})^2}{np_{i0}} = \sum_{i=1}^{k} \frac{(O_i - E_i)^2}{E_i}$

기각역 : $\chi^2 \geq \chi^2_\alpha(k-1)$

### 예 7.1(연속)

예 7.1의 귀무가설은 $H_0$ : $p_1 = p_2 = p_3 = p_4 = 0.25$이다. 이를 $\alpha = 0.05$에서 검정하자. 검정통계량을 위한 계산은 표 7.4에 주어져 있다.

**표 7.4** 표 7.1의 자료에 대한 $\chi^2$-적합도 검정

| 칸 | 베이지 | 밤색 | 검정 | 녹색 | 계 |
|---|---|---|---|---|---|
| 관측도수 $O_i$ | 20 | 40 | 65 | 75 | 200 |
| $H_0$ 이하의 확률 | 0.25 | 0.25 | 0.25 | 0.25 | 1.0 |
| 기대도수 | 50 | 50 | 50 | 50 | 200 |
| $\frac{(O_i - E_i)^2}{E_i}$ | $\frac{30^2}{10}$ | $\frac{10^2}{50}$ | $\frac{15^2}{50}$ | $\frac{25^2}{50}$ | 자유도 $=4-1=3$ |

$\chi_2 = 37 > \chi^2_{0.05}(3) = 7.81$이기 때문에 귀무가설 $H_0$를 기각하고 소비자들의 노트북 PC 색깔의 선호도에 차이가 있다고 결론을 내린다.

예 7.1 및 7.2를 R을 이용하여 주어진 확률에 대한 피어슨 적합도 검정을 각각 실행하면 아래와 같은 결과를 얻는다.

```
Table7.1=data.frame(Beige=20, Brown=40, Black=65, Green=75, row.names="")
#표 만들기
```

```
Table7.1

Beige Brown Black Green
   20    40    65    75

chisq.test (Table7.1,  p=c(1/4,1/4,1/4,1/4) )                # 카이제곱 적합도 검정

        Chi-squared test for given probabilities

data:  Table7.1
X-squared = 37, df = 3, p-value = 4.601e-08

Table7.2 = data.frame(A = 18, B = 44, C = 28, row.names="")      # 표 만들기

Table7.2

 A  B  C
 18 44 28

chisq.test(Table7.2, p=c(1/4,2/4,1/4))                  # 카이제곱 적합도 검정

        Chi-squared test for given probabilities

data:  Table7.2
X-squared = 2.2667, df = 2, p-value = 0.322
```

위의 결과에 따라 예 7.1의 경우에 $p$-값 < 0.05이어서 소비자들의 색깔별 선호도에 차이가 있다고 볼 수 있다. 반면 예 7.2의 경우는 $p$-값 > 0.05이어서 귀무가설의 유전학 모형이 타당하다고 결론을 내린다.

## SECTION 7.4 분할표

두 개 이상의 범주형 변수들로 이루어진 자료들을 생각하자. 즉 각각의 표본의 원소들에 대하여 둘 또는 그 이상의 특징들이 관측되어 자료가 각각의 특징들의 수준에

따라 동시에 분류된다. 예를 들면 프로야구 타자의 표본은 각각의 소속팀과 타율대에 따라 분류될 수 있고, 가수는 성별과 히트곡의 장르에 따라, 고용원은 각각의 학벌과 직업에 따라 분류될 수 있다. 이와 같이 두 개 이상의 범주형 변수들에 따라 분류된 도수표를 **분할표**(contingency tables)라 한다. 범주형 변수 $A$가 $r$개의 범주 $A_1, \cdots, A_r$을 갖고 범주형 변수 $B$가 $c$개의 범주 $B_1, \cdots, B_c$를 갖는다 하자. $A$ 범주들은 행으로 $B$ 범주들을 열로 정리하므로 각각의 칸은 한 개의 $A$ 범주와 한 개의 $B$ 범주의 교차점으로 정의된다. 크기 $n$인 표본의 각각의 원소들은 이 칸들 중의 하나에 속하게 되고, 따라서 각각의 칸에 속하는 모든 원소들의 개수를 합하여 표 7.5에서와 같은 도수표를 얻는데 이를 $r \times c$ 분할표라 한다. 여기서

$N_{ij} = A_iB_j$의 도수

$N_{i.} = i$번째 행의 합계 또는 $A_i$의 도수

$N_{.j} = j$번 째 열의 합계 또는 $B_j$의 도수

이다.

전체 모집단에 대한 미지의 칸 확률은 표 7.6에 주어져 있다. 여기서

$p_{ij} = P(A_iB_i)$, $A_i$와 $B_j$가 동시에 일어날 확률

$p_{i.} = P(A_i)$, $i$번째 행 $A_i$가 일어날 확률

$p_{.j} = P(B_j)$, $j$번째 열 $B_j$가 일어날 확률

이다.

**표 7.5** $r \times c$ 분할표

| | $B_1$ | $B_2$ | $\cdots$ | $B_c$ | 계 |
|---|---|---|---|---|---|
| $A_1$ | $N_{11}$ | $N_{12}$ | $\cdots$ | $N_{1c}$ | $N_{1.}$ |
| $A_2$ | $N_{21}$ | $N_{22}$ | $\cdots$ | $N_{2c}$ | $N_{2.}$ |
| $\vdots$ | $\vdots$ | $\vdots$ | | $\vdots$ | $\vdots$ |
| $A_r$ | $N_{r1}$ | $N_{r2}$ | $\cdots$ | $N_{rc}$ | $N_{r.}$ |
| 계 | $N_{.1}$ | $N_{.2}$ | $\cdots$ | $N_{.c}$ | $n$ |

**표 7.6** 칸 확률

| | $B_1$ | $B_2$ | $\cdots$ | $B_c$ | 계 |
|---|---|---|---|---|---|
| $A_1$ | $p_{11}$ | $p_{12}$ | $\cdots$ | $p_{1c}$ | $p_{1.}$ |
| $A_2$ | $p_{21}$ | $p_{22}$ | $\cdots$ | $p_{2c}$ | $p_{2.}$ |
| $\vdots$ | $\vdots$ | $\vdots$ | | $\vdots$ | $\vdots$ |
| $A_r$ | $p_{r1}$ | $p_{r2}$ | $\cdots$ | $p_{rc}$ | $p_{r.}$ |
| 계 | $p_{.1}$ | $p_{.2}$ | $\cdots$ | $p_{.c}$ | 1 |

우리는 두 개의 범주형 변수 $A$와 $B$가 서로 독립이라는 귀무가설을 검정하는 데 관심이 있다. 두 개의 변수가 서로 독립이라는 사실은 결합확률이 각각의 주변확률의 곱과 같다는 사실과 동치이기 때문에 독립성 검정의 귀무가설은

$$H_0 : P(A_iB_j) = P(A_i)P(B_j),\ i=1,\ \cdots,\ r,\ j=1,\ \cdots,\ c$$

즉,

$$H_0 : \text{ 모든 } (i,\ j)\text{에 대하여 } p_{ij} = p_{i.}p_{.j}$$

이다.

이제 독립성 검정은 7.3절에서 요약된 개념으로 실시할 수 있다. 모형에 대한 칸 확률이 결정되지 않았기 때문에 자료로부터 추정되어야 한다.

$p_{i.} = P(A_i)$이기 때문에 $p_{i.}$의 자연스러운 추정량은 $A_i$의 표본상대도수인

$$\hat{p}_{i.} = \frac{N_{i.}}{n}$$

이다. 마찬가지로 $p_{.j}$는

$$\hat{p}_{.j} = \frac{N_{.j}}{n}$$

으로 추정되어 귀무가설 $H_0$하에서 $(i,\ j)$칸에 대한 확률은

$$\hat{p}_{ij} = \hat{p}_{i.} \cdot \hat{p}_{.j} = \frac{N_{i.} \cdot N_{.j}}{n^2}$$

으로 추정되고, 기대도수는

$$E_{ij} = n \cdot \hat{p}_{ij} = \frac{N_{i.} \cdot N_{.j}}{n}$$

이다. 따라서 검정통계량은

$$\chi^2 = \sum_{i=1}^{r}\sum_{j=1}^{c} \frac{(N_{ij} - E_{ij})^2}{E_{ij}}$$

이다. 귀무가설 $H_0$하에서 검정통계량 $\chi^2$은 카이제곱 분포로 근사된다.

$$\sum_{i=1}^{r} p_{i.} = 1, \quad \sum_{j=1}^{c} p_{.j} = 1$$

이라는 제약조건 때문에 실제로 $r-1$개의 모수 $p_{i.}$와 $c-1$개의 모수 $p_{.j}$를 추정하였기에 자유도는

$$rc - 1 - (r-1) - (c-1) = (r-1)(c-1)$$

이다. 따라서 우리는 다음 결과를 얻는다.

**독립성 검정**

$H_0$ : 모든 $(i, j)$에 대해 $p_{ij} = p_{i.}p_{.j}$

$H_1$ : $H_0$가 사실이 아니다.

**기각역** : $\chi^2 = \sum_{i=1}^{r}\sum_{j=1}^{c} \frac{(N_{ij} - E_{ij})^2}{E_{ij}} \ge \chi^2_{\alpha}((r-1)(c-1)), \; E_{ij} = \frac{N_{i.}N_{.j}}{n}$

## 예 7.4

500명의 성인을 랜덤표본으로 택하여 정당 선호도와 최근 경제정책의 지지도를 조사한 결과 표 7.7의 분할표를 얻었다.

**표 7.7** 정당 선호도와 정책 지지도의 분할표

| | 지 지 | 무관심 | 반 대 | 계 |
|---|---|---|---|---|
| 야당 | 138(115.14) | 83(85.50) | 64(84.36) | 285 |
| 여당 | 64(86.86) | 67(64.50) | 84(63.64) | 215 |
| 계 | 202 | 150 | 148 | 500 |

$H_0$ : 정당 선호도와 정책 지지도가 서로 독립이다.

$H_1$ : $H_0$가 사실이 아니다.

를 $\alpha = 0.05$에서 검정하자. 먼저 표 7.7의 자료로부터 $H_0$하의 기대도수는 $E_{ij} = \dfrac{N_{i.}N_{.j}}{n}$을 이용하여 표 7.7의 괄호 안에 있는 기대도수를 얻는다. $\chi^2$검정통계량은

$$\chi^2 = \frac{(138-115.14)^2}{115.14} + \cdots + \frac{(84-63.64)^2}{63.64} = 22.152$$

이고, $\chi^2_{0.05}((2-1)(3-1)) = 5.991$보다 크기 때문에 귀무가설 $H_0$를 기각하여 정당선호도와 정책 지지도는 서로 관련 있다고 결론을 내린다.

예 7.4를 R을 이용하여 독립성검정을 실행하면 다음의 결과를 얻는다.

```
Table7.7 = as.table(matrix(c(138, 83, 64, 64, 67, 84), ncol=3, byrow=T))
# 표만들기

colnames(Table7.7) = c("지지", "무관심", "반대")          # 표에 열이름 넣기

row.names(Table7.7) = c("야당", "여당")                  # 표에 행이름 넣기

Table7.7

     지지 무관심 반대
야당  138    83   64
여당   64    67   84

chisq.test(Table7.7)                                   # 분할표 독립성 검정

Pearson's Chi-squared test

data:  Table7.7
X-squared = 22.152, df = 2, p-value = 1.548e
```

SECTION
# 7.5 동질성 검정

제7.4절의 독립성 검정은 크기 $n$인 하나의 랜덤표본이 두 개의 범주형 변수들에 의해 동시에 분류된다. 따라서 그 결과로 얻은 분할표의 각각의 행의 도수합 $N_{i.}$와 열의 도수합 $N_{.j}$도 확률 변수이다. 또 다른 표본 설계는 모집단을 한 범주형 변수가 취하는 값에 따라 몇 개의 부차 모집단(subpopulations) 또는 층(strata)으로 나누어 각각의 층에서 표본의 크기가 미리 결정된 표본을 선택하는 것이다. 예 7.4의 내용과 비교하여 생각하면 국민회의를 선호하는 모집단에서 200명의 랜덤표본을 민자당을 선호하는 모집단에서 300명의 랜덤표본을 택하여 이 표본들을 정책 선호도에 따라 분류하는 것이다. 여기에서 얻어지는 도수표도 분할표라 불리지만 각 행의 합이 확률 추출법의 결과라기보다는 미리 정해진 표본의 크기들을 나타낸다. 우리의 목적은 범주들에 대한 확률이 각각의 부차 모집단에서 모두 똑같은지를 결정하는 것이다. 즉 모집단들이 칸 확률에 대해서 동질적인지를 검정하고 싶다.

서로 독립인 크기 $n_1, \cdots, n_r$의 랜덤표본이 $r$개의 모집단 $A_1, \cdots, A_r$에서 각각 택하여졌다 하자. 각각의 표본을 범주 $B_1, \cdots, B_c$로 분류하여 표 7.8의 $r \times c$ 분할표를 얻는다. 여기서 행의 합은 고정된 표본 크기이다. 각각의 모집단 내에서 여러 $B$ 범주들에 대한 확률이 표 7.9에 있다. 여기서 $w_{ij}$는 모집단 $A_i$ 내에서의 범주 $B_j$가 일어날 확률, $w_{ij} = P(B_j | A_i)$이다. 표 7.9의 각 행에 있는 확률의 합은 1이지만 열의 합은 아무런 의미를 갖지 않는 것을 주목하자.

**표 7.8** 고정된 행의 합을 갖는 $r \times c$ 분할표

| | $B_1$ | $B_2$ | $\cdots$ | $B_c$ | 계 |
|---|---|---|---|---|---|
| $A_1$ | $N_{11}$ | $N_{12}$ | $\cdots$ | $N_{1c}$ | $n_1$ |
| $\vdots$ | $\vdots$ | $\vdots$ | | $\vdots$ | $\vdots$ |
| $A_r$ | $N_{r1}$ | $N_{r2}$ | $\cdots$ | $N_{rc}$ | $n_r$ |
| 계 | $N_{.1}$ | $N_{.2}$ | $\cdots$ | $N_{.c}$ | $n$ |

표 7.9 각각의 모집단 내에서 $B$범주의 확률

| | $B_1$ | $B_2$ | $\cdots$ | $B_c$ | 계 |
|---|---|---|---|---|---|
| $A_1$ | $w_{11}$ | $w_{12}$ | $\cdots$ | $w_{1c}$ | 1 |
| $\vdots$ | $\vdots$ | $\vdots$ | | $\vdots$ | $\vdots$ |
| $A_r$ | $w_{r1}$ | $w_{r2}$ | $\cdots$ | $w_{rc}$ | 1 |

모든 $r$개의 모집단에서 각각의 $B$ 범주의 확률이 같다는 동질성의 귀무가설은 $H_0 : w_{1j} = w_{2j} = \cdots = w_{rj}$, $j = 1, \cdots, c$이다. $H_0$하에서 범주 $B_j$의 확률은 합동표본들로부터 전체 표본에 있는 $n$개의 원소 중에서 $N_j$개가 범주 $B_j$로 분류되었다는 것을 관측함으로써 추정할 수 있다. 추정된 확률은

$$\hat{w}_{1j} = \hat{w}_{2j} = \cdots \hat{w}_{rj} = \frac{N_{.j}}{n}$$

이고 $H_0$하에서 $(i, j)$ 칸의 추정된 기대도수는

$$\begin{aligned} E_{ij} &= (A_i \text{ 집단의 표본 크기}) \times (\text{추정된 } A_i \text{ 내에서의 확률}) \\ &= n_i \hat{w}_{ij} \\ &= \frac{n_i N_{.j}}{n} \end{aligned}$$

이다. 검정통계량은

$$\chi^2 = \sum_{i=1}^{r} \sum_{i=1}^{c} \frac{(N_{ij} - E_{ij})^2}{E_{ij}}$$

로 주어진다. $r$개의 부차 모집단의 각각이 $c$개의 칸을 가지고 있어서 $\chi^2$ 통계량에서 자유도 $c-1$을 기여하여 전체 자유도 $r(c-1)$인데 여기서 추정된 모수의 수만큼 감해주어야 한다. $c$개의 열 확률을 추정했고, 그들의 합이 1이기 때문에 추정된 모수의 수는 $c-1$이다. 따라서 자유도는 $r(c-1)-(c-1)=(r-1)(c-1)$이고 우리는 다음 결과를 얻는다.

### 동질성 검정

$H_0 : w_{1j} = w_{2j} = \cdots = w_{rj}, \quad j = 1, \cdots, c$

$H_1 : H_0$가 사실이 아니다.

$$\text{기각역} : \chi^2 = \sum_{i=1}^{r}\sum_{i=1}^{c}\frac{(N_{ij}-E_{ij})^2}{E_{ij}} \geq \chi^2_\alpha((r-1)(c-1)), \ E_{ij} = \frac{n_i N_{.j}}{n}$$

### 예 7.5

다른 직업을 가진 집단에서 알코올 중독자의 비율을 비교하기 위한 조사가 착수되어 성직자, 교육자, 회사중역, 상인들 집단에서 랜덤 표본을 택해 조사한 결과, 표 7.10의 분할표를 얻었다.

$H_0$ : 네 가지 집단 내에서 알코올 중독자의 비율이 똑같다.

$H_1$ : $H_0$가 사실이 아니다.

를 $\alpha = 0.05$에서 검정하자. 표 7.10의 자료로부터 $H_0$하의 기대도수는 $E_{ij} = \frac{n_i N_{.j}}{n}$이므로 표 7.10의 괄호 안에 있는 기대도수를 얻는다. $\chi^2$ 검정통계량은

$$\chi^2 = \frac{(32-58.25)^2}{58.25} + \frac{(268-241.75)^2}{241.75} + \cdots + \frac{(267-282.04)^2}{282.04}$$
$$= 20.597$$

이고 $\chi^2_{0.05}((4-1)(2-1)) = 7.815$보다 훨씬 크기 때문에 귀무가설이 $\alpha = 0.05$에서 기각되어 알코올 중독자의 비율이 직업에 따라 차이가 있다고 결론을 내린다.

표 7.10 알코올 중독자와 직업의 분할표

| | 알코올 중독 | 정상 | 계 |
|---|---|---|---|
| 성직자 | 32(58.25) | 268(241.75) | 300 |
| 교육자 | 51(48.54) | 199(201.46) | 250 |
| 중역 | 67(58.25) | 233(241.75) | 300 |
| 상인 | 83(67.96) | 267(282.04) | 350 |
| 계 | 233 | 967 | 1200 |

예 7.5를 R을 이용하여 동질성 검정을 실행하면 다음과 같은 결과를 얻는다.

```
Table7.10 = as.table(matrix(c(32,51,67,83,268,199,233,267), ncol=2))
#표만들기

colnames(Table7.10) = c("알콜중독", "정상")                # 표에 열이름 넣기

row.names(Table7.10) = c("성직자", "교육자", "중역", "상인")        # 표에 행
이름 넣기

Table7.10

       알콜중독 정상
성직자       32  268
교육자       51  199
중역         67  233
상인         83  267

chisq.test(Table7.10)                              # 분할표 동질성 검정

        Pearson's Chi-squared test

data:  Table7.10
X-squared = 20.597, df = 3, p-value = 0.0001277
```

# 연습문제

1. 다음 표는 한 결혼식장에서 결혼식을 올린 부부수를 석 달 간격으로 기록한 결과이다. 1~3월 동안 탄생된 부부의 수가 다른 3분기 중 각각의 어느 한 분기에서 탄생된 부부수의 두 배라는 주장이 있다. 유의수준 $\alpha = 0.05$에서 위의 자료가 앞의 주장에 모순되는지를 검정하라.

| 분기 | 1~3월 | 4~6월 | 7~9월 | 10~12월 |
|---|---|---|---|---|
| 부부 수 | 109 | 60 | 57 | 74 |

2. 어느 대학 신문사에서는 학생회 회칙 개정안에 대한 대학생들의 호응도를 알아보기 위해 350명의 랜덤표본을 조사하여 다음 자료를 얻었다.

| | 찬성 | 무관심 | 반대 | 계 |
|---|---|---|---|---|
| 남학생 | 93 | 72 | 21 | 186 |
| 여학생 | 55 | 79 | 30 | 164 |
| 계 | 148 | 151 | 51 | 350 |

회칙 개정안이 남학생과 여학생에게 다르게 호응을 얻고 있는가?

3. 의학 연구가가 컴퓨터 모니터를 매일 일정시간 보는 직업을 가진 남성은 남아보다 여아를 가질 확률이 높다고 주장한다. 400쌍의 신혼부부를 랜덤표본으로 택해 다음 자료를 얻었다.

| | 남아 | 여아 |
|---|---|---|
| 컴퓨터 관련 종사자 | 45 | 85 |
| 컴퓨터 관련 비종사자 | 157 | 113 |

이 자료가 컴퓨터 전자파에 대한 노출이 남·여아의 출생비율과 연관이 있다는 것을 입증하는가? $\alpha = 0.05$에서 검정하라.

※ 실습문제 (4~7번)

4. zodiac.csv 자료는 대기업 CEO 400명의 생일을 월(별자리)별로 분류한 자료이다. 위의 자료를 이용하여 각 월별 생일의 비율이 동일하다는 가설을 유의수준 5%에서

검정하라.

5. tattoos-hepatitis.csv 자료는 총 626명의 사람에 대해 피부 문신(tattoo)여부 및 시술 장소와 C형 간염(hepatitis)여부를 조사한 분할표이다.
   (1) 위의 자료를 이용하여 문신여부 및 시술 장소와 C형 간염발병여부를 나타내는 3*2 분할표를 작성하라.
   (2) 위의 분할표를 이용하여 문신여부와 C형 간염발병 사이에 유의한 관계가 있는지 유의수준 5%에서 검정하라.

6. app-age.csv 자료는 총 6803명을 대상으로 각 연령대별(5수준) 외모의 중요도(7수준) 평가 자료를 조사 정리한 분할표이다. 위 자료를 이용하여 연령별로 외모에 대한 평가에 차이가 있는지 유의수준 5%에서 검정하라.

7. prostate-fish.csv 자료는 총 6272명에 대해서 생선섭취량(4수준: 대, 중, 소, 0)과 전립선암 발생여부를 조사한 자료이다.
   (1) 위의 자료를 이용하여 생선섭취정도와 전립선암 발생여부를 나타내는 4*2 분할표를 작성하라.
   (2) 위의 분할표를 이용하여 생선섭취정도와 전립선암 발생여부 사이에 유의한 관계가 있는지 유의수준 5%에서 검정하라.

# 부록 A

# SECTION A.1 R의 기초

R은 단순한 통계처리를 위한 소프트웨어라기보다는 통계 계산과 그래픽을 위한 언어이자 환경이라고 할 수 있다. 모든 소프트웨어는 공유되어야 한다는 기본이념을 가지고 있는 GNU project의 하나로 전 세계 어디에서나 상업목적이 아닌 이상은 무료로 사용할 수 있다. 또한 사용자가 쉽게 자신의 코드를 라이브러리 형태로 만들 수 있게 되어 있으며 이를 전 세계 사람들이 공유할 수 있도록 repository를 제공하고 있다.

R은 일반적인 통계처리 소프트웨어보다는 이용에 있어서 진입장벽이 높은 편이다. 이는 line interpreter의 형식으로 되어 있어 코드를 직접 작성하여 한 줄씩 실행을 시켜야 하기 때문이다. 그러나 자료의 구조와 몇 가지 기본적인 자료를 다루는 함수들, 외부자료를 읽어오는 함수, 그리고 그래프를 그리는 함수들을 숙지하게 되면 이 책의 각 장에 있는 컴퓨터 활용 부분에 나와 있는 기초적인 분석을 시작할 수 있게 된다.

## A.1.1 R을 설치, 시작하는 방법

R은 무료로 배포되고 있는 R 홈페이지인 www.r-project.org에서 다운로드받을 수 있다. CRAN은 R repository로 R 프로그램뿐 아니라 세계각국의 사람들이 개발해 놓은 라이브러리들이 저장되어 있는 곳이다. R은 Windows, Linux, 그리고 Mac OS X의 모든 OS에서 사용가능하도록 되어 있다. 사용자의 OS에 맞는 프로그램을 설치하면 된다. Windows용 프로그램의 경우 자동설치가 되도록 되어 있다. 설치 후에는 바탕화면에 R icon이 생기게 된다. R icon을 이용하여 R을 시작하면 다음과 같은 화면이 나오고 R Console 창에 명령어를 입력하면 된다.

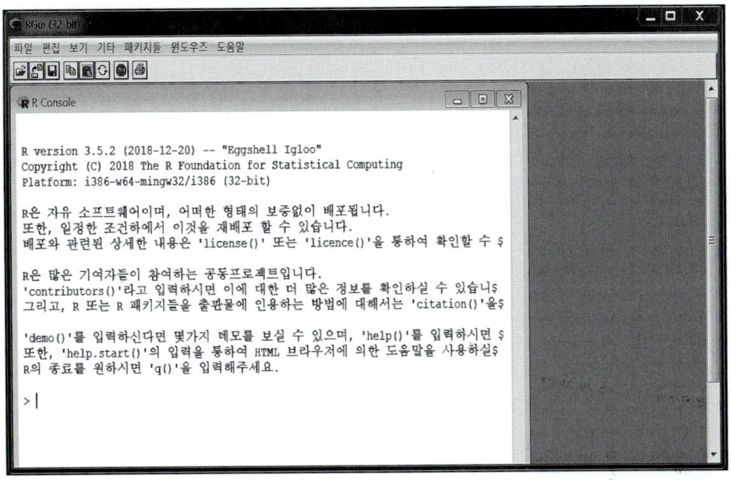


## A.1.2 자료구조

R에 자료를 저장하는 방식은 vector, matrix, data frame, list로 크게 4가지로 구별할 수 있다. vector는 숫자나 문자들을 1차원으로 나열한 방식으로 c라는 연결 함수(concatenate function)을 이용하여 다음과 같이 정의할 수 있다.

```
> a<-c(1,2,3,4,5)
> a
[1] 1 2 3 4 5
```

matrix는 숫자나 문자들을 2차원의 행렬형태로 나타내는 방식으로 matrix라는 함수를 이용하여 다음과 같이 정의할 수 있다.

```
> X<-matrix(c(42,52,48,58,4,5,4,3),ncol=2)
> X
      [,1]  [,2]
[1,]  42    4
[2,]  52    5
[3,]  48    4
[4,]  58    3
```

matrix로 저장된 자료의 일부를 꺼내는 방법은 [,] 안에 원하는 위치의 정보를 넣어주는 것이다. X 행렬의 1열2행의 자료를 꺼내는 방법은 다음과 같다.

```
> X[1,2]
[1] 4
```

X 행렬의 1행 전체를 꺼내는 방법은 다음과 같고,

```
> X[,1]
[1] 42 52 48 58
```

X 행렬의 2행 전체를 꺼내는 방법은

```
> X[,2]
[1] 4 5 4 3
```

이다. 이와 비슷하게 X 행렬의 1열 전체, 2열 전체를 꺼내는 방법은

```
> X[1,]
[1] 42 4
> X[2,]
[1] 52 5
```

이다. X의 1열과 2열의 첫 번째 행 원소만을 꺼내는 방법은

```
> X[1:2,1]
[1] 42 52
```

이다. 이와 같이 [,]안에 원하는 행과 열의 정보를 넣어주면 된다.

data frame은 R에서 분석자료를 위한 형태로 가장 널리 쓰이고 있는 것으로 data.frame

이라는 함수로 정의할 수 있다.

```
> Y< -data. frame(Vl=c(42,52,48,58),V2=c (4,5,4,3))
> Y
  V1 V2
1 42 4
2 52 5
3 48 4
4 58 3
```

data frame에서는 matrix와는 달리 각 행을 변수로 인식을 하고 각각 이름을 붙여 주게 된다. 정의된 data frame Y에는 첫 번째 행에는 VI, 두 번째 행에는 V2이라는 이름이 붙어 있다.

data frame에서도 matrix와 같은 방법으로 자료를 뽑아낼 수 있다.

```
> Y[,1]
[1] 42 52 48 58
> Y[,2]
[1] 4 5 4 3
```

또한 data frame은 각각의 행을 변수로 인식을 하고 있기 때문에 다음과 같이 변수의 이름을 이용하여 자료를 뽑아낼 수도 있다.

```
> Y$V1
[1] 42 52 48 58
> Y$V2
[1] 4 5 4 3
```

matrix와 data frame의 차이는 다음의 예에서 확인할 수 있다.

```
> X<-matrix(c(42,52,48,58,"A","B","C","D"),ncol=2)
> Y<-data.frame(Vl=c(42,52,48,58),V2=c("A","B","C","D"))
> X
```

```
     [,1] [,2]
[1,] "42" "A"
[2,] "52" "B"
[3,] "48" "C"
[4,] "58" "D"
> Y
  V1 V2
1 42 A
2 52 B
3 48 C
4 58 D
```

X와 Y 모두 4*2의 행렬 형태로 자료가 저장되어 있으나 matrix인 표에서는 문자인 두 번째 행의 자료형태를 따라 원소들이 모두 문자로 바뀌어 있고 data frame인 Y에서는 숫자자료는 숫자자료 그대로, 문자자료는 문자자료 그대로 남아 있다. 즉, data frame은 각 행을 각각의 변수로 하여 숫자변수는 숫자변수로, 문자변수는 범주형 변수로 인식을 하고 있게 된다. 표에는 "A"로 나타난 반면, Y에는 인용부호 없이 A로 표현한 것이 이를 나타내는 것이다.

## A.1.3 기초 통계량 계산

기초 통계량을 계산하는 함수들은 다음과 같다.

```
> a<-c(1,2,3,4,5)
> mean(a)
[1] 3
> var(a)
[1] 2.5
> sd(a)
[1] 1.581139
```

인자가 vector로 주어진 경우 각각 원소들의 평균, 분산, 표준편차를 계산해 준다. 인자가 data frame인 경우에는 각 변수별 평균, 분산공분산 행렬, 그리고 상관 계수 행렬을 계산해 준다.

```
> Y<-data.frame(V1=c(42,52,48,58),V2=c(4,5,4,3))
> mean(Y)
V1 V2
50 4
> var(Y)
         V1            V2
V1 45.33333    -2.0000000
V2 -2.00000     0.6666667
> cor(Y)
         V1            V2
V1  1.0000000  -0.3638034
V2 -0.3638034   1.0000000
```

인자가 matrix인 경우에는 matrix 내의 원소 전체의 평균을 구해 준다.

```
> X<-matrix(c(42,52,48,58,4,5,4,3),ncol=2)
> mean(X)
[1] 27
```

matrix의 각 행별 평균, 분산, 표준편차 등을 구하기 위해서는 다음과 같은 명령을 사용하면 된다.

```
> apply(X,2,mean)
[1] 50 4
> apply(X,2,var)
[1] 45.3333333  0.6666667
> apply(X,2,sd)
[1]  6.7330033  0.8164966
```

두 변수의 공분산과 상관계수를 구하기 위해서는 cov, cor의 함수를 이용하면 된다.

```
> cov(X[,1],X[,2])
[1] -2
> cor(X[,1],X[,2])
[1] -0.3638034
```

## A.1.4 외부자료 읽어오기

엑셀에서 csv 형태로 저장된 파일을 R에서 읽어들이는 방법은 다음과 같다(첫 번째 열은 변수이름이 있고 두 번째 열부터 자료들이 들어가 있는 파일임).

```
> tips<-read.csv("c:/tips.csv")
```

read.csv의 인자인 파일 이름은 파일이 저장되어 있는 directory의 이름 전체가 포함되어야 한다. 즉 위의 명령어를 위해서는 tips.csv 파일이 c:/내에 있어야 한다. (directory를 쓰는 방식도 windows 방식인 c:₩가 아니고 unix 방식인 c:/가 되어야 한다.)

일단 자료를 읽어들인 후 자료가 정확하게 읽혀서 저장되었는지를 확인하는 방법은 head와 tail 명령어를 이용하여 읽어들여진 자료의 처음과 끝을 확인하는 것이다.

```
> head(tips)
   OBS  TOTBILL  TIP   SEX    SMOKER  DAY  TIME   SIZE  TIPRATE
1  1     16.99  1.01  Female   No     Sun  Night   2      5.94
2  2     10.34  1.66   Male    No     Sun  Night   3     16.05
3  3     21.01  3.50   Male    No     Sun  Night   3     16.66
4  4     23.68  3.31   Male    No     Sun  Night   2     13.98
5  5     24.59  3.61  Female   No     Sun  Night   4     14.68
6  6     25.29  4.71   Male    No     Sun  Night   4     18.62
> tail(tips)
     OBS  TOTBILL TIP   SEX    SMOKER DAY   TIME   SIZE  TIPRATE
239 239  35.83  4.67  Female   No    Sat   Night   3     13.03
240 240  29.03  5.92   Male    No    Sat   Night   3     20.39
241 241  27.18  2.00  Female   Yes   Sat   Night   2      7.36
242 242  22.67  2.00   Male    Yes   Sat   Night   2      8.82
243 243  17.82  1.75   Male    No    Sat   Night   2      9.82
244 244  18.78  3.00  Female   No    Thur  Night   2     15.97
```

# 부록 B

## 표 1. 표준정규분포표

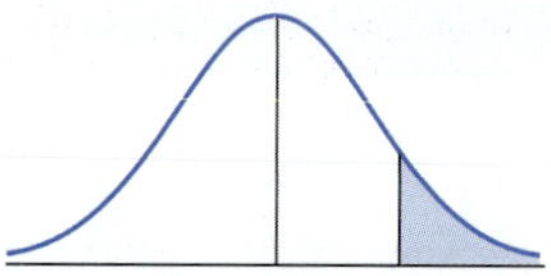

| $z$ | .00 | .01 | .02 | .03 | .04 | .05 | .06 | .07 | .08 | .09 |
|---|---|---|---|---|---|---|---|---|---|---|
| 0.0 | .5000 | .4960 | .4920 | .4880 | .4840 | .4801 | .4761 | .4721 | .4681 | .4641 |
| 0.1 | .4602 | .4562 | .4522 | .4483 | .4443 | .4404 | .4364 | .4325 | .4286 | .4247 |
| 0.2 | .4207 | .4168 | .4129 | .4090 | .4052 | .4013 | .3974 | .3936 | .3897 | .3859 |
| 0.3 | .3821 | .3783 | .3745 | .3707 | .3669 | .3632 | .3594 | .3557 | .3520 | .3483 |
| 0.4 | .3446 | .3409 | .3372 | .3336 | .3300 | .3264 | .3228 | .3192 | .3156 | .3121 |
| 0.5 | .3085 | .3050 | .3015 | .2981 | .2946 | .2912 | .2877 | .2843 | .2810 | .2776 |
| 0.6 | .2743 | .2709 | .2676 | .2643 | .2611 | .2578 | .2546 | .2514 | .2483 | .2451 |
| 0.7 | .2420 | .2389 | .2358 | .2327 | .2296 | .2266 | .2236 | .2206 | .2177 | .2148 |
| 0.8 | .2119 | .2090 | .2061 | .2033 | .2005 | .1977 | .1949 | .1922 | .1894 | .1867 |
| 0.9 | .1841 | .1814 | .1788 | .1762 | .1736 | .1711 | .1685 | .1660 | .1635 | .1611 |
| 1.0 | .1587 | .1562 | .1539 | .1515 | .1492 | .1469 | .1446 | .1423 | .1401 | .1379 |
| 1.1 | .1357 | .1335 | .1314 | .1292 | .1271 | .1251 | .1230 | .1210 | .1190 | .1170 |
| 1.2 | .1151 | .1131 | .1112 | .1093 | .1075 | .1056 | .1038 | .1020 | .1003 | .0935 |
| 1.3 | .0968 | .0951 | .0934 | .0918 | .0901 | .0885 | .0869 | .0853 | .0838 | .0823 |
| 1.4 | .0808 | .0793 | .0778 | .0764 | .0749 | .0735 | .0721 | .0708 | .0694 | .0681 |
| 1.5 | .0668 | .0655 | .0643 | .0630 | .0618 | .0606 | .0594 | .0582 | .0571 | .0559 |
| 1.6 | .0548 | .0537 | .0526 | .0516 | .0505 | .0495 | .0485 | .0475 | .0465 | .0435 |
| 1.7 | .0446 | .0436 | .0427 | .0418 | .0409 | .0401 | .0392 | .0384 | .0375 | .0367 |
| 1.8 | .0359 | .0351 | .0344 | .0336 | .0329 | .0322 | .0314 | .0307 | .0301 | .0294 |
| 1.9 | .0287 | .0281 | .0274 | .0268 | .0262 | .0256 | .0250 | .0244 | .0239 | .0233 |
| 2.0 | .0228 | .0222 | .0217 | .0212 | .0207 | .0202 | .0197 | .0192 | .0188 | .0183 |
| 2.1 | .0179 | .0174 | .0170 | .0166 | .0162 | .0158 | .0154 | .0150 | .0146 | .0143 |
| 2.2 | .0139 | .0136 | .0132 | .0129 | .0125 | .0122 | .0199 | .0116 | .0113 | .0110 |
| 2.3 | .1007 | .0104 | .0102 | .0099 | .0096 | .0094 | .0091 | .0089 | .0087 | .0084 |
| 2.4 | .0082 | .0080 | .0078 | .0075 | .0073 | .0071 | .0069 | .0068 | .0066 | .0064 |
| 2.5 | .0062 | .0060 | .0059 | .0057 | .0055 | .0054 | .0052 | .0051 | .0049 | .0048 |
| 2.6 | .0047 | .0045 | .0044 | .0043 | .0041 | .0040 | .0039 | .0038 | .0037 | .0036 |
| 2.7 | .0035 | .0034 | .0033 | .0032 | .0031 | .0030 | .0029 | .0028 | .0027 | .0026 |
| 2.8 | .0026 | .0025 | .0024 | .0023 | .0023 | .0022 | .0021 | .0021 | .0020 | .0019 |
| 2.9 | .0019 | .0018 | .0018 | .0017 | .0016 | .0016 | .0015 | .0015 | .0014 | .0014 |
| 3.0 | .0013 | .0013 | .0013 | .0012 | .0012 | .0011 | .0011 | .0011 | .0010 | .0010 |
| 3.1 | .0010 | .0009 | .0009 | .0009 | .0008 | .0008 | .0008 | .0008 | .0007 | .0007 |
| 3.2 | .0007 | .0007 | .0006 | .0006 | .0006 | .0006 | .0006 | .0005 | .0005 | .0005 |
| 3.3 | .0005 | .0005 | .0005 | .0004 | .0004 | .0004 | .0004 | .0004 | .0004 | .0003 |
| 3.4 | .0003 | .0003 | .0003 | .0003 | .0003 | .0003 | .0003 | .0003 | .0003 | .0002 |

# 표 2. $t$ 분포표

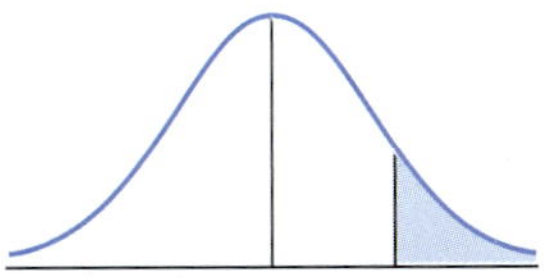

| df | .25 | .20 | .15 | .10 | .05 | .025 | .02 | .01 | .005 | .0025 | .001 | .0005 |
|---|---|---|---|---|---|---|---|---|---|---|---|---|
| 1 | 1.000 | 1.376 | 1.963 | 3.078 | 6.314 | 12.71 | 15.89 | 31.82 | 63.66 | 127.3 | 318.3 | 636.6 |
| 2 | 0.816 | 1.061 | 1.386 | 1.886 | 2.920 | 4.303 | 4.849 | 6.965 | 9.925 | 14.09 | 22.33 | 31.60 |
| 3 | 0.765 | 0.978 | 1.250 | 1.638 | 2.353 | 3.182 | 3.482 | 4.541 | 5.841 | 7.453 | 10.21 | 12.92 |
| 4 | 0.741 | 0.941 | 1.190 | 1.533 | 2.132 | 2.776 | 2.999 | 3.747 | 4.604 | 5.598 | 7.173 | 8.610 |
| 5 | 0.727 | 0.920 | 1.156 | 1.476 | 2.015 | 2.571 | 2.757 | 3.365 | 4.032 | 4.773 | 5.893 | 6.869 |
| 6 | 0.718 | 0.906 | 1.134 | 1.440 | 1.943 | 2.447 | 2.612 | 3.143 | 3.707 | 4.317 | 5.208 | 5.959 |
| 7 | 0.711 | 0.896 | 1.119 | 1.415 | 1.895 | 2.365 | 2.517 | 2.998 | 3.499 | 4.029 | 4.785 | 5.408 |
| 8 | 0.706 | 0.889 | 1.108 | 1.397 | 1.860 | 2.306 | 2.449 | 2.896 | 3.355 | 3.833 | 4.501 | 5.041 |
| 9 | 0.703 | 0.883 | 1.100 | 1.383 | 1.833 | 2.262 | 2.398 | 2.821 | 3.250 | 3.690 | 4.297 | 4.781 |
| 10 | 0.700 | 0.879 | 1.093 | 1.372 | 1.812 | 2.228 | 2.359 | 2.764 | 3.169 | 3.581 | 4.144 | 4.587 |
| 11 | 0.697 | 0.876 | 1.088 | 1.363 | 1.796 | 2.201 | 2.328 | 2.718 | 3.106 | 3.497 | 4.025 | 4.437 |
| 12 | 0.695 | 0.873 | 1.083 | 1.356 | 1.782 | 2.179 | 2.303 | 2.681 | 3.055 | 3.428 | 3.930 | 4.318 |
| 13 | 0.694 | 0.870 | 1.079 | 1.350 | 1.771 | 2.160 | 2.282 | 2.650 | 3.012 | 3.372 | 3.852 | 4.221 |
| 14 | 0.692 | 0.868 | 1.076 | 1.345 | 1.761 | 2.145 | 2.264 | 2.624 | 2.977 | 3.326 | 3.787 | 4.140 |
| 15 | 0.691 | 0.866 | 1.074 | 1.341 | 1.753 | 2.131 | 2.249 | 2.602 | 2.947 | 3.286 | 3.733 | 4.073 |
| 16 | 0.690 | 0.865 | 1.071 | 1.337 | 1.746 | 2.120 | 2.235 | 2.583 | 2.921 | 3.252 | 3.686 | 4.015 |
| 17 | 0.689 | 0.863 | 1.069 | 1.333 | 1.740 | 2.110 | 2.224 | 2.567 | 2.898 | 3.222 | 3.646 | 3.965 |
| 18 | 0.688 | 0.862 | 1.067 | 1.330 | 1.734 | 2.101 | 2.214 | 2.552 | 2.878 | 3.197 | 3.611 | 3.922 |
| 19 | 0.688 | 0.861 | 1.066 | 1.328 | 1.729 | 2.093 | 2.205 | 2.539 | 2.861 | 3.174 | 3.579 | 3.883 |
| 20 | 0.687 | 0.860 | 1.064 | 1.325 | 1.725 | 2.086 | 2.197 | 2.528 | 2.845 | 3.153 | 3.552 | 3.850 |
| 21 | 0.686 | 0.859 | 1.063 | 1.323 | 1.721 | 2.080 | 2.189 | 2.518 | 2.831 | 3.135 | 3.527 | 3.819 |
| 22 | 0.686 | 0.858 | 1.061 | 1.321 | 1.717 | 2.074 | 2.183 | 2.508 | 2.819 | 3.119 | 3.505 | 3.792 |
| 23 | 0.685 | 0.858 | 1.060 | 1.319 | 1.714 | 2.069 | 2.177 | 2.500 | 2.807 | 3.104 | 3.485 | 3.768 |
| 24 | 0.685 | 0.857 | 1.059 | 1.318 | 1.711 | 2.064 | 2.172 | 2.492 | 2.797 | 3.091 | 3.467 | 3.745 |
| 25 | 0.684 | 0.856 | 1.058 | 1.316 | 1.708 | 2.060 | 2.167 | 2.485 | 2.787 | 3.078 | 3.450 | 3.725 |
| 26 | 0.684 | 0.856 | 1.058 | 1.315 | 1.706 | 2.056 | 2.162 | 1479 | 2.779 | 3.067 | 3.435 | 3.707 |
| 27 | 0.684 | 0.855 | 1.057 | 1.314 | 1.703 | 2.052 | 2.158 | 2.473 | 2.771 | 3.057 | 3.421 | 3.690 |
| 28 | 0.683 | 0.855 | 1.056 | 1.313 | 1.701 | 2.048 | 2.154 | 2.467 | 2.763 | 3.047 | 3.408 | 1674 |
| 29 | 0.683 | 0.854 | 1.055 | 1.311 | 1.699 | 2.045 | 2.150 | 2.462 | 2.756 | 3.038 | 3.396 | 3.659 |
| 30 | 0.683 | 0.854 | 1.055 | 1.310 | 1.697 | 2.042 | 2.147 | 2.457 | 2.750 | 3.30 | 3.385 | 3.646 |
| 40 | 0.681 | 0.851 | 1.050 | 1.303 | 1.684 | 2.021 | 2.123 | 2.423 | 2.704 | 2.971 | 3.307 | 3.551 |
| 50 | 0.679 | 0.849 | 1.047 | 1.299 | 1.676 | 2.009 | 2.109 | 2.403 | 2.678 | 2.937 | 3.261 | 3.496 |
| 60 | 0.679 | 0.848 | 1.045 | 1.296 | 1.671 | 2.000 | 2.099 | 2.390 | 2.660 | 2.915 | 3.232 | 3.460 |
| 80 | 0.678 | 0.846 | 1.043 | 1.292 | 1.664 | 1.990 | 2.088 | 2.374 | 2.639 | 2.887 | 3.195 | 3.416 |
| 100 | 0.677 | 0.845 | 1.042 | 1.290 | 1.660 | 1.984 | 2.081 | 2.364 | 2.626 | 2.871 | 3.174 | 3.390 |
| 1,000 | 0.675 | 0.842 | 1.037 | 1.282 | 1.646 | 1.962 | 2.056 | 2.330 | 2.581 | 2.813 | 3.098 | 3.300 |
| ∞ | 0.674 | 0.841 | 1.036 | 1.282 | 1.645 | 1.960 | 2.054 | 2.326 | 2.576 | 2.807 | 3.091 | 3.291 |

## 표 3. $\chi^2$ 분포표

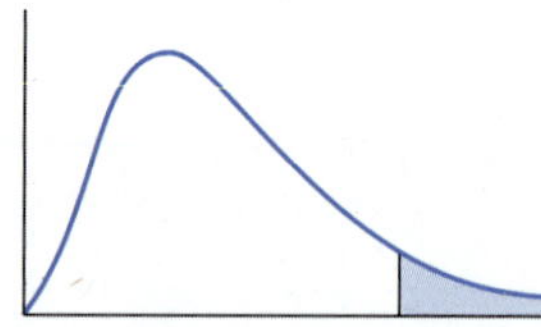

| df | .9995 | .999 | .9975 | .995 | .990 | .975 | .950 | .990 | .750 | .500 |
|---|---|---|---|---|---|---|---|---|---|---|
| 1 | 0.00 | 0.00 | 0.00 | 0.00 | 0.00 | 0.00 | 0.00 | 0.02 | 0.10 | 0.45 |
| 2 | 0.00 | 0.00 | 0.01 | 0.01 | 0.02 | 0.05 | 0.10 | 0.21 | 0.58 | 1.39 |
| 3 | 0.02 | 0.02 | 0.04 | 0.07 | 0.11 | 0.22 | 0.35 | 0.58 | 1.21 | 2.37 |
| 4 | 0.06 | 0.09 | 0.14 | 0.21 | 030 | 0.48 | 0.71 | 1.06 | 1.92 | 3.36 |
| 5 | 0.16 | 0.21 | 0.31 | 0.41 | 0.55 | 0.83 | 1.15 | 1.61 | 2.67 | 4.35 |
| 6 | 0.30 | 0.38 | 0.53 | 0.68 | 0.87 | 1.24 | 1.64 | 2.20 | 3.45 | 5.35 |
| 7 | 0.48 | 0.60 | 0.79 | 0.99 | 1.24 | 1.69 | 2.17 | 2.83 | 4.25 | 6.35 |
| 8 | 0.71 | 0.86 | 1.10 | 1.34 | 1.65 | 2.18 | 2.73 | 3.49 | 5.07 | 7.34 |
| 9 | 0.97 | 1.15 | 1.45 | 1.73 | 2.09 | 2.70 | 3.33 | 4.17 | 5.90 | 8.34 |
| 10 | 1.26 | 1.48 | 1.83 | 2.16 | 2.56 | 3.25 | 3.94 | 4.87 | 6.74 | 9.34 |
| 11 | 1.59 | 1.83 | 2.23 | 2.60 | 3.05 | 3.82 | 4.57 | 5.58 | 7.58 | 10.34 |
| 12 | 1.93 | 2.21 | 2.66 | 3.07 | 3.57 | 4.40 | 5.23 | 6.30 | 8.44 | 11.34 |
| 13 | 2.31 | 2.62 | 3.11 | 2.57 | 4.11 | 5.01 | 5.89 | 7.04 | 9.30 | 12.34 |
| 14 | 2.70 | 3.04 | 3.58 | 4.07 | 4.66 | 5.63 | 6.57 | 7.79 | 10.17 | 13.34 |
| 15 | 3.11 | 3.48 | 4.07 | 4.60 | 5.23 | 6.26 | 7.26 | 8.55 | 11.04 | 14.34 |
| 16 | 3.54 | 3.94 | 4.57 | 5.14 | 5.81 | 6.91 | 7.96 | 9.31 | 11.91 | 15.34 |
| 17 | 3.98 | 4.42 | 5.09 | 5.70 | 6.41 | 7.56 | 8.67 | 10.09 | 12.79 | 16.34 |
| 18 | 4.44 | 4.90 | 5.62 | 6.26 | 7.01 | 8.23 | 9.39 | 10.86 | 13.68 | 17.34 |
| 19 | 4.91 | 5.41 | 6.17 | 6.84 | 7.63 | 8.91 | 10.12 | 11.65 | 14.56 | 18.34 |
| 20 | 5.40 | 5.92 | 6.72 | 7.43 | 8.26 | 9.59 | 10.85 | 12.44 | 15.45 | 19.34 |
| 21 | 5.90 | 6.45 | 7.29 | 8.03 | 8.90 | 10.28 | 11.59 | 13.24 | 16.34 | 20.34 |
| 22 | 6.40 | 6.98 | 7.86 | 8.64 | 9.54 | 10.98 | 12.34 | 14.04 | 17.24 | 21.34 |
| 23 | 6.92 | 7.53 | 8.45 | 9.26 | 10.20 | 11.69 | 13.09 | 14.85 | 18.14 | 22.34 |
| 24 | 7.45 | 8.08 | 9.04 | 9.89 | 10.86 | 12.40 | 13.85 | 15.66 | 19.04 | 23.34 |
| 25 | 7.99 | 8.65 | 9.65 | 10.52 | 11.52 | 13.12 | 14.61 | 16.47 | 19.94 | 24.34 |
| 26 | 8.54 | 9.22 | 10.26 | 11.16 | 12.20 | 13.84 | 15.38 | 17.29 | 20.84 | 25.34 |
| 27 | 9.09 | 9.80 | 10.87 | 11.81 | 12.88 | 14.57 | 16.15 | 18.11 | 21.75 | 26.34 |
| 28 | 9.66 | 10.39 | 11.50 | 12.46 | 13.56 | 15.31 | 16.93 | 18.94 | 22.66 | 27.34 |
| 29 | 10.23 | 10.99 | 12.13 | 13.12 | 14.26 | 16.05 | 17.71 | 19.77 | 23.57 | 28.34 |
| 30 | 10.80 | 11.59 | 12.76 | 13.79 | 14.95 | 16.79 | 18.49 | 20.60 | 24.48 | 29.34 |
| 40 | 16.91 | 17.92 | 19.42 | 20.71 | 22.16 | 24.43 | 26.51 | 29.05 | 33.66 | 39.34 |
| 50 | 23.46 | 24.67 | 26.46 | 27.99 | 29.71 | 32.36 | 34.76 | 37.69 | 42.94 | 49.33 |
| 60 | 30.34 | 31.74 | 33.79 | 35.53 | 37.48 | 40.48 | 43.19 | 46.46 | 52.29 | 59.33 |
| 80 | 44.79 | 46.52 | 49.04 | 51.17 | 53.54 | 57.15 | 60.39 | 64.28 | 71.14 | 79.33 |
| 100 | 59.90 | 61.92 | 64.86 | 67.33 | 70.06 | 74.22 | 77.93 | 82.36 | 90.13 | 99.33 |

표 3. (계속)

| df | .250 | .200 | .150 | .100 | .050 | .025 | .020 | .010 | .005 | .0025 | .001 | .0005 |
|---|---|---|---|---|---|---|---|---|---|---|---|---|
| 1 | 1.32 | 1.64 | 2.07 | 2.71 | 3.84 | 5.02 | 5.41 | 6.63 | 7.88 | 9.14 | 10.83 | 12.12 |
| 2 | 2.77 | 3.22 | 3.79 | 4.61 | 5.99 | 7.82 | 7.82 | 9.21 | 10.60 | 11.98 | 13.82 | 15.20 |
| 3 | 4.11 | 4.64 | 5.32 | 6.25 | 7.81 | 9.35 | 9.84 | 11.34 | 12.84 | 14.32 | 16.27 | 17.73 |
| 4 | 5.39 | 5.99 | 6.74 | 7.78 | 9.49 | 11.14 | 11.67 | 13.28 | 14.86 | 16.42 | 18.42 | 20.00 |
| 5 | 6.63 | 7.29 | 8.12 | 9.24 | 11.07 | 12.83 | 13.39 | 15.09 | 16.75 | 18.39 | 20.51 | 22.11 |
| 6 | 7.84 | 8.56 | 9.45 | 10.64 | 12.59 | 14.45 | 15.03 | 16.81 | 18.55 | 20.25 | 22.46 | 24.10 |
| 7 | 9.04 | 9.80 | 10.75 | 12.02 | 14.07 | 16.01 | 16.62 | 18.48 | 20.28 | 22.04 | 24.32 | 26.02 |
| 8 | 10.22 | 11.03 | 12.03 | 13.36 | 15.51 | 17.53 | 18.17 | 20.09 | 21.95 | 23.77 | 26.12 | 27.87 |
| 9 | 11.39 | 12.24 | 13.29 | 14.68 | 16.92 | 19.02 | 19.68 | 21.67 | 23.59 | 25.46 | 27.88 | 29.67 |
| 10 | 12.55 | 13.44 | 14.53 | 15.99 | 18.31 | 20.48 | 21.16 | 23.21 | 25.19 | 27.11 | 29.59 | 31.42 |
| 11 | 13.70 | 14.63 | 15.77 | 17.28 | 19.68 | 21.92 | 22.62 | 24.72 | 26.76 | 28.73 | 31.26 | 33.14 |
| 12 | 14.85 | 15.81 | 16.99 | 18.55 | 21.03 | 23.34 | 24.05 | 26.22 | 28.30 | 30.32 | 32.91 | 34.82 |
| 13 | 15.98 | 16.98 | 18.20 | 19.81 | 22.36 | 24.74 | 25.47 | 27.69 | 29.82 | 31.88 | 34.53 | 36.48 |
| 14 | 17.12 | 18.15 | 19.41 | 21.06 | 23.68 | 26.12 | 26.87 | 29.14 | 31.32 | 33.43 | 36.12 | 38.11 |
| 15 | 18.25 | 19.31 | 20.60 | 22.31 | 25.00 | 27.49 | 28.26 | 30.58 | 32.80 | 34.95 | 37.70 | 39.72 |
| 16 | 19.37 | 20.47 | 21.79 | 23.54 | 26.30 | 28.85 | 29.63 | 32.00 | 34.27 | 36.46 | 39.25 | 41.31 |
| 17 | 20.49 | 21.61 | 22.98 | 24.77 | 27.59 | 30.19 | 31.00 | 33.41 | 35.72 | 37.95 | 40.79 | 42.88 |
| 18 | 21.60 | 22.76 | 24.16 | 25.99 | 28.87 | 31.53 | 32.35 | 34.81 | 37.16 | 39.42 | 42.31 | 44.43 |
| 19 | 22.72 | 23.90 | 25.33 | 27.20 | 30.14 | 32.85 | 33.69 | 36.19 | 38.58 | 40.88 | 43.82 | 45.97 |
| 20 | 23.83 | 25.04 | 26.50 | 28.41 | 31.41 | 34.17 | 35.02 | 37.57 | 40.00 | 42.34 | 45.31 | 47.50 |
| 21 | 24.93 | 26.17 | 27.66 | 29.62 | 32.67 | 35.48 | 36.34 | 38.93 | 41.40 | 43.78 | 46.80 | 49.01 |
| 22 | 26.04 | 27.30 | 28.82 | 30.81 | 33.92 | 36.78 | 37.66 | 40.29 | 42.80 | 45.20 | 48.27 | 50.51 |
| 23 | 27.14 | 28.43 | 29.98 | 32.01 | 35.17 | 38.08 | 38.97 | 41.64 | 44.18 | 46.62 | 49.73 | 52.00 |
| 24 | 28.24 | 29.55 | 31.13 | 33.20 | 36.42 | 39.36 | 40.27 | 42.98 | 45.56 | 48.03 | 51.18 | 53.48 |
| 25 | 29.34 | 30.68 | 32.28 | 34.38 | 37.65 | 40.65 | 41.57 | 44.31 | 46.93 | 49.44 | 52.62 | 54.95 |
| 26 | 30.43 | 31.79 | 33.43 | 35.56 | 38.89 | 41.92 | 42.86 | 45.64 | 48.29 | 50.83 | 54.05 | 56.41 |
| 27 | 31.53 | 32.91 | 34.57 | 36.74 | 40.11 | 43.19 | 44.14 | 46.96 | 49.64 | 52.22 | 55.48 | 57.86 |
| 28 | 32.62 | 34.03 | 35.71 | 37.92 | 41.34 | 44.46 | 45.42 | 48.28 | 50.99 | 53.59 | 56.89 | 59.30 |
| 29 | 33.71 | 35.14 | 36.85 | 39.09 | 42.56 | 45.72 | 46.69 | 49.59 | 52.34 | 54.97 | 58.30 | 60.73 |
| 30 | 34.80 | 36.25 | 37.99 | 40.26 | 43.77 | 46.98 | 47.96 | 50.89 | 53.67 | 56.33 | 59.70 | 62.16 |
| 40 | 45.62 | 47.27 | 49.24 | 51.81 | 55.76 | 59.34 | 60.44 | 63.69 | 66.77 | 69.70 | 73.40 | 76.09 |
| 50 | 56.33 | 58.16 | 60.35 | 63.17 | 67.50 | 71.42 | 72.61 | 76.15 | 79.49 | 82.66 | 86.66 | 89.56 |
| 60 | 66.98 | 68.97 | 71.34 | 74.40 | 79.08 | 83.30 | 84.58 | 88.38 | 91.95 | 95.34 | 99.61 | 102.7 |
| 80 | 88.13 | 90.41 | 93.11 | 96.58 | 101.9 | 106.6 | 108.1 | 112.3 | 116.3 | 120.1 | 124.8 | 128.3 |
| 100 | 109.1 | 111.7 | 114.7 | 118.5 | 124.3 | 129.6 | 131.1 | 135.8 | 140.2 | 144.3 | 149.4 | 153.2 |

## 표 4. $F$분포표

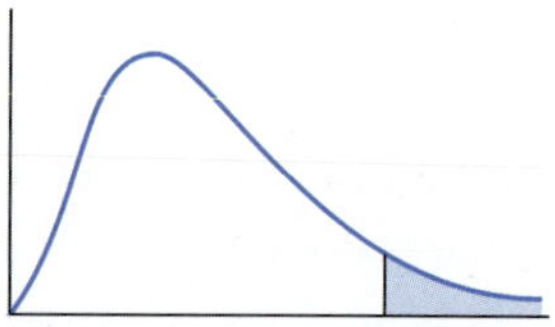

| Denominator df | $\alpha$ | Numerator df 1 | 2 | 3 | 4 | 5 | 6 | 7 | 8 | 9 | 10 |
|---|---|---|---|---|---|---|---|---|---|---|---|
| | .100 | 39.86 | 49.50 | 53.59 | 55.83 | 57.24 | 58.20 | 58.91 | 59.44 | 59.86 | 60.19 |
| | .050 | 161.45 | 199.50 | 215.71 | 224.58 | 230.10 | 233.99 | 236.77 | 238.88 | 240.54 | 241.88 |
| 1 | .025 | 647.79 | 799.50 | 864.16 | 899.58 | 921.85 | 937.11 | 948.22 | 956.66 | 963.28 | 968.63 |
| | .010 | 4052.2 | 4999.5 | 5403.4 | 5624.6 | 5763.6 | 5859.0 | 5928.4 | 5981.1 | 6022.5 | 6055.8 |
| | .001 | 405284 | 500000 | 540379 | 562500 | 576405 | 585937 | 592873 | 598144 | 602284 | 605621 |
| | .100 | 8.53 | 9.00 | 9.16 | 9.24 | 9.29 | 9.33 | 9.35 | 9.37 | 9.38 | 9.39 |
| | .050 | 18.51 | 19.00 | 19.16 | 19.25 | 19.30 | 19.33 | 19.35 | 19.37 | 19.38 | 19.40 |
| 2 | .025 | 38.51 | 39.00 | 39.17 | 39.25 | 39.30 | 39.33 | 39.36 | 39.37 | 39.39 | 39.40 |
| | .010 | 98.50 | 99.00 | 99.17 | 99.25 | 99.30 | 99.33 | 99.36 | 99.37 | 99.39 | 99.40 |
| | .001 | 998.50 | 999.00 | 999.17 | 999.25 | 999.30 | 999.33 | 999.36 | 999.37 | 999.39 | 999.40 |
| | .100 | 5.54 | 5.46 | 5.39 | 5.34 | 5.31 | 5.28 | 5.27 | 5.25 | 5.24 | 5.23 |
| | .050 | 10.13 | 9.55 | 9.28 | 9.12 | 9.01 | 8.94 | 8.89 | 8.85 | 8.81 | 8.79 |
| 3 | .025 | 17.44 | 16.04 | 15.44 | 15.10 | 14.88 | 14.73 | 14.62 | 14.54 | 14.47 | 14.42 |
| | .010 | 34.12 | 30.82 | 29.46 | 28.71 | 28.24 | 27.91 | 27.57 | 27.49 | 27.35 | 27.23 |
| | .001 | 167.03 | 148.50 | 141.11 | 137.10 | 134.58 | 132.85 | 131.58 | 130.62 | 129.86 | 129.25 |
| | .100 | 4.54 | 4.32 | 4.19 | 4.11 | 4.05 | 4.01 | 3.98 | 3.95 | 3.94 | 3.92 |
| | .050 | 7.71 | 6.94 | 6.59 | 6.39 | 6.26 | 6.16 | 6.09 | 6.04 | 6.00 | 5.96 |
| 4 | .025 | 12.22 | 10.65 | 9.98 | 9.60 | 936 | 9.20 | 9.07 | 8.98 | 8.90 | 8.84 |
| | .010 | 21.20 | 18.00 | 16.69 | 15.98 | 15.52 | 15.21 | 14.98 | 14.80 | 14.66 | 14.55 |
| | .001 | 74.14 | 61.25 | 56.18 | 53.44 | 51.71 | 50.53 | 49.66 | 49.00 | 48.47 | 48.05 |
| | .100 | 4.06 | 3.78 | 3.62 | 3.52 | 3.45 | 3.40 | 3.37 | 3.34 | 3.32 | 3.30 |
| | .050 | 6.61 | 5.79 | 5.41 | 5.19 | 5.05 | 4.95 | 4.88 | 4.82 | 4.77 | 4.74 |
| 5 | .025 | 10.01 | 8.43 | 7.76 | 7.39 | 7.15 | 6.98 | 6.85 | 6.76 | 6.68 | 6.62 |
| | .010 | 16.26 | 13.27 | 12.06 | 11.39 | 10.97 | 10.67 | 10.46 | 10.29 | 10.16 | 10.05 |
| | .001 | 47.18 | 37.12 | 33.20 | 31.09 | 29.75 | 28.83 | 28.16 | 27.65 | 27.24 | 26.92 |
| | .100 | 3.78 | 3.46 | 3.29 | 3.18 | 3.11 | 3.05 | 3.01 | 2.98 | 2.96 | 2.94 |
| | .050 | 5.99 | 5.14 | 4.76 | 4.53 | 4.39 | 4.28 | 4.21 | 4.15 | 4.10 | 4.06 |
| 6 | .025 | 8.81 | 7.26 | 6.60 | 6.23 | 5.99 | 5.82 | 5.70 | 5.60 | 5.52 | 5.46 |
| | .010 | 13.75 | 10.92 | 9.78 | 9.15 | 8.75 | 8.47 | 8.26 | 8.10 | 7.98 | 7.87 |
| | .001 | 35.51 | 27.00 | 23.70 | 21.92 | 20.80 | 20.03 | 19.46 | 19.03 | 18.69 | 18.41 |

표 4. (계속)

| Denominator df | α | Numerator df 12 | 15 | 20 | 25 | 30 | 40 | 50 | 60 | 120 | 1,000 |
|---|---|---|---|---|---|---|---|---|---|---|---|
| | .100 | 60.71 | 61.22 | 61.74 | 62.05 | 62.26 | 62.53 | 62.69 | 62.79 | 63.06 | 63.30 |
| | .050 | 243.91 | 245.95 | 248.01 | 249.26 | 250.10 | 251.14 | 251.77 | 252.20 | 253.25 | 254.11 |
| 1 | .025 | 976.71 | 984.87 | 993.10 | 998.08 | 1001.4 | 1005.6 | 1008.1 | 1009.8 | 1014.0 | 1017.7 |
| | .010 | 6106.3 | 6157.3 | 6208.7 | 6239.8 | 6260.6 | 6286.8 | 6302.5 | 6313.0 | 6339.4 | 6362.7 |
| | .001 | 610668 | 615764 | 620908 | 624017 | 626099 | 628712 | 630285 | 631337 | 633972 | 636301 |
| | .100 | 9.41 | 9.42 | 9.44 | 9.45 | 9.46 | 9.47 | 9.47 | 9.47 | 9.48 | 9.49 |
| | .050 | 19.41 | 19.43 | 19.45 | 19.46 | 19.46 | 19.47 | 19.48 | 19.48 | 19.49 | 19.49 |
| 2 | .025 | 39.41 | 39.43 | 39.45 | 39.46 | 39.46 | 39.47 | 39.48 | 39.48 | 39.49 | 39.50 |
| | .010 | 99.42 | 99.43 | 99.45 | 99.46 | 99.47 | 99.47 | 99.48 | 99.48 | 99.49 | 99.50 |
| | .001 | 999.42 | 999.43 | 999.45 | 999.46 | 999.47 | 999.47 | 999.48 | 999.48 | 999.49 | 999.50 |
| | .100 | 5.22 | 5.20 | 5.18 | 5.17 | 5.17 | 5.16 | 5.15 | 5.15 | 5.14 | 5.13 |
| | .050 | 8.74 | 8.70 | 8.66 | 8.63 | 8.62 | 8.59 | 8.58 | 8.57 | 8.55 | 8.53 |
| 3 | .025 | 14.34 | 14.25 | 14.17 | 14.12 | 14.08 | 14.04 | 14.01 | 13.99 | 13.95 | 13.91 |
| | .010 | 27.05 | 26.87 | 26.69 | 26.58 | 26.50 | 26.41 | 26.35 | 26.32 | 26.22 | 26.14 |
| | .001 | 128.32 | 127.37 | 126.42 | 125.84 | 125.45 | 124.96 | 124.66 | 124.47 | 123.97 | 123.53 |
| | .100 | 3.90 | 3.87 | 3.84 | 3.83 | 3.82 | 3.80 | 3.80 | 3.79 | 3.78 | 3.76 |
| | .050 | 5.91 | 5.86 | 5.80 | 5.77 | 5.75 | 5.72 | 5.70 | 5.69 | 5.66 | 5.63 |
| 4 | .025 | 8.75 | 8.66 | 8.56 | 8.50 | 8.46 | 8.41 | 8.38 | 8.36 | 8.31 | 8.26 |
| | .010 | 14.37 | 14.20 | 14.02 | 13.91 | 13.84 | 13.75 | 13.69 | 13.65 | 13.56 | 13.47 |
| | .001 | 47.41 | 46.76 | 46.10 | 45.70 | 45.43 | 45.09 | 44.88 | 44.75 | 44.40 | 44.09 |
| | .100 | 3.27 | 3.24 | 3.21 | 3.19 | 3.17 | 3.16 | 3.15 | 3.14 | 3.12 | 3.11 |
| | .050 | 4.68 | 4.62 | 4.56 | 4.52 | 4.50 | 4.46 | 4.44 | 4.43 | 4.40 | 4.37 |
| 5 | .025 | 6.52 | 6.43 | 6.33 | 6.27 | 6.23 | 6.18 | 6.14 | 6.12 | 6.07 | 6.02 |
| | .010 | 9.89 | 9.72 | 9.55 | 9.45 | 9.38 | 9.29 | 9.24 | 9.20 | 9.11 | 9.03 |
| | .001 | 26.42 | 25.91 | 25.39 | 25.08 | 24.87 | 24.60 | 24.44 | 24.33 | 24.06 | 23.82 |
| | .100 | 2.90 | 2.87 | 2.84 | 2.81 | 2.80 | 2.78 | 2.77 | 2.76 | 2.74 | 2.72 |
| | .050 | 4.00 | 3.94 | 3.87 | 3.83 | 3.81 | 3.77 | 3.75 | 3.74 | 3.70 | 3.67 |
| 6 | .025 | 5.37 | 5.27 | 5.17 | 5.11 | 5.07 | 5.01 | 4.98 | 4.96 | 4.90 | 4.86 |
| | .010 | 7.72 | 7.56 | 7.40 | 7.30 | 7.23 | 7.14 | 7.09 | 7.06 | 6.97 | 6.89 |
| | .001 | 17.99 | 17.56 | 17.12 | 16.85 | 16.67 | 16.44 | 16.31 | 16.21 | 15.98 | 15.77 |

표 4. (계속)

| Denominator df | α | Numerator df 1 | 2 | 3 | 4 | 5 | 6 | 7 | 8 | 9 | 10 |
|---|---|---|---|---|---|---|---|---|---|---|---|
| | .100 | 3.59 | 3.26 | 3.07 | 2.96 | 2.88 | 2.83 | 2.78 | 2.75 | 2.72 | 2.70 |
| | .050 | 5.59 | 4.74 | 4.35 | 4.12 | 3.97 | 3.87 | 3.79 | 3.73 | 3.68 | 3.64 |
| 7 | .025 | 8.07 | 6.54 | 5.89 | 5.52 | 5.29 | 5.12 | 4.99 | 4.90 | 4.82 | 4.76 |
| | .010 | 12.25 | 9.55 | 8.45 | 7.85 | 7.46 | 7.19 | 6.99 | 6.84 | 6.72 | 6.62 |
| | .001 | 29.25 | 21.69 | 18.77 | 17.20 | 16.21 | 15.52 | 15.02 | 14.63 | 14.33 | 14.08 |
| | .100 | 3.46 | 3.11 | 2.92 | 2.81 | 2.73 | 2.67 | 2.62 | 2.59 | 2.56 | 2.54 |
| | .050 | 5.32 | 4.46 | 4.07 | 3.84 | 3.69 | 3.58 | 3.50 | 3.44 | 3.39 | 3.35 |
| 8 | .025 | 7.57 | 6.06 | 5.42 | 5.05 | 4.82 | 4.65 | 4.53 | 4.43 | 4.36 | 4.30 |
| | .010 | 11.26 | 8.65 | 7.59 | 7.01 | 6.63 | 6.37 | 6.18 | 6.03 | 5.91 | 5.81 |
| | .001 | 25.41 | 18.49 | 15.83 | 14.39 | 13.48 | 12.86 | 12.40 | 12.05 | 11.77 | 11.54 |
| | .100 | 3.36 | 3.01 | 2.81 | 2.69 | 2.61 | 2.55 | 2.51 | 2.47 | 2.44 | 2.42 |
| | .050 | 5.12 | 4.26 | 3.86 | 3.63 | 3.48 | 3.37 | 3.29 | 3.23 | 3.18 | 3.14 |
| 9 | .025 | 7.21 | 5.71 | 5.08 | 4.72 | 4.48 | 4.32 | 4.20 | 4.10 | 4.03 | 3.96 |
| | .010 | 10.56 | 8.02 | 6.99 | 6.42 | 6.06 | 5.80 | 5.61 | 5.47 | 5.35 | 5.26 |
| | .001 | 22.86 | 16.39 | 13.90 | 12.56 | 11.71 | 11.13 | 10.70 | 10.37 | 10.11 | 9.89 |
| | .100 | 3.29 | 2.92 | 2.73 | 2.61 | 2.52 | 2.46 | 2.41 | 2.38 | 2.35 | 2.32 |
| | .050 | 4.96 | 4.10 | 3.71 | 3.48 | 3.33 | 3.22 | 3.14 | 3.07 | 3.02 | 2.98 |
| 10 | .025 | 6.94 | 5.46 | 4.83 | 4.47 | 4.24 | 4.07 | 3.95 | 3.85 | 3.78 | 3.72 |
| | .010 | 10.04 | 7.56 | 6.55 | 5.99 | 5.64 | 5.39 | 5.20 | 5.06 | 4.94 | 4.85 |
| | .001 | 21.04 | 14.91 | 12.55 | 11.28 | 10.48 | 9.93 | 9.52 | 9.20 | 8.96 | 8.75 |
| | .100 | 3.23 | 2.86 | 2.66 | 2.54 | 2.45 | 2.39 | 2.34 | 2.30 | 2.27 | 2.25 |
| | .050 | 4.84 | 3.98 | 3.59 | 3.36 | 3.20 | 3.09 | 3.01 | 2.95 | 2.90 | 2.85 |
| 11 | .025 | 6.72 | 5.26 | 4.63 | 4.28 | 4.04 | 3.88 | 3.76 | 3.66 | 3.59 | 3.53 |
| | .010 | 9.65 | 7.21 | 6.22 | 5.67 | 5.32 | 5.07 | 4.89 | 4.74 | 4.63 | 4.54 |
| | .001 | 19.69 | 13.81 | 11.56 | 10.35 | 9.58 | 9.05 | 8.66 | 8.35 | 8.12 | 7.92 |
| | .100 | 3.18 | 2.81 | 2.61 | 2.48 | 2.39 | 2.33 | 2.28 | 2.24 | 2.21 | 2.19 |
| | .050 | 4.75 | 3.89 | 3.49 | 3.26 | 3.11 | 3.00 | 2.91 | 2.85 | 2.80 | 2.75 |
| 12 | .025 | 6.55 | 5.10 | 4.47 | 4.12 | 3.89 | 3.73 | 3.61 | 3.51 | 3.44 | 3.37 |
| | .010 | 9.33 | 6.93 | 5.95 | 5.41 | 5.06 | 4.82 | 4.64 | 4.50 | 4.39 | 4.30 |
| | .001 | 18.64 | 12.97 | 10.80 | 9.63 | 8.89 | 8.38 | 8.00 | 7.71 | 7.48 | 7.29 |
| | .100 | 3.14 | 2.76 | 2.56 | 2.43 | 2.35 | 2.28 | 2.23 | 2.20 | 2.16 | 2.14 |
| | .050 | 4.67 | 3.81 | 3.41 | 3.18 | 3.03 | 2.92 | 2.83 | 2.77 | 2.71 | 2.67 |
| 13 | .025 | 6.41 | 4.97 | 4.35 | 4.00 | 3.77 | 3.60 | 3.48 | 3.39 | 3.31 | 3.25 |
| | .010 | 9.07 | 6.70 | 5.74 | 5.21 | 4.86 | 4.62 | 4.44 | 4.30 | 4.19 | 4.10 |
| | .001 | 17.82 | 12.31 | 10.21 | 9.07 | 8.35 | 7.86 | 7.49 | 7.21 | 6.98 | 6.80 |

표 4. (계속)

| Denominator df | α | Numerator df 12 | 15 | 20 | 25 | 30 | 40 | 50 | 60 | 120 | 1,000 |
|---|---|---|---|---|---|---|---|---|---|---|---|
| | .100 | 2.67 | 2.63 | 2.59 | 2.57 | 2.56 | 2.54 | 2.52 | 2.51 | 2.49 | 2.47 |
| | .050 | 3.57 | 3.51 | 3.44 | 3.40 | 3.38 | 3.34 | 3.32 | 3.30 | 3.27 | 3.23 |
| 7 | .025 | 4.67 | 4.57 | 4.47 | 4.40 | 4.36 | 4.31 | 4.28 | 4.25 | 4.20 | 4.15 |
| | .010 | 6.47 | 6.31 | 6.16 | 6.06 | 5.99 | 5.91 | 5.86 | 5.82 | 5.74 | 5.66 |
| | .001 | 13.71 | 13.32 | 12.93 | 12.69 | 12.53 | 12.33 | 12.20 | 12.12 | 11.91 | 11.72 |
| | .100 | 2.50 | 2.46 | 2.42 | 2.40 | 2.38 | 2.36 | 2.35 | 2.34 | 2.32 | 2.30 |
| | .050 | 3.28 | 3.22 | 3.15 | 3.11 | 3.08 | 3.04 | 3.02 | 3.01 | 2.97 | 2.93 |
| 8 | .025 | 4.20 | 4.10 | 4.00 | 3.94 | 3.89 | 3.84 | 3.81 | 3.78 | 3.73 | 3.68 |
| | .010 | 5.67 | 5.52 | 5.36 | 5.26 | 5.20 | 5.12 | 5.07 | 5.03 | 4.95 | 4.87 |
| | .001 | 11.19 | 10.84 | 10.48 | 10.26 | 10.11 | 9.92 | 9.80 | 9.73 | 9.53 | 9.36 |
| | .100 | 2.38 | 2.34 | 2.30 | 2.27 | 2.25 | 2.23 | 2.22 | 2.21 | 2.18 | 2.16 |
| | .050 | 3.07 | 3.01 | 2.94 | 2.89 | 2.86 | 2.83 | 2.80 | 2.79 | 2.75 | 2.71 |
| 9 | .025 | 3.87 | 3.77 | 3.67 | 3.60 | 3.56 | 3.51 | 3.47 | 3.45 | 3.39 | 3.34 |
| | .100 | 5.11 | 4.96 | 4.81 | 4.71 | 4.65 | 4.57 | 4.52 | 4.48 | 4.40 | 4.32 |
| | .001 | 9.57 | 9.24 | 8.90 | 8.69 | 8.55 | 8.37 | 8.26 | 8.19 | 8.00 | 7.84 |
| | .100 | 2.28 | 2.24 | 2.20 | 2.17 | 2.16 | 2.13 | 2.12 | 2.11 | 2.08 | 2.06 |
| | .050 | 2.91 | 2.85 | 2.77 | 2.73 | 2.70 | 2.66 | 2.64 | 2.62 | 2.58 | 2.54 |
| 10 | .025 | 3.62 | 3.52 | 3.42 | 3.35 | 3.31 | 3.26 | 3.22 | 3.20 | 3.14 | 3.09 |
| | .010 | 4.71 | 4.56 | 4.41 | 4.31 | 4.25 | 4.17 | 4.12 | 4.08 | 4.00 | 3.92 |
| | .001 | 8.45 | 8.13 | 7.80 | 7.60 | 7.47 | 7.30 | 7.19 | 7.12 | 6.94 | 6.78 |
| | .100 | 2.21 | 2.17 | 2.12 | 2.10 | 2.08 | 2.05 | 2.04 | 2.03 | 2.00 | 1.98 |
| | .050 | 2.79 | 2.72 | 2.65 | 2.60 | 2.57 | 2.53 | 2.51 | 2.49 | 2.45 | 2.41 |
| 11 | .025 | 3.43 | 3.33 | 3.23 | 3.16 | 3.12 | 3.06 | 3.03 | 3.00 | 2.94 | 2.89 |
| | .010 | 4.40 | 4.25 | 4.10 | 4.01 | 3.94 | 3.86 | 3.81 | 3.78 | 3.69 | 3.61 |
| | .001 | 7.63 | 7.32 | 7.01 | 6.81 | 6.68 | 6.52 | 6.42 | 6.35 | 6.18 | 6.02 |
| | .100 | 2.15 | 2.10 | 2.06 | 2.03 | 2.01 | 1.99 | 1.97 | 1.96 | 1.93 | 1.91 |
| | .050 | 2.69 | 2.62 | 2.54 | 2.50 | 2.47 | 2.43 | 2.40 | 2.38 | 2.34 | 2.30 |
| 12 | .025 | 3.28 | 3.18 | 3.07 | 3.01 | 2.96 | 2.91 | 2.87 | 2.85 | 2.79 | 2.73 |
| | .010 | 4.16 | 4.01 | 3.86 | 3.76 | 3.70 | 3.62 | 3.57 | 3.54 | 3.45 | 3.37 |
| | .001 | 7.00 | 6.71 | 6.40 | 6.22 | 6.09 | 5.93 | 5.83 | 5.76 | 5.59 | 5.44 |
| | .100 | 2.10 | 2.05 | 2.01 | 1.98 | 1.96 | 1.93 | 1.92 | 1.90 | 1.88 | 1.85 |
| | .050 | 2.60 | 2.53 | 2.46 | 2.41 | 2.38 | 2.34 | 2.31 | 2.30 | 2.25 | 2.21 |
| 13 | .025 | 3.15 | 3.05 | 2.95 | 2.88 | 2.84 | 2.78 | 2.74 | 2.72 | 2.66 | 2.60 |
| | .010 | 3.96 | 3.82 | 3.66 | 3.57 | 3.51 | 3.43 | 3.38 | 3.34 | 3.25 | 3.18 |
| | .001 | 6.52 | 6.23 | 5.93 | 5.75 | 5.63 | 5.47 | 5.37 | 5.30 | 5.14 | 4.99 |

표 4. (계속)

| Denominator df | α | 1 | 2 | 3 | 4 | 5 | 6 | 7 | 8 | 9 | 10 |
|---|---|---|---|---|---|---|---|---|---|---|---|
| | | Numerator df | | | | | | | | | |
| | .100 | 3.10 | 2.73 | 2.52 | 2.39 | 2.31 | 2.24 | 2.19 | 2.15 | 2.12 | 2.10 |
| | .050 | 4.60 | 3.74 | 3.34 | 3.11 | 2.96 | 2.85 | 2.76 | 2.70 | 2.65 | 2.60 |
| 14 | .025 | 6.30 | 4.86 | 4.24 | 3.89 | 3.66 | 3.50 | 3.38 | 3.29 | 3.21 | 3.15 |
| | .010 | 8.86 | 6.51 | 5.56 | 5.04 | 4.69 | 4.46 | 4.28 | 4.14 | 4.03 | 3.94 |
| | .001 | 17.14 | 11.78 | 9.73 | 8.62 | 7.92 | 7.44 | 7.08 | 6.80 | 6.58 | 6.40 |
| | .100 | 3.07 | 2.70 | 2.49 | 2.36 | 2.27 | 2.21 | 2.16 | 2.12 | 2.09 | 2.06 |
| | .050 | 4.54 | 3.68 | 3.29 | 3.06 | 2.90 | 2.79 | 2.71 | 2.64 | 2.59 | 2.54 |
| 15 | .025 | 6.20 | 4.77 | 4.15 | 3.80 | 3.58 | 3.41 | 3.29 | 3.20 | 3.12 | 3.06 |
| | .010 | 8.68 | 6.36 | 5.42 | 4.89 | 4.56 | 4.32 | 4.14 | 4.00 | 3.89 | 3.80 |
| | .001 | 16.59 | 11.34 | 9.34 | 8.25 | 7.57 | 7.09 | 6.74 | 6.47 | 6.26 | 6.08 |
| | .100 | 3.05 | 2.67 | 2.46 | 2.33 | 2.24 | 2.18 | 2.13 | 2.09 | 2.06 | 2.03 |
| | .050 | 4.49 | 3.63 | 3.24 | 3.01 | 2.85 | 2.74 | 2.66 | 2.59 | 2.54 | 2.49 |
| 16 | .025 | 6.12 | 4.69 | 4.08 | 3.73 | 3.50 | 3.34 | 3.22 | 3.12 | 3.05 | 2.99 |
| | .010 | 8.53 | 6.23 | 5.29 | 4.77 | 4.44 | 4.20 | 4.03 | 3.89 | 3.78 | 3.69 |
| | .001 | 16.12 | 10.97 | 9.01 | 7.94 | 7.27 | 6.80 | 6.46 | 6.19 | 5.98 | 5.81 |
| | .100 | 3.03 | 2.64 | 2.44 | 2.31 | 2.22 | 2.15 | 2.10 | 2.06 | 2.03 | 2.00 |
| | .050 | 4.45 | 3.59 | 3.20 | 2.96 | 2.81 | 2.70 | 2.61 | 2.55 | 2.49 | 2.45 |
| 17 | .025 | 6.04 | 4.62 | 4.01 | 3.66 | 3.44 | 3.28 | 3.16 | 3.06 | 2.98 | 2.92 |
| | .010 | 8.40 | 6.11 | 5.19 | 4.67 | 4.34 | 4.10 | 3.93 | 3.79 | 3.68 | 3.59 |
| | .001 | 15.72 | 10.66 | 8.73 | 7.68 | 7.02 | 6.56 | 6.22 | 5.96 | 5.75 | 5.58 |
| | .100 | 3.01 | 2.62 | 2.42 | 2.29 | 2.20 | 2.13 | 2.08 | 2.01 | 2.00 | 1.98 |
| | .050 | 4.41 | 3.55 | 3.16 | 2.93 | 2.77 | 2.66 | 2.58 | 2.51 | 2.46 | 2.41 |
| 18 | .025 | 5.98 | 4.56 | 3.95 | 3.61 | 3.38 | 3.22 | 3.10 | 3.01 | 2.93 | 2.87 |
| | .010 | 8.29 | 6.01 | 5.09 | 4.58 | 4.25 | 4.01 | 3.84 | 3.71 | 3.60 | 3.51 |
| | .001 | 15.38 | 10.39 | 8.49 | 3.46 | 6.81 | 6.35 | 6.02 | 5.76 | 5.56 | 5.39 |
| | .100 | 2.99 | 2.61 | 2.40 | 2.27 | 2.18 | 2.11 | 2.06 | 2.02 | 1.98 | 1.96 |
| | .050 | 4.38 | 3.52 | 3.13 | 2.90 | 2.74 | 2.63 | 2.54 | 2.48 | 2.42 | 2.38 |
| 19 | .025 | 5.92 | 4.51 | 3.90 | 3.56 | 3.33 | 3.17 | 3.05 | 2.96 | 2.88 | 2.82 |
| | .010 | 8.18 | 5.93 | 5.01 | 4.50 | 4.17 | 3.94 | 3.77 | 3.63 | 3.52 | 3.43 |
| | .001 | 15.08 | 10.16 | 8.28 | 7.27 | 6.62 | 6.18 | 5.85 | 5.59 | 5.39 | 5.22 |
| | .100 | 2.97 | 2.59 | 2.38 | 2.25 | 2.16 | 2.09 | 2.04 | 2.00 | 1.96 | 1.94 |
| | .050 | 4.35 | 3.49 | 3.10 | 2.87 | 2.71 | 2.60 | 2.51 | 2.45 | 2.39 | 2.35 |
| 20 | .025 | 5.87 | 4.46 | 3.86 | 3.51 | 3.29 | 3.13 | 3.01 | 2.91 | 2.84 | 2.77 |
| | .010 | 8.10 | 5.85 | 4.94 | 4.43 | 4.10 | 3.87 | 3.70 | 3.56 | 3.46 | 3.37 |
| | .001 | 14.82 | 9.95 | 8.10 | 7.10 | 6.46 | 6.02 | 5.69 | 5.44 | 5.24 | 5.08 |

표 4. (계속)

| Denominator df | α | 12 | 15 | 20 | 25 | 30 | 40 | 50 | 60 | 120 | 1,000 |
|---|---|---|---|---|---|---|---|---|---|---|---|
| 14 | .100 | 2.05 | 2.01 | 1.96 | 1.93 | 1.91 | 1.89 | 1.87 | 1.86 | 1.83 | 1.80 |
| | .050 | 2.53 | 2.46 | 2.39 | 2.34 | 2.31 | 2.27 | 2.24 | 2.22 | 2.18 | 2.14 |
| | .025 | 3.05 | 2.95 | 2.84 | 2.78 | 2.73 | 2.67 | 2.64 | 2.61 | 2.55 | 2.50 |
| | .010 | 3.80 | 3.66 | 3.51 | 3.41 | 3.35 | 3.27 | 3.22 | 3.18 | 3.09 | 3.02 |
| | .001 | 6.13 | 5.85 | 5.56 | 5.38 | 5.25 | 5.10 | 5.00 | 4.94 | 4.77 | 4.62 |
| 15 | .100 | 2.02 | 1.97 | 1.92 | 1.89 | 1.87 | 1.85 | 1.83 | 1.82 | 1.79 | 1.76 |
| | .050 | 2.48 | 2.40 | 2.33 | 2.28 | 2.25 | 2.20 | 2.18 | 2.16 | 2.11 | 2.07 |
| | .025 | 2.96 | 2.86 | 2.76 | 2.69 | 2.64 | 2.59 | 2.55 | 2.52 | 2.46 | 2.40 |
| | .010 | 3.67 | 3.52 | 3.37 | 3.28 | 3.21 | 3.13 | 3.08 | 3.05 | 2.96 | 2.88 |
| | .001 | 5.81 | 5.54 | 5.25 | 5.07 | 4.95 | 4.80 | 4.70 | 4.64 | 4.47 | 4.33 |
| 16 | .100 | 1.99 | 1.94 | 1.89 | 1.86 | 1.84 | 1.81 | 1.79 | 1.78 | 1.75 | 1.72 |
| | .050 | 2.42 | 2.35 | 2.28 | 2.23 | 2.19 | 2.15 | 2.12 | 2.11 | 2.06 | 2.02 |
| | .025 | 2.89 | 2.79 | 2.68 | 2.61 | 2.57 | 2.51 | 2.47 | 2.45 | 2.38 | 2.32 |
| | .010 | 3.55 | 3.41 | 3.26 | 3.16 | 3.10 | 3.02 | 2.97 | 2.93 | 2.84 | 2.76 |
| | .001 | 5.55 | 5.27 | 4.99 | 4.82 | 4.70 | 4.54 | 4.45 | 4.39 | 4.23 | 4.08 |
| 17 | .100 | 1.96 | 1.91 | 1.86 | 1.83 | 1.81 | 1.78 | 1.76 | 1.75 | 1.72 | 1.69 |
| | .050 | 2.38 | 2.31 | 2.23 | 2.18 | 2.15 | 2.10 | 2.08 | 2.06 | 2.01 | 1.97 |
| | .025 | 2.82 | 2.72 | 2.62 | 2.55 | 2.50 | 2.44 | 2.41 | 2.38 | 2.32 | 2.26 |
| | .010 | 3.46 | 3.31 | 3.16 | 3.07 | 3.00 | 2.92 | 2.87 | 2.83 | 2.75 | 2.66 |
| | .001 | 5.32 | 5.05 | 4.78 | 4.60 | 4.48 | 4.33 | 4.24 | 4.18 | 4.02 | 3.87 |
| 18 | .100 | 1.93 | 1.89 | 1.84 | 1.80 | 1.78 | 1.75 | 1.74 | 1.72 | 1.69 | 1.66 |
| | .050 | 2.34 | 2.27 | 2.19 | 2.14 | 2.11 | 2.06 | 2.04 | 2.02 | 1.97 | 1.92 |
| | .025 | 2.77 | 2.67 | 2.56 | 2.49 | 2.44 | 2.38 | 2.35 | 2.32 | 2.26 | 2.20 |
| | .010 | 3.37 | 3.23 | 3.08 | 2.98 | 2.92 | 2.84 | 2.78 | 2.75 | 2.66 | 2.58 |
| | .001 | 5.13 | 4.87 | 4.59 | 4.42 | 4.30 | 4.15 | 4.06 | 4.00 | 3.84 | 3.69 |
| 19 | .100 | 1.91 | 1.86 | 1.81 | 1.78 | 1.76 | 1.73 | 1.71 | 1.70 | 1.67 | 1.64 |
| | .050 | 2.31 | 2.23 | 2.16 | 2.11 | 2.07 | 2.03 | 2.00 | 1.98 | 1.93 | 1.88 |
| | .025 | 2.72 | 2.62 | 2.51 | 2.44 | 2.39 | 2.33 | 2.30 | 2.27 | 2.20 | 2.14 |
| | .010 | 3.30 | 3.15 | 3.00 | 2.91 | 2.84 | 2.76 | 2.71 | 2.67 | 2.58 | 2.50 |
| | .001 | 4.97 | 4.70 | 4.43 | 4.26 | 4.14 | 3.99 | 3.90 | 3.84 | 3.68 | 3.53 |
| 20 | .100 | 1.89 | 1.84 | 1.79 | 1.76 | 1.74 | 1.71 | 1.69 | 1.68 | 1.64 | 1.61 |
| | .050 | 2.28 | 2.20 | 2.12 | 2.07 | 2.04 | 1.99 | 1.97 | 1.95 | 1.90 | 1.85 |
| | .025 | 2.68 | 2.57 | 2.46 | 2.40 | 2.35 | 2.29 | 2.25 | 2.22 | 2.16 | 2.09 |
| | .010 | 3.23 | 3.09 | 2.94 | 2.84 | 2.78 | 2.69 | 2.64 | 2.61 | 2.52 | 2.43 |
| | .001 | 4.82 | 4.56 | 4.29 | 4.12 | 4.00 | 3.86 | 3.77 | 3.70 | 3.54 | 3.40 |

(Numerator df spans columns 12 through 1,000.)

표 4. (계속)

| Denominator df | α | 1 | 2 | 3 | 4 | 5 | 6 | 7 | 8 | 9 | 10 |
|---|---|---|---|---|---|---|---|---|---|---|---|
| | | Numerator df | | | | | | | | | |
| 21 | .100 | 2.96 | 2.57 | 2.36 | 2.23 | 2.14 | 2.08 | 2.02 | 1.98 | 1.95 | 1.92 |
| | .050 | 4.32 | 3.47 | 3.07 | 2.84 | 2.68 | 2.57 | 2.49 | 2.42 | 2.37 | 2.32 |
| | .025 | 5.83 | 4.42 | 3.82 | 3.48 | 3.25 | 3.09 | 2.97 | 2.87 | 2.80 | 2.73 |
| | .010 | 8.02 | 5.78 | 4.87 | 4.37 | 4.04 | 3.81 | 3.64 | 3.51 | 3.40 | 3.31 |
| | .001 | 14.59 | 9.77 | 7.94 | 6.95 | 6.32 | 5.88 | 5.56 | 5.31 | 5.11 | 4.95 |
| 22 | .100 | 2.95 | 2.56 | 2.35 | 2.22 | 2.13 | 2.06 | 2.01 | 1.97 | 1.93 | 1.90 |
| | .050 | 4.30 | 3.44 | 3.05 | 2.82 | 2.66 | 2.55 | 2.46 | 2.40 | 2.34 | 2.30 |
| | .025 | 5.79 | 4.38 | 3.78 | 3.44 | 3.22 | 3.05 | 2.93 | 2.84 | 2.76 | 2.70 |
| | .010 | 7.95 | 5.72 | 4.82 | 4.31 | 3.99 | 3.76 | 3.59 | 3.45 | 3.35 | 3.26 |
| | .001 | 14.38 | 9.61 | 7.80 | 6.81 | 6.19 | 5.76 | 5.44 | 5.19 | 4.99 | 4.83 |
| 23 | .100 | 2.94 | 2.55 | 2.34 | 2.21 | 2.11 | 2.05 | 1.99 | 1.95 | 1.92 | 1.89 |
| | .050 | 4.28 | 3.42 | 3.03 | 2.80 | 2.64 | 2.53 | 2.44 | 2.37 | 2.32 | 2.27 |
| | .025 | 5.75 | 4.35 | 3.75 | 3.41 | 3.18 | 3.02 | 2.90 | 2.81 | 2.73 | 2.67 |
| | .010 | 7.88 | 5.66 | 4.76 | 4.26 | 3.94 | 3.71 | 3.54 | 3.41 | 3.30 | 3.21 |
| | .001 | 14.20 | 8.47 | 7.67 | 6.70 | 6.08 | 5.65 | 533 | 5.09 | 4.89 | 4.73 |
| 24 | .100 | 2.93 | 2.54 | 2.33 | 2.19 | 2.10 | 2.04 | 1.98 | 1.94 | 1.91 | 1.88 |
| | .050 | 4.26 | 3.40 | 3.01 | 2.78 | 2.62 | 2.51 | 2.42 | 2.36 | 2.30 | 2.25 |
| | .025 | 5.72 | 4.32 | 3.72 | 3.38 | 3.15 | 2.99 | 2.87 | 2.78 | 2.70 | 2.64 |
| | .010 | 3.82 | 5.61 | 4.72 | 4.22 | 3.90 | 3.67 | 3.50 | 3.36 | 3.26 | 3.17 |
| | .001 | 14.03 | 9.34 | 3.55 | 6.59 | 5.98 | 5.55 | 5.23 | 4.99 | 4.80 | 4.64 |
| 25 | .100 | 2.92 | 2.53 | 2.32 | 2.18 | 2.09 | 2.02 | 1.97 | 1.93 | 1.89 | 1.87 |
| | .050 | 4.24 | 3.39 | 2.99 | 2.76 | 2.60 | 2.49 | 2.40 | 2.34 | 2.28 | 2.24 |
| | .025 | 5.69 | 4.29 | 3.69 | 3.35 | 3.13 | 2.97 | 2.85 | 2.75 | 2.68 | 2.61 |
| | .010 | 7.77 | 5.57 | 4.68 | 4.18 | 3.85 | 3.63 | 3.46 | 3.32 | 3.22 | 3.13 |
| | .001 | 13.88 | 9.22 | 7.45 | 6.49 | 5.89 | 5.46 | 5.15 | 4.91 | 4.71 | 4.56 |
| 26 | .100 | 2.91 | 2.52 | 2.31 | 2.17 | 2.08 | 2.01 | 1.96 | 1.92 | 1.88 | 1.86 |
| | .050 | 4.23 | 3.37 | 2.98 | 2.74 | 2.59 | 2.47 | 2.39 | 2.32 | 2.27 | 2.22 |
| | .025 | 5.66 | 4.27 | 3.67 | 3.33 | 3.10 | 2.94 | 2.82 | 2.73 | 2.65 | 2.59 |
| | .010 | 7.72 | 5.53 | 4.64 | 4.14 | 3.82 | 3.59 | 3.42 | 3.29 | 3.18 | 3.09 |
| | .001 | 13.74 | 9.12 | 7.36 | 6.41 | 5.80 | 5.38 | 5.07 | 4.83 | 4.64 | 4.48 |
| 27 | .100 | 2.90 | 2.51 | 2.30 | 2.17 | 2.07 | 2.00 | 1.95 | 1.91 | 1.87 | 1.85 |
| | .050 | 4.21 | 3.35 | 2.96 | 2.73 | 2.57 | 2.46 | 2.37 | 2.31 | 2.25 | 2.20 |
| | .025 | 5.63 | 4.24 | 3.65 | 3.31 | 3.08 | 2.92 | 2.80 | 2.71 | 2.63 | 2.57 |
| | .010 | 7.68 | 5.49 | 4.60 | 4.11 | 3.78 | 3.56 | 3.39 | 3.26 | 3.15 | 3.06 |
| | .001 | 13.61 | 9.02 | 7.27 | 6.33 | 5.73 | 5.31 | 5.00 | 4.76 | 4.57 | 4.41 |

표 4. (계속)

| Denominator df | $\alpha$ | 12 | 15 | 20 | 25 | 30 | 40 | 50 | 60 | 120 | 1,000 |
|---|---|---|---|---|---|---|---|---|---|---|---|
| | | Numerator df | | | | | | | | | |
| | .100 | 1.87 | 1.83 | 1.78 | 1.74 | 1.72 | 1.69 | 1.67 | 1.66 | 1.62 | 1.59 |
| | .050 | 2.25 | 2.18 | 2.10 | 2.05 | 2.01 | 1.96 | 1.94 | 1.92 | 1.87 | 1.82 |
| 21 | .025 | 2.64 | 2.53 | 2.42 | 2.36 | 2.31 | 2.25 | 2.21 | 2.18 | 2.11 | 2.05 |
| | .010 | 3.17 | 3.03 | 2.88 | 2.79 | 2.72 | 2.64 | 2.58 | 2.55 | 2.46 | 2.37 |
| | .001 | 4.70 | 4.44 | 4.17 | 4.00 | 3.88 | 3.74 | 3.64 | 3.58 | 3.42 | 3.28 |
| | .100 | 1.86 | 1.81 | 1.76 | 1.73 | 1.70 | 1.67 | 1.65 | i.64 | 1.60 | 1.57 |
| | .050 | 2.23 | 2.15 | 2.07 | 2.02 | 1.98 | 1.94 | 1.91 | 1.89 | 1.84 | 1.79 |
| 22 | .025 | 2.60 | 2.50 | 2.39 | 2.32 | 2.27 | 2.21 | 2.17 | 2.14 | 2.08 | 2.01 |
| | .010 | 3.12 | 2.98 | 2.83 | 2.73 | 2.67 | 2.58 | 2.53 | 2.50 | 2.40 | 232 |
| | .001 | 4.58 | 4.33 | 4.06 | 3.89 | 3.78 | 3.63 | 3.54 | 3.48 | 3.32 | 3.17 |
| | .100 | 1.84 | 1.80 | 1.74 | 1.71 | 1.69 | 1.66 | 1.64 | 1.62 | 1.59 | 1.55 |
| | .050 | 2.20 | 2.13 | 2.05 | 2.00 | 1.96 | 1.91 | 1.88 | 1.86 | 1.81 | 1.76 |
| 23 | .025 | 2.57 | 2.47 | 2.36 | 2.29 | 2.24 | 2.18 | 2.14 | 2.11 | 2.04 | 1.98 |
| | .010 | 3.07 | 2.93 | 2.78 | 2.69 | 2.62 | 2.54 | 2.48 | 2.45 | 2.35 | 2.27 |
| | .001 | 4.48 | 4.23 | 3.96 | 3.79 | 3.68 | 3.53 | 3.44 | 3.38 | 3.22 | 3.08 |
| | .100 | 1.83 | 1.78 | 1.73 | 1.70 | 1.67 | 1.64 | 1.62 | 1.61 | 1.57 | 1.54 |
| | .050 | 2.18 | 2.11 | 2.03 | 1.97 | 1.94 | 1.89 | 1.86 | 1.84 | 1.79 | 1.74 |
| 24 | .025 | 2.54 | 2.44 | 2.33 | 2.26 | 2.21 | 2.15 | 2.11 | 2.08 | 2.01 | 1.94 |
| | .010 | 3.03 | 2.89 | 2.74 | 2.64 | 2.58 | 2.49 | 2.44 | 2.40 | 2.31 | 2.22 |
| | .001 | 4.39 | 4.14 | 3.87 | 3.71 | 3.59 | 3.45 | 3.36 | 3.29 | 3.14 | 2.99 |
| | .100 | 1.82 | 1.77 | 1.72 | 1.68 | 1.66 | 1.63 | 1.61 | 1.59 | 1.56 | 1.52 |
| | .050 | 2.16 | 2.09 | 2.0] | 1.96 | 1.92 | 1.87 | 1.84 | 1.82 | 1.77 | 1.72 |
| 25 | .025 | 2.51 | 2.41 | 2.30 | 2.23 | 2.18 | 2.12 | 2.08 | 2.05 | 1.98 | 1.91 |
| | .010 | 2.99 | 2.85 | 2.70 | 2.60 | 2.54 | 2.45 | 2.40 | 2.36 | 2.27 | 2.18 |
| | .001 | 4.31 | 4.06 | 3.79 | 3.63 | 3.52 | 3.37 | 3.28 | 3.22 | 3.06 | 2.91 |
| | .100 | 1.81 | 1.76 | 1.71 | 1.67 | 1.65 | 1.61 | 1.59 | 1.58 | 1.54 | 1.51 |
| | .050 | 2.15 | 2.07 | 1.99 | 1.94 | 1.90 | 1.85 | 1.82 | 1.80 | 1.75 | 1.70 |
| 26 | .025 | 2.49 | 2.39 | 2.28 | 2.21 | 2.16 | 2.09 | 2.05 | 2.03 | 1.95 | 1.89 |
| | .010 | 2.96 | 2.81 | 2.66 | 2.57 | 2.50 | 2.42 | 2.36 | 2.33 | 2.23 | 2.14 |
| | .001 | 4.24 | 3.99 | 3.72 | 3.56 | 3.44 | 3.30 | 3.21 | 3.15 | 2.99 | 2.84 |
| | .100 | 1.80 | 1.75 | 1.70 | 1.66 | 1.64 | 1.60 | 1.58 | 1.57 | 1.53 | 1.50 |
| | .050 | 2.13 | 2.06 | 1.97 | 1.92 | 1.88 | 1.84 | 1.81 | 1.79 | 1.73 | 1.68 |
| 27 | .025 | 2.47 | 2.36 | 2.25 | 2.18 | 2.13 | 2.07 | 2.03 | 2.00 | 1.93 | 1.86 |
| | .010 | 2.93 | 2.78 | 2.63 | 2.54 | 2.47 | 2.38 | 2.33 | 2.29 | 2.20 | 2.11 |
| | .001 | 4.17 | 3.92 | 3.66 | 3.49 | 3.38 | 3.23 | 3.14 | 3.08 | 2.92 | 2.78 |

표 4. (계속)

| Denominator df | $\alpha$ | Numerator df 1 | 2 | 3 | 4 | 5 | 6 | 7 | 8 | 9 | 10 |
|---|---|---|---|---|---|---|---|---|---|---|---|
| | .100 | 2.89 | 2.50 | 2.29 | 2.16 | 2.06 | 2.00 | 1.94 | 1.90 | 1.84 | 1.84 |
| | .050 | 4.20 | 3.34 | 2.95 | 2.71 | 2.56 | 2.45 | 2.36 | 2.29 | 2.24 | 2.19 |
| 28 | .025 | 5.61 | 4.22 | 3.63 | 3.29 | 3.06 | 2.90 | 2.78 | 2.69 | 2.61 | 2.55 |
| | .010 | 3.64 | 5.45 | 4.57 | 4.07 | 3.75 | 3.53 | 3.36 | 3.23 | 3.12 | 3.03 |
| | .001 | 13.50 | 8.93 | 7.19 | 6.25 | 5.66 | 5.24 | 4.93 | 4.69 | 4.50 | 4.35 |
| | .100 | 2.89 | 2.50 | 2.28 | 2.15 | 2.06 | 1.99 | 1.93 | 1.89 | 1.86 | 1.83 |
| | .050 | 4.18 | 3.33 | 2.93 | 2.70 | 2.55 | 2.43 | 2.35 | 2.28 | 2.22 | 2.18 |
| 29 | .025 | 5.59 | 4.20 | 3.61 | 3.27 | 3.04 | 2.88 | 2.76 | 2.67 | 2.59 | 2.53 |
| | .010 | 3.60 | 5.42 | 4.54 | 4.04 | 3.73 | 3.50 | 3.33 | 3.20 | 3.09 | 3.00 |
| | .001 | 13.39 | 8.85 | 7.12 | 6.19 | 5.59 | 5.18 | 4.87 | 4.64 | 4.45 | 4.29 |
| | .100 | 2.88 | 2.49 | 2.28 | 2.14 | 2.05 | 1.98 | 1.93 | 1.88 | 1.85 | 1.82 |
| | .050 | 4.17 | 3.32 | 2.92 | 2.69 | 2.53 | 2.42 | 2.33 | 2.27 | 2.21 | 2.16 |
| 30 | .025 | 5.57 | 4.18 | 3.59 | 3.25 | 3.03 | 2.87 | 2.75 | 2.63 | 2.57 | 2.51 |
| | .010 | 7.56 | 5.39 | 4.51 | 4.02 | 3.70 | 3.47 | 3.30 | 3.17 | 3.07 | 2.98 |
| | .001 | 13.29 | 8.77 | 7.05 | 6.12 | 5.53 | 5.12 | 4.82 | 4.58 | 4.39 | 4.24 |
| | .100 | 2.84 | 2.44 | 2.23 | 2.09 | 2.00 | 1.93 | 187 | 1.83 | 1.79 | 1.76 |
| | .050 | 4.08 | 3.23 | 2.84 | 2.61 | 2.45 | 2.34 | 2.25 | 2.18 | 2.12 | 2.08 |
| 40 | .025 | 5.42 | 4.05 | 3.46 | 3.13 | 2.90 | 2.74 | 2.62 | 2.53 | 2.45 | 2.39 |
| | .010 | 7.31 | 5.18 | 4.31 | 3.83 | 3.51 | 3.29 | 3.12 | 2.99 | 2.89 | 2.80 |
| | .001 | 12.61 | 8.25 | 6.59 | 5.70 | 5.13 | 4.73 | 4.44 | 4.21 | 4.02 | 3.87 |
| | .100 | 2.81 | 2.41 | 2.20 | 2.06 | 1.97 | 1.90 | 1.84 | 1.80 | 1.76 | 1.73 |
| | .050 | 4.03 | 3.18 | 2.79 | 2.56 | 2.40 | 2.29 | 2.20 | 2.13 | 2.07 | 2.03 |
| 50 | .025 | 5.34 | 3.97 | 3.39 | 3.05 | 2.83 | 2.67 | 2.55 | 2.46 | 2.38 | 2.32 |
| | .010 | 7.17 | 5.06 | 4.20 | 3.72 | 3.41 | 3.19 | 3.02 | 2.89 | 2.78 | 2.70 |
| | .001 | 12.22 | 7.96 | 6.34 | 5.46 | 4.90 | 4.51 | 4.22 | 4.00 | 3.82 | 3.67 |
| | .100 | 2.79 | 2.39 | 2.18 | 2.04 | 1.95 | 1.87 | 1.82 | 1.77 | 1.74 | 1.71 |
| | .050 | 4.00 | 3.15 | 2.76 | 2.53 | 2.37 | 2.25 | 2.17 | 2.10 | 2.04 | 1.99 |
| 60 | .025 | 5.29 | 3.93 | 3.34 | 3.01 | 2.79 | 2.63 | 2.51 | 2.41 | 2.33 | 2.27 |
| | .010 | 3.08 | 4.98 | 4.13 | 3.65 | 3.34 | 3.12 | 2.95 | 2.82 | 2.72 | 2.63 |
| | .001 | 11.97 | 7.77 | 6.17 | 5.31 | 4.76 | 4.37 | 4.09 | 3.86 | 3.69 | 3.54 |
| | .100 | 2.76 | 2.36 | 2.14 | 2.00 | 1.91 | 1.83 | 1.78 | 1.73 | 1.69 | 1.66 |
| | .050 | 3.94 | 3.09 | 2.70 | 2.46 | 2.31 | 2.19 | 2.10 | 2.03 | 1.97 | 1.93 |
| 100 | .025 | 5.18 | 3.83 | 3.25 | 2.92 | 2.70 | 2.54 | 2.42 | 2.32 | 2.24 | 2.18 |
| | .010 | 6.90 | 4.82 | 3.98 | 3.51 | 3.21 | 2.99 | 2.82 | 2.69 | 2.59 | 2.50 |
| | .001 | 11.50 | 7.41 | 5.86 | 5.02 | 4.48 | 4.11 | 3.83 | 3.61 | 3.44 | 3.30 |

표 4. (계속)

| Denominator df | α | 12 | 15 | 20 | 25 | 30 | 40 | 50 | 60 | 120 | 1,000 |
|---|---|---|---|---|---|---|---|---|---|---|---|
| 28 | .100 | 1.79 | 1.74 | 1.69 | 1.65 | 1.63 | 1.59 | 1.57 | 1.56 | 1.52 | 1.48 |
| | .050 | 2.12 | 2.04 | 1.96 | 1.91 | 1.87 | 1.82 | 1.79 | 1.77 | 1.71 | 1.66 |
| | .025 | 2.45 | 2.34 | 2.23 | 2.16 | 2.11 | 2.05 | 2.01 | 1.98 | 1.91 | 1.84 |
| | .010 | 2.90 | 2.75 | 2.60 | 2.51 | 2.44 | 2.35 | 2.30 | 2.26 | 2.17 | 2.08 |
| | .001 | 4.11 | 3.86 | 3.60 | 3.43 | 3.32 | 3.18 | 3.09 | 3.02 | 2.86 | 2.72 |
| 29 | .100 | 1.78 | 1.73 | 1.68 | 1.64 | 1.62 | 1.58 | 1.56 | 1.55 | 1.51 | 1.47 |
| | .050 | 2.10 | 2.03 | 1.94 | 1.89 | 1.85 | 1.81 | 1.77 | 1.75 | 1.70 | 1.65 |
| | .025 | 2.43 | 2.32 | 2.21 | 2.14 | 2.09 | 2.03 | 1.99 | 1.96 | 1.89 | 1.82 |
| | .010 | 2.87 | 2.73 | 2.57 | 2.48 | 2.41 | 2.33 | 2.27 | 2.23 | 2.14 | 2.05 |
| | .001 | 4.05 | 3.80 | 3.54 | 3.38 | 3.27 | 3.12 | 3.03 | 2.97 | 2.81 | 2.66 |
| 30 | .100 | 1.77 | 1.72 | 1.67 | 1.63 | 1.61 | 1.57 | 1.55 | 1.54 | 1.50 | 1.46 |
| | .050 | 2.09 | 2.01 | 1.93 | 1.88 | 1.84 | 1.79 | 1.76 | 1.74 | 1.68 | 1.63 |
| | .025 | 2.41 | 2.31 | 2.20 | 2.12 | 2.07 | 2.01 | 1.97 | 1.94 | 1.87 | 1.80 |
| | .010 | 2.84 | 2.70 | 2.55 | 2.45 | 2.39 | 2.30 | 2.25 | 2.21 | 2.11 | 2.02 |
| | .001 | 4.00 | 3.75 | 3.49 | 3.33 | 3.22 | 3.07 | 2.98 | 2.92 | 2.76 | 2.61 |
| 40 | .100 | 1.71 | 1.66 | 1.61 | 1.57 | 1.54 | 1.51 | 1.48 | 1.47 | 1.42 | 1.38 |
| | .050 | 2.00 | 1.92 | 1.84 | 1.78 | 1.74 | 1.69 | 1.66 | 1.64 | 1.58 | 1.52 |
| | .025 | 2.29 | 2.18 | 2.07 | 1.99 | 1.94 | 1.88 | 1.83 | 1.80 | 1.72 | 1.65 |
| | .010 | 2.66 | 2.52 | 2.37 | 2.27 | 2.20 | 2.11 | 2.06 | 2.02 | 1.92 | 1.82 |
| | .001 | 3.64 | 3.40 | 3.14 | 2.98 | 2.87 | 2.73 | 2.64 | 2.57 | 2.41 | 2.25 |
| 50 | .100 | 1.68 | 1.63 | 1.57 | 1.53 | 1.50 | 1.46 | 1.44 | 1.42 | 1.38 | 1.33 |
| | .050 | 1.95 | 1.87 | 1.78 | 1.73 | 1.69 | 1.63 | 1.60 | 1.58 | 1.51 | 1.45 |
| | .025 | 2.22 | 2.11 | 1.99 | 1.92 | 1.87 | 1.80 | 1.75 | 1.72 | 1.64 | 1.56 |
| | .010 | 2.56 | 2.42 | 2.27 | 2.17 | 2.10 | 2.01 | 1.95 | 1.91 | 1.80 | 1.70 |
| | .001 | 3.44 | 3.20 | 2.95 | 2.79 | 2.68 | 2.53 | 2.44 | 2.38 | 2.21 | 2.05 |
| 60 | .100 | 1.66 | 1.60 | 1.54 | 1.50 | 1.48 | 1.44 | 1.41 | 1.40 | 1.35 | 1.30 |
| | .050 | 1.92 | 1.84 | 1.75 | 1.69 | 1.65 | 1.59 | 1.56 | 1.53 | 1.47 | 1.40 |
| | .025 | 2.17 | 2.06 | 1.94 | 1.87 | 1.82 | 1.74 | 1.70 | 1.67 | 1.58 | 1.49 |
| | .010 | 2.50 | 2.35 | 2.20 | 2.10 | 2.03 | 1.94 | 1.88 | 1.84 | 1.73 | 1.62 |
| | .001 | 3.32 | 3.08 | 2.83 | 2.67 | 2.55 | 2.41 | 2.32 | 2.25 | 2.08 | 1.92 |
| 100 | .100 | 1.61 | 1.56 | 1.49 | 1.45 | 1.42 | 1.38 | 1.35 | 1.35 | 1.28 | 1.22 |
| | .050 | 1.85 | 1.77 | 1.68 | 1.62 | 1.57 | 1.52 | 1.48 | 1.45 | 1.38 | 1.30 |
| | .025 | 2.08 | 1.97 | 1.85 | 1.77 | 1.71 | 1.64 | 1.59 | 1.56 | 1.46 | 1.36 |
| | .010 | 2.37 | 2.22 | 2.07 | 1.97 | 1.89 | 1.80 | 1.74 | 1.69 | 1.57 | 1.45 |
| | .001 | 3.07 | 2.84 | 2.59 | 2.43 | 2.32 | 2.17 | 2.08 | 2.01 | 1.83 | 1.64 |

표 4. (계속)

| Denominator df | α | Numerator df 1 | 2 | 3 | 4 | 5 | 6 | 7 | 8 | 9 | 10 |
|---|---|---|---|---|---|---|---|---|---|---|---|
| | .100 | 2.73 | 2.33 | 2.11 | 1.97 | 1.88 | 1.80 | 1.75 | 1.70 | 1.66 | 1.63 |
| | .050 | 3.89 | 3.04 | 2.65 | 2.42 | 2.26 | 2.14 | 2.06 | 1.98 | 1.93 | 1.88 |
| 200 | .025 | 5.10 | 3.76 | 3.18 | 2.85 | 2.63 | 2.47 | 2.35 | 2.26 | 2.18 | 2.11 |
| | .010 | 6.76 | 4.71 | 3.88 | 3.41 | 3.11 | 2.89 | 2.73 | 2.60 | 2.50 | 2.41 |
| | .001 | 11.15 | 7.15 | 5.63 | 4.81 | 4.29 | 3.92 | 3.65 | 3.43 | 3.26 | 3.12 |
| | .100 | 2.71 | 2.31 | 2.09 | 1.95 | 1.85 | 1.78 | 1.72 | 1.68 | 1.64 | 1.61 |
| | .050 | 3.85 | 3.00 | 2.61 | 2.38 | 2.22 | 2.11 | 2.02 | 1.95 | 1.89 | 1.84 |
| 1,000 | .025 | 5.04 | 3.70 | 3.13 | 2.80 | 2.58 | 2.42 | 2.30 | 2.20 | 2.13 | 2.06 |
| | .010 | 6.66 | 4.63 | 3.80 | 3.34 | 3.04 | 2.82 | 2.66 | 2.53 | 2.43 | 2.34 |
| | .001 | 10.89 | 6.96 | 5.46 | 4.65 | 4.14 | 3.78 | 3.51 | 3.30 | 3.13 | 2.99 |

표 4. (계속)

| Denominator df | α | 12 | 15 | 20 | 25 | 30 | 40 | 50 | 60 | 120 | 1,000 |
|---|---|---|---|---|---|---|---|---|---|---|---|
| | | Numerator df | | | | | | | | | |
| | .100 | 1.58 | 1.52 | 1.46 | 1.41 | 1.38 | 1.34 | 1.31 | 1.29 | 1.23 | 1.16 |
| | .050 | 1.80 | 1.72 | 1.62 | 1.56 | 1.52 | 1.46 | 1.41 | 1.39 | 1.30 | 1.21 |
| 200 | .025 | 2.01 | 1.90 | 1.78 | 1.70 | 1.64 | 1.56 | 1.51 | 1.47 | 1.37 | 1.25 |
| | .010 | 2.27 | 2.13 | 1.97 | 1.87 | 1.79 | 1.69 | 1.63 | 1.58 | 1.45 | 1.30 |
| | .001 | 2.90 | 2.67 | 2.42 | 2.26 | 2.15 | 2.00 | 1.90 | 1.83 | 1.64 | 1.43 |
| | .100 | 1.55 | 1.49 | 1.43 | 1.38 | 1.35 | 1.30 | 1.27 | 1.25 | 1.18 | 1.08 |
| | .050 | 1.76 | 1.68 | 1.58 | 1.52 | 1.47 | 1.41 | 1.36 | 1.33 | 1.24 | 1.11 |
| 1,000 | .025 | 1.96 | 1.85 | 1.72 | 1.64 | 1.58 | 1.50 | 1.45 | 1.41 | 1.29 | 1.13 |
| | .010 | 2.20 | 2.06 | 1.90 | 1.79 | 1.72 | 1.61 | 1.54 | 1.50 | 1.35 | 1.16 |
| | .001 | 2.77 | 2.54 | 2.30 | 2.14 | 2.02 | 1.87 | 1.77 | 1.69 | 1.49 | 1.22 |

## 표 5. 난수표

| 행/열 | (1) | (2) | (3) | (4) | (5) | (6) | (7) | (8) | (9) | (10) | (11) | (12) | (13) | (14) |
|---|---|---|---|---|---|---|---|---|---|---|---|---|---|---|
| 1 | 10480 | 15011 | 01536 | 02011 | 81647 | 91646 | 69179 | 14194 | 62590 | 36207 | 20969 | 99570 | 91291 | 90700 |
| 2 | 22368 | 46573 | 25595 | 85393 | 30995 | 89198 | 27982 | 53402 | 93965 | 34095 | 52666 | 19174 | 39615 | 99505 |
| 3 | 24130 | 48360 | 22527 | 97265 | 76393 | 64809 | 15179 | 24830 | 49340 | 32081 | 30680 | 19655 | 63348 | 58629 |
| 4 | 42167 | 93003 | 06243 | 61680 | 07856 | 16376 | 39440 | 53537 | 71341 | 57004 | 00849 | 74917 | 97758 | 16379 |
| 5 | 37570 | 39975 | 81837 | 16656 | 06121 | 91782 | 60468 | 81305 | 49684 | 60672 | 14110 | 06927 | 01263 | 54613 |
| 6 | 77921 | 06907 | 11008 | 42751 | 27756 | 53498 | 18602 | 70659 | 90655 | 15053 | 21916 | 81825 | 44394 | 42880 |
| 7 | 99562 | 72095 | 56420 | 69994 | 98872 | 3101 6 | 71194 | 18738 | 44013 | 48840 | 63213 | 21069 | 10634 | 12952 |
| 8 | 96301 | 91977 | 05463 | 07972 | 78876 | 20922 | 94595 | 56869 | 69014 | 60045 | 18425 | 84903 | 42508 | 32307 |
| 9 | 89579 | 14342 | 63661 | 10291 | 17453 | 18103 | 57740 | 84378 | 25331 | 12566 | 58678 | 44947 | 05585 | 56941 |
| 10 | 85475 | 36857 | 53342 | 53988 | 53060 | 59533 | 38867 | 62300 | 08158 | 17983 | 16439 | 11458 | 18593 | 64952 |
| 11 | 28918 | 69578 | 88231 | 33276 | 70997 | 79936 | 56865 | 05859 | 90106 | 31595 | 01 547 | 85590 | 91610 | 78188 |
| 12 | 63553 | 40961 | 48235 | 03427 | 49626 | 69445 | 18663 | 72695 | 52180 | 20847 | 12234 | 90511 | 33703 | 90322 |
| 13 | 09429 | 93969 | 52636 | 92737 | 88974 | 33488 | 36320 | 17617 | 30015 | 08272 | 84115 | 27156 | 30613 | 74952 |
| 14 | 10365 | 61129 | 87529 | 85689 | 48237 | 52267 | 67689 | 93394 | 01511 | 26358 | 85104 | 20285 | 29975 | 89868 |
| 15 | 07119 | 97336 | 71048 | 08178 | 77233 | 13916 | 47564 | 81056 | 97735 | 85977 | 29372 | 74461 | 28551 | 90707 |
| 16 | 51085 | 12765 | 51821 | 51259 | 77452 | 16308 | 60756 | 92144 | 49442 | 53900 | 70960 | 63990 | 75601 | 40719 |
| 17 | 02368 | 21382 | 52404 | 60268 | 89368 | 19885 | 55322 | 44819 | 01188 | 65255 | 64835 | 44919 | 05944 | 55157 |
| 18 | 01011 | 54092 | 33362 | 94904 | 31273 | 04146 | 18594 | 29852 | 71585 | 85030 | 51132 | 01915 | 92747 | 64951 |
| 19 | 52162 | 53916 | 46369 | 58586 | 23216 | 14513 | 83149 | 98736 | 23495 | 64350 | 94738 | 17752 | 35156 | 35749 |
| 20 | 07056 | 97628 | 33787 | 09998 | 42698 | 06691 | 76988 | 13602 | 51851 | 46104 | 88916 | 19509 | 25625 | 58104 |
| 21 | 48663 | 91245 | 85828 | 14346 | 09172 | 30168 | 90229 | 04734 | 59193 | 22178 | 30421 | 61666 | 99904 | 32812 |
| 22 | 54164 | 58492 | 22421 | 74103 | 47070 | 25306 | 76468 | 26384 | 58151 | 06646 | 21524 | 15227 | 96909 | 44592 |
| 23 | 32639 | 32363 | 05597 | 24200 | 13363 | 38005 | 94342 | 28728 | 35806 | 06912 | 17012 | 64161 | 18296 | 22851 |
| 24 | 29334 | 27001 | 87637 | 87308 | 58731 | 00256 | 45834 | 15398 | 46557 | 41135 | 10367 | 07684 | 36188 | 18510 |
| 25 | 02488 | 33062 | 28834 | 07351 | 19731 | 92420 | 60952 | 61280 | 5001 | 67658 | 32586 | 86679 | 50720 | 94953 |

표 5. (계속)

| 행/열 | (1) | (2) | (3) | (4) | (5) | (6) | (7) | (8) | (9) | (10) | (11) | (12) | (13) | (14) |
|---|---|---|---|---|---|---|---|---|---|---|---|---|---|---|
| 26 | 81525 | 72295 | 04839 | 96423 | 24878 | 82651 | 66566 | 14778 | 76797 | 14780 | 13300 | 87074 | 79666 | 95725 |
| 27 | 29676 | 20591 | 68086 | 26432 | 46901 | 20849 | 89768 | 81536 | 86645 | 12659 | 92259 | 57102 | 80428 | 25280 |
| 28 | 00742 | 57392 | 39064 | 66432 | 84673 | 40027 | 32832 | 61362 | 98947 | 96067 | 64760 | 64584 | 96096 | 98253 |
| 29 | 05366 | 04213 | 25669 | 26422 | 44407 | 44048 | 37937 | 63904 | 45766 | 66134 | 75470 | 66520 | 34693 | 90449 |
| 30 | 91921 | 26418 | 64117 | 94305 | 26766 | 25940 | 39972 | 22209 | 71500 | 64568 | 91402 | 42416 | 07844 | 69618 |
| 31 | 00582 | 04711 | 87917 | 77341 | 42206 | 35126 | 74087 | 99547 | 81817 | 42607 | 43808 | 76655 | 62028 | 76630 |
| 32 | 00725 | 69884 | 62797 | 56170 | 86324 | 88072 | 76222 | 36086 | 84637 | 93161 | 76038 | 65855 | 77919 | 88006 |
| 33 | 69011 | 65795 | 95876 | 55293 | 18988 | 27354 | 26575 | 08625 | 40801 | 59920 | 29841 | 80150 | 12777 | 48501 |
| 34 | 25976 | 57948 | 29888 | 88604 | 67917 | 48708 | 18912 | 82271 | 65424 | 69774 | 33611 | 54262 | 85963 | 03547 |
| 35 | 07963 | 83473 | 73577 | 12908 | 30883 | 18317 | 28290 | 35797 | 05998 | 41688 | 34952 | 37888 | 38917 | 88050 |
| 36 | 91567 | 42595 | 27958 | 30134 | 04024 | 86385 | 29880 | 99730 | 55536 | 84855 | 29080 | 09250 | 79656 | 73211 |
| 37 | 17955 | 56349 | 90999 | 49127 | 20044 | 59931 | 06115 | 20542 | 18059 | 02008 | 73708 | 83517 | 36103 | 42791 |
| 38 | 46503 | 18584 | 18845 | 49618 | 02304 | 51038 | 20655 | 58727 | 28168 | 15475 | 56942 | 53389 | 20562 | 87338 |
| 39 | 92157 | 89634 | 94824 | 78171 | 84610 | 82834 | 09922 | 25417 | 44137 | 48413 | 25555 | 21246 | 35509 | 20468 |
| 40 | 14577 | 62765 | 35605 | 81263 | 39667 | 47358 | 56873 | 56307 | 61607 | 49518 | 89656 | 20103 | 77490 | 18062 |
| 41 | 98427 | 07523 | 33362 | 64270 | 01638 | 92477 | 66969 | 98420 | 04880 | 45585 | 46565 | 04102 | 46880 | 45709 |
| 42 | 34914 | 63976 | 88720 | 82765 | 34476 | 17032 | 87589 | 40836 | 32427 | 70002 | 10663 | 88863 | 77775 | 69348 |
| 43 | 70060 | 28277 | 39475 | 46473 | 23219 | 53416 | 94970 | 25832 | 69975 | 94884 | 19661 | 72828 | 00102 | 66794 |
| 44 | 53976 | 54914 | 06990 | 67245 | 68350 | 82948 | 11398 | 42878 | 80287 | 88267 | 47363 | 46634 | 06541 | 97809 |
| 45 | 76072 | 29515 | 40980 | 07391 | 58745 | 25774 | 22987 | 80059 | 39911 | 96189 | 41151 | 14222 | 60697 | 59583 |
| 46 | 90725 | 52210 | 83974 | 29992 | 65831 | 38857 | 50490 | 83765 | 55657 | 14361 | 31720 | 57375 | 56228 | 41546 |
| 47 | 64364 | 67412 | 33339 | 31926 | 14883 | 24413 | 59744 | 92351 | 97473 | 89286 | 35931 | 04110 | 23726 | 51900 |
| 48 | 08962 | 00358 | 31662 | 25388 | 61642 | 34072 | 81249 | 35648 | 56891 | 69352 | 48373 | 45578 | 78547 | 81788 |
| 49 | 95012 | 68397 | 93526 | 70765 | 10592 | 04542 | 76463 | 54328 | 02349 | 17247 | 28865 | 14777 | 62730 | 92277 |
| 50 | 15664 | 10493 | 20492 | 38391 | 91132 | 21999 | 59516 | 81652 | 27195 | 48223 | 46751 | 22923 | 32261 | 85653 |

표 5. (계속)

| 행/열 | (1) | (2) | (3) | (4) | (5) | (6) | (7) | (8) | (9) | (10) | (11) | (12) | (13) | (14) |
|---|---|---|---|---|---|---|---|---|---|---|---|---|---|---|
| 51 | 16408 | 81899 | 04153 | 53381 | 79401 | 21438 | 83035 | 92350 | 36693 | 31238 | 59649 | 91754 | 72772 | 02338 |
| 52 | 18629 | 81953 | 05520 | 91962 | 04739 | 13092 | 97662 | 24822 | 94730 | 06496 | 35090 | 04822 | 86774 | 98289 |
| 53 | 73115 | 35101 | 47498 | 87637 | 99016 | 71060 | 88824 | 71013 | 18735 | 20286 | 23153 | 72924 | 35165 | 43040 |
| 54 | 57491 | 16703 | 23167 | 49323 | 45021 | 33132 | 12544 | 41035 | 80780 | 45393 | 44812 | 12515 | 98931 | 91202 |
| 55 | 30405 | 83946 | 23792 | 14422 | 15059 | 45799 | 22716 | 19792 | 09983 | 74353 | 68668 | 30429 | 70735 | 25499 |
| 56 | 16631 | 35006 | 85900 | 98275 | 23288 | 52390 | 16815 | 69298 | 82732 | 38480 | 73817 | 32523 | 41961 | 44437 |
| 57 | 96773 | 20206 | 42559 | 78985 | 05300 | 22164 | 24369 | 54224 | 35083 | 19687 | 11052 | 91491 | 60383 | 19746 |
| 58 | 38935 | 64202 | 14349 | 82674 | 66523 | 44133 | 00697 | 35552 | 35970 | 19124 | 63318 | 29686 | 03387 | 59846 |
| 59 | 31624 | 76384 | 17403 | 53363 | 44167 | 64486 | 64758 | 75366 | 76554 | 31601 | 12614 | 33072 | 60332 | 92325 |
| 60 | 78919 | 19474 | 23632 | 27889 | 47914 | 02584 | 37680 | 20801 | 72152 | 39339 | 34806 | 08930 | 85001 | 87820 |
| 61 | 03931 | 33309 | 57047 | 74211 | 63445 | 17361 | 62825 | 39908 | 05607 | 91284 | 68833 | 25570 | 38818 | 46920 |
| 62 | 74426 | 33278 | 43972 | 10119 | 89917 | 15665 | 52872 | 73823 | 73144 | 88662 | 88970 | 74492 | 51805 | 99378 |
| 63 | 09066 | 00903 | 20975 | 95452 | 92648 | 45454 | 09552 | 88815 | 16553 | 51125 | 79375 | 97596 | 16296 | 66092 |
| 64 | 42238 | 12426 | 87025 | 14267 | 20979 | 04508 | 64535 | 31355 | 86064 | 29472 | 47689 | 05974 | 52468 | 16834 |
| 65 | 16153 | 08002 | 26504 | 41744 | 81959 | 65642 | 74240 | 56302 | 00033 | 67107 | 77510 | 70625 | 28725 | 34191 |
| 66 | 21457 | 40742 | 29820 | 96783 | 29400 | 21840 | 15035 | 34537 | 33310 | 06116 | 95240 | 15957 | 16572 | 06004 |
| 67 | 21581 | 57802 | 02050 | 89728 | 17937 | 37621 | 47075 | 42080 | 97403 | 48626 | 68995 | 43805 | 33386 | 21597 |
| 68 | 55612 | 78095 | 83197 | 33732 | 05810 | 24813 | 86902 | 60397 | 16489 | 03264 | 88525 | 42786 | 05269 | 92532 |
| 69 | 44657 | 66999 | 99324 | 51281 | 84463 | 60563 | 79312 | 93454 | 68876 | 25471 | 93911 | 25650 | 12682 | 73572 |
| 70 | 91340 | 84979 | 46949 | 81973 | 37949 | 61023 | 43997 | 15623 | 80644 | 43942 | 89203 | 71795 | 99533 | 50501 |
| 71 | 91227 | 21199 | 31935 | 27022 | 84067 | 05462 | 35216 | 14486 | 29891 | 68607 | 41867 | 14951 | 91696 | 85065 |
| 72 | 50001 | 38140 | 66321 | 19924 | 72163 | 09538 | 12151 | 06878 | 91903 | 18749 | 34405 | 56807 | 82790 | 70925 |
| 73 | 65390 | 05224 | 72958 | 28609 | 81406 | 39147 | 25549 | 48542 | 42627 | 45233 | 57202 | 94617 | 23772 | 07896 |
| 74 | 27504 | 96131 | 83944 | 41575 | 10573 | 08619 | 64482 | 73923 | 36152 | 05184 | 94142 | 25299 | 84387 | 34925 |
| 75 | 37169 | 94851 | 39117 | 89632 | 00959 | 16487 | 65536 | 49071 | 39782 | 17095 | 02330 | 74301 | 00275 | 48280 |

표 5. (계속)

| 행/열 | (1) | (2) | (3) | (4) | (5) | (6) | (7) | (8) | (9) | (10) | (11) | (12) | (13) | (14) |
|---|---|---|---|---|---|---|---|---|---|---|---|---|---|---|
| 76 | 11508 | 70225 | 51112 | 38351 | 19444 | 66499 | 71945 | 05422 | 13442 | 78675 | 84081 | 66938 | 93654 | 59894 |
| 77 | 37449 | 30362 | 06694 | 54690 | 04052 | 53115 | 62757 | 95348 | 78662 | 11163 | 81651 | 50245 | 34971 | 52924 |
| 78 | 46515 | 70331 | 85922 | 38329 | 57015 | 15765 | 97161 | 17869 | 45349 | 61796 | 66345 | 81073 | 49106 | 79860 |
| 79 | 30986 | 81223 | 42416 | 58353 | 21532 | 30502 | 32305 | 86482 | 05174 | 07901 | 54339 | 58861 | 74818 | 46942 |
| 80 | 63798 | 64995 | 46583 | 09785 | 44160 | 78128 | 83991 | 42885 | 92520 | 83531 | 80377 | 35909 | 81250 | 54238 |
| 81 | 82486 | 84846 | 99254 | 67632 | 43218 | 50076 | 21361 | 64816 | 51202 | 88124 | 41870 | 52689 | 51275 | 83556 |
| 82 | 21885 | 32906 | 92431 | 09060 | 64297 | 51674 | 64126 | 62570 | 26123 | 05155 | 59194 | 52799 | 28225 | 85762 |
| 83 | 60336 | 98782 | 07408 | 53458 | 13564 | 59089 | 26445 | 29789 | 85205 | 41001 | 12535 | 12133 | 14645 | 23541 |
| 84 | 43937 | 46891 | 24010 | 25560 | 86355 | 33941 | 25786 | 54990 | 71899 | 15475 | 95434 | 98227 | 21824 | 19585 |
| 85 | 97656 | 63175 | 89303 | 16275 | 07100 | 92063 | 21942 | 18611 | 47348 | 20203 | 18534 | 03862 | 78095 | 50136 |
| 86 | 03299 | 01221 | 05418 | 38982 | 55758 | 92237 | 26759 | 86367 | 21216 | 98442 | 08303 | 56613 | 91511 | 75928 |
| 87 | 79626 | 06486 | 03574 | 17668 | 07785 | 76020 | 79924 | 25651 | 83325 | 88428 | 85076 | 72811 | 22717 | 50585 |
| 88 | 85636 | 68335 | 47539 | 03129 | 65651 | 11977 | 02510 | 26113 | 99447 | 68645 | 34327 | 15152 | 55230 | 93448 |
| 89 | 18039 | 14367 | 61337 | 06177 | 12143 | 46609 | 32989 | 74014 | 64708 | 00533 | 35398 | 58408 | 13261 | 47908 |
| 90 | 08362 | 15656 | 60627 | 36478 | 65648 | 16764 | 53412 | 09013 | 07832 | 41574 | 17639 | 82163 | 60859 | 75567 |
| 91 | 79556 | 29068 | 04142 | 16268 | 15387 | 12856 | 66227 | 38358 | 22478 | 73373 | 88732 | 09443 | 82558 | 05250 |
| 92 | 92608 | 82674 | 27072 | 32534 | 17075 | 27698 | 98204 | 63863 | 11951 | 34648 | 88022 | 56148 | 34925 | 57031 |
| 93 | 23982 | 25835 | 40055 | 67006 | 12293 | 02753 | 14827 | 23235 | 35071 | 99704 | 37543 | 11601 | 35503 | 85171 |
| 94 | 09915 | 96306 | 05908 | 97901 | 28395 | 14186 | 00821 | 80703 | 70426 | 75647 | 76310 | 88717 | 37890 | 40129 |
| 95 | 59037 | 33300 | 26695 | 62247 | 69927 | 76123 | 50842 | 43834 | 86654 | 70959 | 79725 | 93872 | 28117 | 19233 |
| 96 | 42488 | 78077 | 69882 | 61657 | 34136 | 79180 | 97526 | 43092 | 04098 | 73571 | 80799 | 76536 | 71255 | 64239 |
| 97 | 46764 | 86273 | 63003 | 93017 | 31204 | 36692 | 40202 | 35275 | 57306 | 55543 | 53203 | 18098 | 47625 | 88684 |
| 98 | 03237 | 45430 | 55417 | 63282 | 90816 | 17349 | 88298 | 90183 | 36600 | 78406 | 06216 | 95787 | 42579 | 90730 |
| 99 | 86591 | 81482 | 52667 | 61582 | 14972 | 90053 | 89534 | 76036 | 49199 | 43716 | 97548 | 04379 | 46370 | 28672 |
| 100 | 38534 | 01715 | 94964 | 87288 | 65680 | 43772 | 39560 | 12918 | 86537 | 62738 | 19636 | 51132 | 25739 | 56947 |

Abridged from *Handbook of Tables for Probability and Statistics*, 2nd edition, edited by William H. Beyer(Cleveland : The Chemical Rubber Company, 1968), Reproeuced by permission of the publishers, The Chemical Rubber Company.

# 연습문제 해답

## 1장

1. (1)

| 실험자료 | 도수 | 상대도수(%) | 누적도수(%) |
|---|---|---|---|
| 119.5~139.5 | 1 | 3.2 | 3.3 |
| 139.5~159.5 | 2 | 6.7 | 10 |
| 159.5~179.5 | 3 | 10 | 20 |
| 179.5~199.5 | 4 | 13.3 | 33.3 |
| 199.5~219.5 | 7 | 23.3 | 56.6 |
| 219.5~239.5 | 6 | 20 | 76.6 |
| 239.5~259.5 | 4 | 13.3 | 89.9 |
| 259.5~279.5 | 2 | 6.7 | 96.6 |
| 279.5~299.5 | 1 | 3.3 | 100 |
| 합계 | 30 | 100 | |

(2)

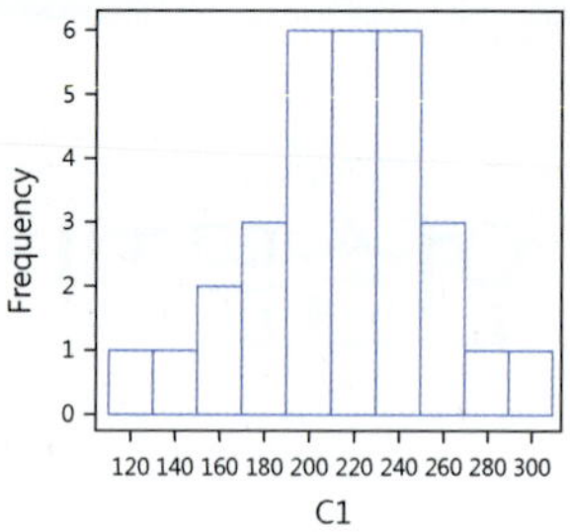


(3) 1) 평균 $\frac{1}{n}\sum_{i=1}^{n} y_i = \frac{1}{30}\times 6311 = 210.37$   2) $210+215/2=212.5$   3) 210 230

4) 범위 $290-210=170$

5) 분산 $s^2\left\{\sum_{i=1}^{n} y_i^2 - \frac{1}{n}(\sum_{i=1}^{n} y_i)^2\right\}/n = (1371111-(6311)^2/30)/30$

표준편차 $s = 38.72$

(4)

| | |
|---|---|
| 1 | 1 2 |
| 3 | 1 45 |
| 6 | 1 677 |
| 10 | 1 8999 |
| (7) | 2 0001111 |
| 13 | 2 223333 |
| 7 | 2 4455 |
| 3 | 2 67 |
| 1 | 2 9 |

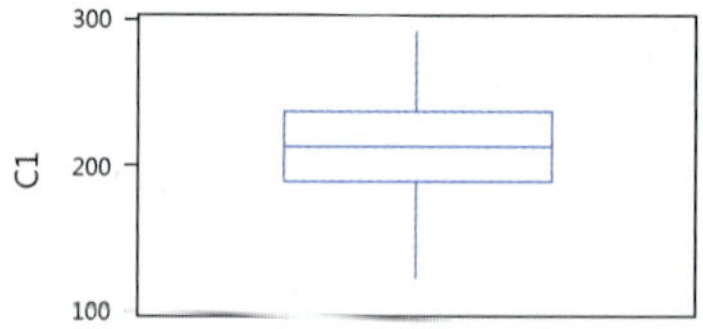


2. $s^2 = \frac{1}{n-1}\sum_{i=1}^{n}(y_i-\bar{y})^2 = 2.5$

$s^2 = \left\{\sum_{i=1}^{n}(y_i)^2 - \frac{1}{n}(\sum_{i=1}^{n} y_i)^2\right\}/(n-1) = 2.5$

3. (1)

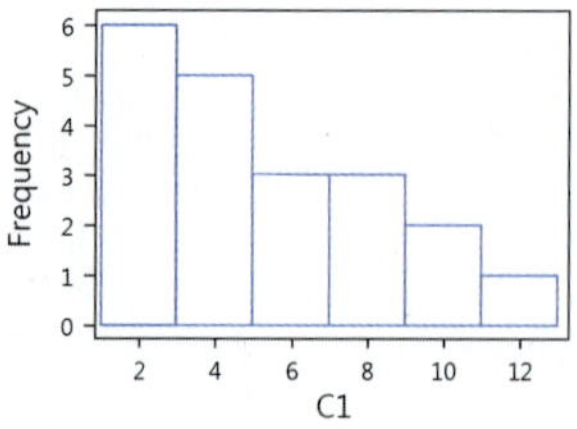


(2)

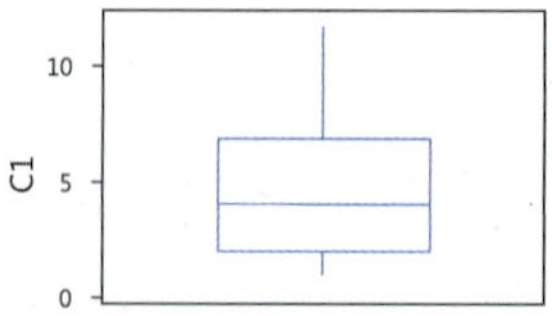

4. (1) i) 흡연

| 페나세틴 | 도수 | 상대도수 | 상대도수(%) | 누적도수(%) |
|---|---|---|---|---|
| 0.005~0.505 | 1 | 0.083 | 8.3 | 8.3 |
| 0.505~1.005 | 1 | 0.083 | 8.3 | 16.6 |
| 1.005~1.505 | 2 | 0.167 | 16.7 | 33.3 |
| 1.505~2.005 | 3 | 0.250 | 25.0 | 58.3 |
| 2.005~2.505 | 1 | 0.083 | 8.3 | 66.6 |
| 2.505~3.005 | 2 | 0.167 | 16.7 | 83.3 |
| 3.005~3.505 | 1 | 0.083 | 8.3 | 91.6 |
| 3.505~4.005 | 1 | 0.083 | 8.3 | 100 |
| 합계 | 12 | 1 | 100 | |

흡연

| 페나세틴 | 도수 | 상대도수 | 상대도수(%) | 누적도수(%) |
|---|---|---|---|---|
| 0.005~0.505 | 4 | 0.4 | 40 | 40 |
| 0.505~1.005 | 2 | 0.2 | 20 | 60 |
| 1.005~1.505 | 2 | 0.2 | 20 | 80 |
| 1.505~2.005 | 1 | 0.1 | 10 | 90 |
| 2.005~2.505 | 0 | 0 | 0 | 90 |
| 2.505~3.005 | 1 | 0.1 | 10 | 100 |
| 3.005~3.505 | 0 | 0 | 0 | 100 |
| 3.505~4.005 | 0 | 0 | 0 | 100 |
| 합계 | 12 | 1 | 100 | |

ii) 상자그림

비흡연

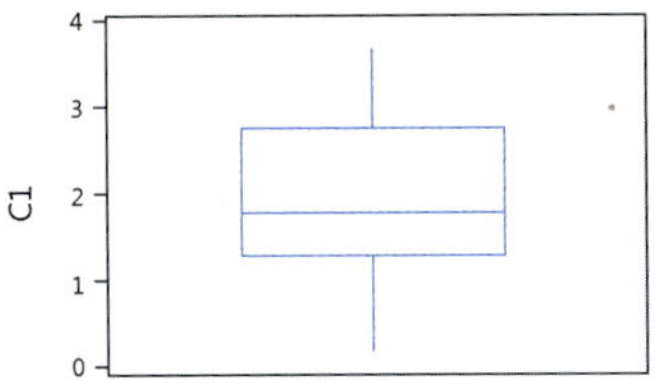


흡연

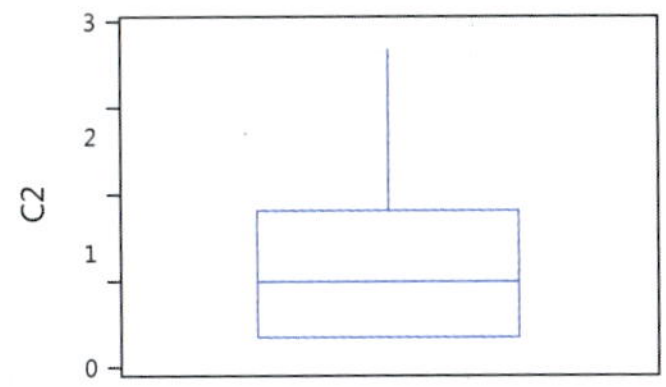


(2) 두 표본의 크기가 다르므로 상대도수 분포표가 더 유용하다.

(3) 흡연자 60%, 비흡연자 58.3%

(4) 기울어진 분포이므로 측정값이 대칭이라고 할 수 없다.

(5) 평균

(6) 흡연자들이 페나세틴 농도가 비 흡연자들보다 낮으므로 흡연이 페나세틴 농도에 영향을 미친다고 할 수 있다.

5. (1)

| 측정기구 | 평균 | 표준편차 |
|---|---|---|
| 1 | 10.2 | 4.055 |
| 2 | 9 | 1.155 |
| 3 | 10 | 1.155 |

(2)

| 측정기구 | 성능 |
|---|---|
| 1 | 불편성 |
| 2 | 정밀성 |
| 3 | 정확성 |

(3) 정밀성과 불편성을 모두 갖추어 정확성이 높은 기구 3 구입이 좋다.

6. (1)

| 실험실 | 기술자 | 평균 | 표준편차 | 분산 |
|---|---|---|---|---|
| 1 | 1 | 6.33 | 1.53 | 2.34 |
| | 2 | 5.33 | 2.31 | 5.34 |
| 2 | 1 | 6.67 | 2.31 | 5.34 |
| | 2 | 5.67 | 0.58 | 0.34 |

(2) 실험실 2의 기술자 2가 가장 정확한 결과를 준다. 분산이 작고 평균도 비교적 참값인 5에 가깝기 때문

(3)

| 실험실 | 평균 | 표준편차 | 분산 |
|---|---|---|---|
| 1 | 5.83 | 0.707 | 0.5 |
| 2 | 6.17 | 0.707 | 0.5 |

(4) 각 기술자의 측정오차 때문. 참값인 5에 가까우므로

(5) 실험실 1이 가장 정확한 결과를 준다.

## 2장

1. (1) 1/3(세 그룹 중 새로운 치료제를 받는 그룹에 속할 확률)
   (2) 2/3(세 그룹 중 새로운 치료제 또는 기존의 치료제를 받는 그룹에 속할 확률)
   (3) 아니오
2. 신생아 사망을 제외한 유아사망 확률 : 0.28
   몇 개의 기록을 뽑아야? 100/0.28 = 357.14 ≈ 358(개)
   기록을 모으는 데 걸리는 시간 : 358×2 = 716(분)
3. (1) $(0.5)^3 = 0.125 = 1/8$ (2) $\binom{2}{1} \times 0.5 \times 0.5 = 0.5$
   (3) $0.5 \times 0.5 = 0.25$ (4) $1-(0.5)^5 = 31/32$
4. (1) $P(\text{보균자} \mid \text{양성}) = \dfrac{0.03 \times 0.93}{0.03 \times 0.93 + 0.97 \times 0.07} = 0.29$
   (2) $P(\text{보균자} \mid \text{음성}) = \dfrac{0.03 \times 0.18}{0.03 \times 0.18 + 0.97 \times 0.82} = 0.0067$
5. (1) 75/100 = 0.75 (2) 5/15 = 0.33 (3) $P(\text{돼지고기} \mid \text{식중독}) = 75/80 = 0.9375$

6. (1) $0.002 \times 0.002 = 0.000004$　　(2) $0.002 \times 0.01 = 0.00002$

7. $P(A \cup B) = P(A) + P(B) - P(A \cap B)$

$P(A \cap B) = 0.3$

8.

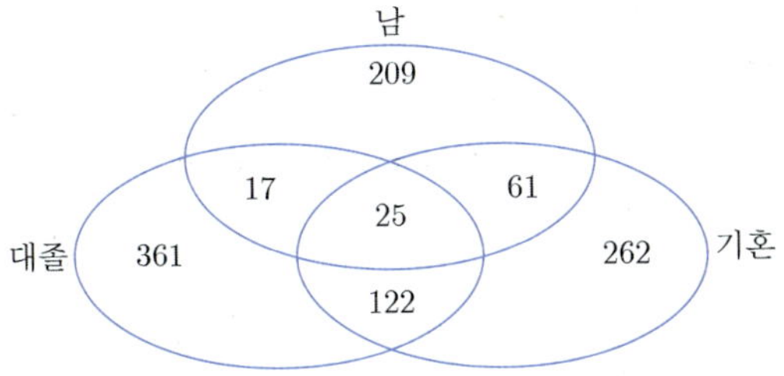


모두 합하면 1057명. 1000명이 넘는다. 설문조사가 잘못됨.

9. $P(\text{건강하지 않다}\,|\,\text{양성반응}) = \dfrac{P(\text{건강하지 않고 양성반응})}{P(\text{양성반응})} = \dfrac{0.6}{0.6 \times 1 + 0.4 \times 0.3}$

$= 0.833 > 0.8$

80%를 넘는다. 따라서 수술을 해야 한다.

10. (1) $0.3 \times 0.4 + 0.7 \times 0.2 = 0.26$

(2) $P(\text{2년째 사고}\,|\,\text{1년째 사고}) = \dfrac{0.3 \times 0.4 \times 0.4 + 0.7 \times 0.2 \times 0.2}{0.26} = 0.2923$

11. (1) 〈남자, 여자 구성비가 같을 때〉

$P(\text{남자}\,|\,\text{색맹}) = \dfrac{0.5 \times 0.05}{0.5 \times 0.05 + 0.5 \times 0.0025} = 0.9524$

(2) 〈남자가 여자의 2배일 때〉

$P(\text{남자}\,|\,\text{색맹}) = \dfrac{\frac{2}{3} \times 0.05}{\frac{2}{3} \times 0.05 + \frac{1}{3} \times 0.0025} = 0.9756$

12. 감시자의 말이 옳다.

13. (1) O형 : $\dfrac{31}{39} \times \dfrac{19}{22} \times \dfrac{1}{4} = 0.17$

A형 : $\dfrac{8}{39} \times \dfrac{19}{22} \times \dfrac{1}{2} + \dfrac{31}{39} \times \dfrac{19}{22} \times \dfrac{1}{4} = 0.26$

B형 : $\dfrac{31}{39} \times \dfrac{3}{22} \times \dfrac{1}{2} + \dfrac{31}{39} \times \dfrac{19}{22} \times \dfrac{1}{4} = 0.26$

AB형 : $\dfrac{8}{39} \times \dfrac{3}{22} \times \dfrac{3}{22} + \dfrac{1}{2} + \dfrac{8}{39} \times \dfrac{19}{22} \times \dfrac{1}{2} + \dfrac{31}{39} \times \dfrac{19}{22} \times \dfrac{1}{4} = 0.34$

따라서 O : A : B : AB = 17 : 26 : 23 : 34

(2) $P(\text{부모 AO}|\text{자녀 A}) = \dfrac{\dfrac{31}{39}\times 1\times\dfrac{1}{2}}{\dfrac{8}{39}\times 1+\dfrac{31}{39}\times 1\times\dfrac{1}{2}} = 0.6596$

(3) $P(\text{부모 BB}|\text{자녀 AB})$

$$= \frac{\dfrac{8}{39}\times\dfrac{3}{22}\times 1+\dfrac{31}{39}\times\dfrac{3}{22}\times\dfrac{1}{2}}{\dfrac{8}{39}\times\dfrac{3}{22}\times 1+\dfrac{31}{39}\times\dfrac{19}{22}\times\dfrac{1}{4}+\dfrac{31}{39}\times\dfrac{3}{22}\times\dfrac{1}{2}+\dfrac{8}{39}\times\dfrac{19}{22}\times 1\times\dfrac{1}{2}}$$

$= 0.24$

## 3장

1.

| | 표 이용 | 정규분포 이용 |
|---|---|---|
| (1) | 19.7% + 18.6% ∴ 0.383 | $P(-0.5 \leq z \leq 0.381) = 0.3395$ |
| (2) | 29.3% ∴ 0.293 | $P(-2.26 \leq z \leq -0.5) = 0.2886$ |
| (3) | | $P(z \geq 0) = 0.5$ |
| (4) | 30.3% ∴ 0.303 | $P(z \leq -0.5) = 0.3085$ |

2. (1) $P(X \leq 150) = P(z \leq 1.5) = 0.93$, $P(X \leq 110) = P(z \leq -0.5) = 0.3085$

(2) $120 \pm l.96 \times 20 (80.8,\ 159.2)$

(3) $P(100 \leq X \leq 140) = P(-1 \leq z \leq 1) = 0.6826$

(4) $P(X \leq 60,\ X \geq 180) = P(z \leq -3) + P(z \geq 3) = 0.0026$

3. $P(X \leq a) - 0.9 \Leftrightarrow P(z \leq (a-40)/10) = 0.9$

$\therefore\ (a-40)/10 = 1.285 \quad \therefore\ a = 52.85$분

4. $15 \pm 1.96 \times 2/\sqrt{30} \quad \therefore$ (14.28, 15.72)

5. (1) 3.34, 0.4569

(2)

| | 표 이용 | 정규분포 이용 |
|---|---|---|
| $P(3.35 \leq Y \leq 3.75)$ | 0.3 | 0.31 |
| $P(Y \leq 2.55)$ | 0.033 | 0.44 |

(3) 분포가 가정된 정규분포와 다를 것이다.

## 4장

1. $H_0 : \mu = 210 \quad H_1 : \mu < 210$

$\mu = 210,\ \sigma = 20,\ n = 25,\ \bar{x} = 170,\ \alpha = 0.01$

$$z = \frac{\bar{x} - \mu}{\sigma / \sqrt{n}} = \frac{170 - 210}{20\sqrt{25}} = \frac{-40}{4} = -10 < z_{0.01} = 2.33$$

따라서 귀무가설이 기각된다. 즉, 미숙아의 오줌 속 염소 농도는 정상아보다 낮다.

2. 99% C.I. : $\bar{x} \pm z_{0.005}\dfrac{\sigma}{\sqrt{n}} = 170 \pm 10.32 = (159.68,\ 180.32)$

3. $\mu = \dfrac{375}{10^9},\quad \bar{x} = \dfrac{450}{10^9},\quad s = \dfrac{63.5}{10^9},\ n = 9$

$H_0 : \mu = \dfrac{375}{10^9},\quad H_1 : \mu \neq \dfrac{375}{10^9}$

$$t = \frac{\bar{x} - \mu}{s / \sqrt{n}} = \frac{450/10^9 - 375/10^9}{(63.5/10^9)/\sqrt{9}} = 3.543 > t_{0.025}(8) = 2.306$$

따라서 귀무가설을 기각한다. 즉, 헤로인 복용사범의 혈액 속 글루코스 농도는 정상인과 다르다.

4. 95% C.I. :

$$\bar{x} \pm z_{0.025}(8)\frac{s}{\sqrt{n}} = \frac{450}{10^9} \pm 2.306 \times \frac{(63.5/10^9)}{\sqrt{9}}$$
$$= \frac{450}{10^9} \pm \frac{48.81}{10^9} = (401.19/10^9,\ 498.81/10^9)$$

신뢰구간이란?

$\theta$를 미지의 모수라 하고 $x_1,\ x_2,\ \cdots,\ x_n$을 크기 $n$ 랜덤표본이 라 하자. 모 수의 참값과 추정값과는 일치하는 경우가 거의 없다. 따라서 모수가 포함되리라 예측되는 구간을 추정하는 이것을 구간추정이라고 한다. 이 구간이 모수를 포함시킬 확률을 신뢰수준이라고 하며 이 신뢰수준을 만족시키는 구간을 신뢰구간이라고 한다. $\theta$에 신뢰구간은 표본관측 $x_1,\ x_2,\ \cdots,\ x_n$으로부터 계산된 구간 $(L,\ U)$의 형태로 주어지며 신뢰수준은 $(1-\alpha)$의 형태로 명기되며 대체로 0.90, 0.95, 0.99와 같이 큰 확률값을 지정하여 만들어질 구간의 신뢰도를 높인다. 예를 들어 신뢰수준 95%라고 하면 신뢰구간이 모수를 그 구간 안에 포함할 확률은 0.95라는 것이다.

5. $H_0 : \mu < 100 \quad H_{1\,:\,\mu} \geq 100$

$\mu = 100,\quad n = 5,\quad \bar{x} = 97,\quad s = 5$

$$t = \frac{\bar{x} - \mu}{s/\sqrt{n}} = \frac{97 - 100}{5/\sqrt{5}} = -1.34 < t_{0.05}(4) = 2.132$$

따라서 가설을 기각할 수 없다. 즉, 분석기를 구입하지 않는다.

6. 환자 : $n_1 = 12 \quad \bar{x} = 120, \quad S_{\bar{x}} = 10$

정상 : $n_2 = 11 \quad \bar{y} = 70, \quad S_{\bar{y}} = 8$

$H_0 : \mu_x = \mu_y \quad H_1 : \mu_x \neq \mu_y$

$$t = \frac{\bar{x} - \bar{y}}{s_p\sqrt{\frac{1}{n_1} + \frac{1}{n_2}}} = \frac{120 - 70}{9.1026\sqrt{\frac{1}{12} + \frac{1}{11}}} = \frac{50}{3.7996} = 13.159$$

$$s_p = \sqrt{\frac{11 \times 10^2 + 10 \times 8^2}{12 + 11 - 2}} = 9.1026$$

$t_{0.025}(21) = 2.080$

$t > t_{0.025}$이므로 가설을 기각한다. 따라서 환자와 정상인에 체중감소의 차이가 있다.

7. 95% C.I. : $\bar{x} - \bar{y} \pm t_{0.025} s_p \sqrt{\frac{1}{n_1} + \frac{1}{n_2}} = 50 \pm 7.903 = (42.097,\ 57.903)$

8. $H_0 : d = 0 \quad H_1 : d \neq 0$

$\bar{d} = 0.0556,\ \Sigma d_i^2 = 0.07,\ \Sigma d_i = 0.5$

$$t = \frac{\bar{d}}{s_d/\sqrt{n}} = \frac{0.0556}{0.07265/\sqrt{9}} = 2.29 < t_{0.025}(8) = 2.306$$

$t < t_{0.025}$이므로 가설을 기각할 수 없다. 따라서 4시간 후의 다이옥신 농도와 8시간 후의 농도가 같다. (MINITAB으로 분석하여 보면 $p$-value가 0.051로 나온다. 0.05를 기준으로 하는 것은 판단을 유보해야 할 듯)

9. 95% C.I. : $\bar{d} \pm t_{0.025}\frac{s_d}{\sqrt{n}} = 0.0556 \pm 0.05584 = (-0.00024,\ 0.11144)$

10. A약 : $\bar{A} = 1, \quad s_{\hat{A}^2} = 0.0325, \quad n = 9$

B약 : $\bar{B} = 0.95, \quad s_{\hat{B}^2} = 0.2, \quad n = 11$

$H_0 : \mu_A = \mu_B \quad H_1 : \mu_A < \mu_B$

$$t = \frac{\bar{A} - \bar{B}}{s_p\sqrt{\frac{1}{+n_1} + \frac{1}{n_2}}} = \frac{1 - 0.95}{0.1915\sqrt{\frac{1}{9} + \frac{1}{11}}} = \frac{0.05}{0.0861} = 0.581$$

$$s_p = \sqrt{\frac{8 \times 0.0325 + 10 \times 0.04}{9 + 11 - 2}} = 0.1915$$

$t_{0.01}(18) = 2.552$

$t < t_{0.01}$이므로 가설을 기각할 수 없다.

따라서 약 B가 A보다 다이옥신의 농도를 더 높이지 않는다.

11. 99% C.I. :

$$\overline{A} - \overline{B} \pm t_{0.005}(18)s_p\sqrt{\frac{1}{n_1} + \frac{1}{n_2}} = 0.05 \pm 2.878 \times 0.0861$$
$$= 0.05 \pm 0.248 = (-0.198,\ 0.298)$$

12. $H_0 : \mu = 4.6 \quad H_1 : \mu < 4.6$

$\mu = 4.6, \quad n = 50, \quad \overline{x} = 3.35, \quad s = 0.5$

$n = 50$이므로 대표본이다.

$$z = \frac{\overline{x} - \mu}{s/\sqrt{n}} = \frac{3.35 - 4.6}{0.5/\sqrt{50}} = -17.67 < z_{0.05} = 1.645$$

가설 기각. 따라서 환자들의 칼륨농도는 정상인의 칼륨농도보다 낮다.

13. 95% C.I. :

$$\overline{x} \pm z_{0.025}\frac{s}{\sqrt{n}} = 3.35 \pm 1.96\frac{0.5}{\sqrt{50}} = 3.35 \pm 0.1386 = (3.2114,\ 3.4886)$$

## 5장

1. (2) $S_{xx} = 218, \quad S_{xy} = 108, \quad S_{yy} = 66$

$\hat{\beta}_1 = 0.495, \quad \hat{\beta}_0 = 3.38$

$\hat{Y} = 3.38 + 0.495X$

(3) $0.495 \pm 2.365 \times \dfrac{1.336}{\sqrt{218}} = (0.218,\ 0.709)$

(4) $H_0 : \beta_1 = 0$ vs $H_1 : \beta_1 \neq 0$

$$t = \frac{0.495 - 0}{0.090} = 5.5, \quad t_{0.025}(9-2) = 2.365$$

$\therefore\ t = 5.5 > t_{0.025}(7) = 2.365$이므로, $H_0$가 기각된다.

즉, 두 변수 수면시간과 약의 투여량 사이에 유의한 선형관계가 있다고 볼 수 있다.

(5) $3.38 + 0.495 \times 12 = 9.32(\mu M/\text{kg})$

2. (1) Graph ▶ Plot ▶ $Y$ : 사망률 선택, $X$ : 담배소비량 선택

(2) Stat ▶ Basic Statistics ▶ Correlation $X$, $Y$ 모두 선택

$r = 0.737$

(3) Stat ▶ Regression ▶ Regression : Response에 $Y$, Predictor에 $X$ 선택 화면 출력 후 $X$의 $T$값, 3.27을 찾을 수 있다.

$H_0 : \beta_1 = 0$ vs $H_1 : \beta_1 \neq 0$, $n = 11$, $\alpha = 0.05$

$t = 3.27 > t_{0.025}(9) = 2.262$이므로 $H_0$가 기각된다.

즉, 두 변수 담배소비량과 사망률 사이에는 유의한 선형관계가 있다고 볼 수 있다

(4) Stat ▶ Regression ▶ Regression : Response에 $Y$, Predictor에 $X$ 선택

$\hat{Y} = 67.6 + 0.228X$

(5) Stat ▶ Regression ▶ Regression : Response에 $Y$, Predictor에 $X$ 선택 ▶ Options : Prediction Intervals for New Observations에 300입력, (Storage 중 Fits 선택)

136.1 or 136.092

3. (2) $S_{xx} = 2400$, $S_{xy} = 3200$, $S_{yy} = 4450$

$$\hat{\beta}_1 = \frac{S_{xy}}{S_{xx}} = \frac{3200}{2400} = \frac{4}{3} = 1.333, \quad \hat{\beta}_0 = \overline{Y} - \hat{\beta}_1 \times \overline{X} = 85.0$$

$$\therefore \ \hat{Y} = 85.0 + 1/333X$$

(3) $1.333 \pm 2.365 \times \dfrac{5.133}{\sqrt{2400}} = (1.085,\ 1.581)$

(4) $H_0 : \beta_1 = 0$ vs $H_1 : \beta_1 \neq 0$, $n = 9$, $\alpha = 0.05$

$$t = \frac{1.333}{0.105} = 12.695, \quad t_{0.025}(7) = 2.365$$

$\therefore \ t = 12.695 > t_{0.025}(7) = 2.365$이므로, $H_0$가 기각된다.

즉, 두 변수 혈압과 충격강도 사이에는 유의한 선형관계가 있다고 볼 수 있다.

(5) $85.0 + 1.333 \times 60 = 164.98$

4. (2) $S_{xx} = 10$, $S_{yy} = 19896.8$, $S_{xy} = -442$

$$r = \frac{-442}{\sqrt{10 \times 19896.8}} = -0.991$$

(3) $H_0 : \rho = 0$ vs $H_1 : \rho \neq 0$, $n = 5$, $\alpha = 0.05$

$$t = -0.991 \times \sqrt{\frac{5-2}{1-)-0.991)^2}} = -12.823, \quad t_{0.025}(3) = 3.182$$

$t = -12.823 < -t_{0.025}(3) = -3.182$이므로, $H_0$가 기각된다.

즉, 두 변수 혈압과 진정제의 투여량 사이에는(강한 음의) 상관관계가 있다고 보인다.

(4) $\hat{\beta}_1 = \dfrac{S_{xy}}{S_{xx}} = \dfrac{-442}{10} = -44.2$

(5) $368.6 - 44.2 \times 5 = 147.6$

$\hat{\beta}_0 = \overline{Y} - \hat{\beta}_1 \times \overline{X} = 191.8 - (-44.2) \times 4 = 368.6$

$\hat{Y} = 368.6 - 44.2X$

5. (1) $r = \dfrac{S_{xy}}{\sqrt{S_{xx}S_{yy}}} \quad \therefore \; S_{xy} = r\sqrt{S_{xx}S_{yy}}$

$\hat{\beta}_1 = \dfrac{S_{xy}}{S_{xx}} = \dfrac{r\sqrt{S_{xx}S_{yy}}}{S_{xx}} = \dfrac{0.60 \times 10000\sqrt{2}}{10000} = 0.8485$

$\hat{\beta}_0 = \overline{Y} - \hat{\beta}_1 \times \overline{X} = 55 - 0.8485 \times 70 = -4.395$

$\therefore \; \hat{Y} = -40395 + 0.8485X$

(2) $S_{y|x} = \sqrt{\dfrac{20000 - 0.8485 \times 8485.28}{50-2}}$, $n = 50$, $a = 0.01$

$\hat{\beta}_1 \pm Z_{0.005} \times S_{y|x} / \sqrt{S_{xx}} = 0.8485 \pm 2.58 \times \dfrac{16.33}{100} = (0.4274,\ 1.2698)$

(3) $H_0 : \beta_1 = 0$ vs $H_1 : \beta_1 \neq 0$

$Z = \dfrac{0.8485 - 0}{16.33/100} = 5.1960 > Z_{0.005} = 2.58$

$\therefore$ $H_0$가 기각된다, 즉, 두 변수 중간고사 점수와 기말고사 점수 사이에는 유의한 선형관계가 있다고 볼 수 있다.

(4) $-4.395 + 0.8485 \times 80 = 63.485$

6. 1

7. (1) 나이 : $X1$, 운행거리 : $X2$, 가격 : $Y$로 입력

Stat ▶ Regression ▶ Regression : Response에 $Y$, Predictor에 $X1$, $X2$ 선택

가격 $= 34.3 - 1.14 \times$ 나이 $- 0.203 \times$ 운행거리

(2) $H_0 : \beta_1 = 0$ vs $H_1 : \beta_1 \neq 0$, $n = 14$, $\alpha = 0.05$

결과 출력 후 $X1$의 $T$값, $-3.70$을 찾을 수 있다.

$t = -3.70 < -t_{0.025}(14-3) = -2.201$이므로, $H_0$가 기각된다.

즉, 중고차의 나이와 운행거리 사이에는 유의한 선형관계가 있다고 볼 수 있다.

(3) $-0.20297 \pm 2.201 \times 0.06535 = (-0.3468,\ -0.0591)$

결과 출력 후, $\hat{\beta}_2 = -0.20297$, $se(\hat{\beta}_2) = 0.06535$값을 찾을 수 있다.

## 6장

1. (1) 반복수가 동일한 일원배치 완전랜덤화 계획

| 요인 | 제곱합 | 자유도 | 평균제곱 | $F_0$ | $F_{0.05}$ |
|---|---|---|---|---|---|
| A 치료제 | 80 | 3 | 26.6667 | 8 | 3.49 |
| E 잔차 | 40 | 12 | 3.3333 | | |
| T | 120 | 15 | | | |

$H_0$ : $\alpha_A = \alpha_B = \alpha_C = \alpha_D = 0$(치료제의 효과가 없다)

$H_1$ : $\alpha_i$는 모두 0이 아니다. (치료제의 효과가 있다)

$F_0 = 8 > F_{0.05}(3,\ 12) = 3.49$

∴ 유의수준 0.05에서 $H_0$를 기각할 수 있다.

즉, 치료제의 효과가 있다.

2. (1) 일원배치 랜덤화 블록계획

(2)

| 요인 | 제곱합 | 자유도 | 평균제곱 | $F_0$ | $F_{0.05}$ |
|---|---|---|---|---|---|
| A 실험실 | 0.0600 | 2 | 0.0300 | 0.06 | 5.14 |
| B 효소(블록) | 28.3367 | 3 | 9.4456 | 17.75 | |
| E 잔차 | 3.1933 | 6 | 0.5322 | | |
| T | 31.5900 | 11 | | | |

$H_0$ : $\alpha_A = \alpha_B = \alpha_C = 0$(실험실들이 유사한 결과를 준다)

$H_1$ : $\alpha_i$는 모두 0이 아니다. (실험실들이 유사한 결과를 주지 않는다)

$F_0 = 0.06 < F_{0.05}(2,\ 6) = 5.14$

∴ 유의수준 0.05에서 $H_0$를 기각할 수 없다.

즉, 실험실들이 유사한 결과를 준다.

3. (1) 반복수가 동일하지 않은 일원배치 완전랜덤화 계획

(2)

| 요인 | 제곱합 | 자유도 | 평균제곱 | $F_0$ | $F_{0.01}$ |
|---|---|---|---|---|---|
| A 처리 | 98.1333 | 2 | 49.0667 | 13.86 | 8.02 |
| E 잔차 | 31.8667 | 9 | 3.5407 | | |
| T | 130.0000 | 11 | | | |

$H_0$ : $\alpha_1 = \alpha_2 = \alpha_3 = 0$(처리들의 효과가 동일하다)

$H_1$ : $\alpha_i$는 모두 0이 아니다. (처리들의 효과가 동일하지 않다)

$F_0 = 13.86 > F_{0.01}(2,\ 9) = 8.02$

∴ 유의수준 0.01에서 $H_0$를 기각할 수 있다.

즉, 처리들의 효과가 동일하지 않다.

4.

| 요인 | 제곱합 | 자유도 | 평균제곱 | $F_0$ | $F_{0.05}$ |
|---|---|---|---|---|---|
| A 식단 | 6.0000 | 2 | 3.0000 | 0.38 | 5.14 |
| B 최초몸무게(블록) | 18.9167 | 3 | 6.3056 | 0.80 | 4.76 |
| E 잔차 | 47.3333 | 6 | 7.8889 | | |
| T | 72.2500 | 11 | | | |

$H_0$ : $\alpha_1 = \alpha_2 = \alpha_3 = 0$(식단의 효과가 없다)

$H_1$ : $\alpha_i$는 모두 0이 아니다. (식단의 효과가 있다)

$F_0 = 0.38 < F_{0.05}(2,\ 6) = 5.14$

∴ 유의수준 0.05에서 $H_0$를 기각할 수 없다.

즉, 식단의 효과가 없다.

$H_0$ : $\beta_1 = \beta_2 = \beta_3 = \beta_4 = 0$(블록의 효과가 없다)

$H_1$ : $\beta_i$는 모두 0이 아니다. (블록의 효과가 있다)

$F_0 = 0.80 < F_{0.05}(3,\ 6) = 4.76$

∴ 유의수준 0.05에서 $H_0$를 기각할 수 없다.

즉, 블록의 효과가 없다.

5.

| 요인 | 제곱합 | 자유도 | 평균제곱 | $F_0$ | $F_{0.05}$ |
|---|---|---|---|---|---|
| A 방법 | 105.5556 | 2 | 52.7778 | 2.71 | 6.94 |
| B 병원(블록) | 338.8889 | 2 | 169.4444 | 8.71 | 6.94 |
| E 잔차 | 77.7778 | 4 | 19.4444 | | |
| T | 522.2223 | 8 | | | |

$H_0$ : $\alpha_1 = \alpha_2 = \alpha_3 = 0$(방법의 효과가 없다)

$H_1$ : $\alpha_i$는 모두 0이 아니다. (방법의 효과가 있다)

$F_0 = 2.71 < F_{0.05}(2,\ 4) = 6.94$

∴ 유의수준 0.05에서 $H_0$를 기각할 수 없다.

즉, 방법의 효과가 없다.

$H_0$ : $\beta_1 = \beta_2 = \beta_3 = \beta_4 = 0$(블록의 효과가 없다)

$H_1$ : $\beta_i$는 모두 0이 아니다.(블록의 효과가 있다)

$F_0 = 8.71 > F_{0.05}(2,\ 4) = 6.94$

∴ 유의수준 0.05에서 $H_0$를 기각할 수 있다.

즉, 블록의 효과가 있다.

6. (1)

| 요인 | 제곱합 | 자유도 | 평균제곱 | $F_0$ | $F_{0.05}$ |
|---|---|---|---|---|---|
| A 진통제 | 983.6 | 3 | 327.8667 | 5.16 | 3.24 |
| E 잔차 | 1017.2 | 16 | 63.5750 | | |
| T | 2000.8 | 19 | | | |

$H_0 : \alpha_1 = \alpha_2 = \alpha_3 = \alpha_4 = 0$(진통효과에 차이가 없다)

$H_1 : \beta_i$는 모두 0이 아니다.(진통효과에 차이가 있다)

$F_0 = 5.17 > F_{0.05}(3,\ 16) = 3.24$

∴ 유의수준 0.05에서 $H_0$ 기각할 수 있다.

즉, 네 종류의 진통제의 진통효과에 차이가 있다.

(2)

Mortin |

codeine(60mg) | |

codeine(30mg) |

placebo |

∴ Mortin과 codeine(30mg), Mortin과 placebo 간에 차이가 있다.

## 7장

1. $\chi^2$ 통계량$=4.425$, 자유도$=k-1=3$, $H_0 : P_1 = \frac{2}{5}$, $P_2 = P_3 = P_4 = \frac{1}{5}$을 기각하지 못한다. 자료가 앞의 주장에 맞다.

2.

| | | | | |
|---|---|---|---|---|
| 남학생 | 93 (78.65) | 72 (80.25) | 21 (27.10) | 186 |
| 여학생 | 55 (69.35) | 79 (70.29) | 30 (23.90) | 164 |
| 계 | 148 | 151 | 51 | 350 |

$\chi^2$ 통계량$=10,328$, 자유도$=(k-1)(c-1)=2$, $H_0$를 기각한다. 다르게 호응을 얻고 있다.

3. $\chi^2$ 통계량$=19.44$, 자유도$=(k-1)(c-1)=1$, 연관이 있다.

# 참고문헌


- Byrkit, D.R.(1987), Statistics Today: A Comprehensive Introduction, Benjamin/Cummings.
- Devore, J.L.(1991), Probability and Statistics for Engineering and the Sciences, 3rd edition, Brooks/Cole.
- 이외숙 · 임용빈 · 성내경 · 소병수(1992), 통계학, 경문사.

# 찾아보기

ㅊ



ㅌ



ㅍ



ㅎ



기타

## 저자 소개


### 이외숙

- 이화여자대학교 수학교육과(이학사)
- 이화여자대학교 대학원 수학과(이학석사)
- 미국 Indiana 대학교 수학과(이학박사, 확률론 전공)
- 현재, 이화여자대학교 통계학과 교수
- oslee@ewha.ac.kr

### 임용빈

- 서울대학교 계산통계학과(이학사)
- 서울대학교 계산통계학과(이학석사)
- 미국 Purdue 대학교 통계학과(통계학박사)
- 미국 Louisiana 주립대학교 통계학과 조교수
- 현재, 이화여자대학교 통계학과 교수
- yblim@ewha.ac.kr

### 신동완

- 서울대학교 자원공학과(공학사)
- 과학기술원 산업공학과 대학원(공학석사)
- 미국 North Carolina 주립대학교 통계학과(이학석사)
- 미국 Iowa 주립대학교 통계학과(통계학박사)
- 현재, 이화여자대학교 통계학과 교수
- shindw@ewha.ac.kr

### 소병수

- 서울대학교 계산통계학과(이학사)
- 서울대학교 계산통계학과 대학원(이학석사)
- 미국 캘리포니아 Berkeley 대학교 통계학과(통계학박사)
- 미국 Purdue 대학교 통계학과 조교수
- 현재, 이화여자대학교 통계학과 교수
- bsso@ewha.ac.kr

### 오만숙

- 서울대학교 계산통계학과(이학사)
- 미국 Purdue 대학교 통계학과(통계학박사)
- 미국 캘리포니아 Berkeley 대학교 통계학과 객원 조교수
- 미국 Worcester 공과대학 수학과 조교수
- 현재, 이화여자대학교 통계학과 교수
- msoh@ewha.ac.kr

제3판

# 응용 통계학 입문

## – R을 활용한 자료 분석 –

인지

지은이 이외숙 · 임용빈 · 신동완 · 소병수 · 오만숙
펴낸이 조경희
펴낸곳 경문사
펴낸날 2000년 3월 3일 2판 1쇄
2023년 3월 2일 3판 4쇄
등 록 1979년 11월 9일 제 313-1979-23호
주 소 04057, 서울특별시 마포구 와우산로 174
전 화 (02)332-2004 팩스 (02)336-5193
이메일 kyungmoon@kyungmoon.com

값 23,000원

ISBN 979-11-6073-162-0